国家科学技术学术著作出版基金资助出版

煤矿瓦斯爆炸防治与减灾技术

余明高　潘荣锟　著

U0296420

科 学 出 版 社

北 京

内 容 简 介

本书全面系统地研究煤矿瓦斯爆炸过程中的抑爆、控爆和减灾机制,构建点-线-面一体化的瓦斯爆炸防控体系。本书共 8 章,主要介绍煤矿瓦斯爆炸灾害研究现状、多尺度强湍流瓦斯爆炸动态传播理论、基于超细复合干粉的瓦斯抑爆实验与机理研究、基于含添加剂细水雾的瓦斯抑爆实验与机理研究、超细复合干粉瓦斯抽放管网抑爆减灾技术及装备、细水雾瓦斯输送管道抑爆减灾技术及装备、细水雾的工作面上隅角瓦斯抑爆技术及装备、煤矿井下瓦斯爆炸防爆门泄压减灾系统及装备。

本书可供从事煤矿安全、瓦斯爆炸灾害防治、火灾防治等方向研究的高等院校师生使用,还可供相关企业技术人员和科研院所研究人员参考使用。

图书在版编目(CIP)数据

煤矿瓦斯爆炸防治与减灾技术/余明高,潘荣锟著. —北京:科学出版社,2019.10

国家科学技术学术著作出版基金资助出版

ISBN 978-7-03-062766-7

Ⅰ. ①煤… Ⅱ. ①余… ②潘… Ⅲ. ①煤矿-瓦斯爆炸-防治-研究②煤矿-瓦斯爆炸-减灾-研究 Ⅳ. ①TD712

中国版本图书馆 CIP 数据核字(2019)第 242378 号

责任编辑:牛宇锋 赵微微 / 责任校对:王萌萌
责任印制:吴兆东 / 封面设计:陈 敬

科 学 出 版 社 出版
北京东黄城根北街 16 号
邮政编码:100717
http://www.sciencep.com

北京中石油彩色印刷有限责任公司 印刷
科学出版社发行 各地新华书店经销

*

2019 年 10 月第 一 版 开本:720×1000 B5
2019 年 10 月第一次印刷 印张:14 1/4
字数:275 000
定价:98.00 元
(如有印装质量问题,我社负责调换)

前　　言

　　煤炭是我国的主体能源之一,煤矿安全是煤炭生产的基本方针政策。我国煤与瓦斯突出矿井和高瓦斯矿井约占开采矿井的 70%,是世界上煤矿瓦斯灾害最严重的国家之一。随着煤矿开采深度的增加以及生产线的延长,瓦斯爆炸及防控减灾难度越来越大,爆炸后产生的高温热流、高压冲击波和高浓度毒气将殃及整个矿井,使距离爆炸源较远的作业人员也受影响而伤亡,形成爆炸破坏面大、波及范围广和伤亡严重的灾害事故。

　　瓦斯抽采是我国治理瓦斯爆炸灾害的重要途径和关键技术,瓦斯抽采的主要手段是通过管道将瓦斯输送到安全位置并利用,我国瓦斯抽采利用量由 2000 年的 8.37 亿 m^3 增加到 2018 年的 101 亿 m^3。瓦斯安全输送技术的提高加大了瓦斯利用率,并对减少因瓦斯排放造成的大气污染和促进瓦斯抽采起到积极的作用。随瓦斯抽采量的增加,瓦斯抽采管路越来越长,管网越来越复杂,潜在的危险因素也越来越多,如煤矿井下火灾、爆炸诱发抽采管网瓦斯泄漏扩散、引发二次灾害、破坏瓦斯安全输送和影响瓦斯发电与安全利用等问题。

　　瓦斯爆炸事故频繁发生,引起了各级政府、企业和科研人员的高度重视。众所周知,管道内的瓦斯本身是可燃、可爆并具有毒性、窒息性的气体,一旦发生管道瓦斯燃烧或爆炸将摧毁抽采系统、通风系统、通风设施,并诱发风流紊乱等,导致事故进一步扩大。除此之外,地面瓦斯长距离输送管路和瓦斯发电系统也存在瓦斯燃烧或爆炸的潜在隐患,一旦发生爆炸将造成不可预估的灾难;尤其是面对目前我国输送瓦斯管网系统复杂、覆盖面广、结构差异大、瓦斯浓度波动大等极其复杂的条件,加之有关的爆炸动态传播规律不清、减灾技术和装备相对滞后等,多种因素的作用势必对安全生产造成潜在的巨大威胁。因此,开展煤矿瓦斯爆炸抑爆减灾关键技术与装备的研究十分必要。

　　本书基于煤矿瓦斯治理过程中存在的诸多问题,以瓦斯抽采管道、井巷的安全保护和防灾减灾为背景,结合燃烧学、爆炸理论、工程力学、化学理论、机械设计原理和机械制造等知识,以实验研究、理论分析、数值模拟和工程应用为研究手段,建立瓦斯爆炸大涡模拟数学模型,揭示瓦斯爆炸的火焰结构与爆炸超压、湍流流动的相互作用及对灾变的影响;研制复合粉体抑爆剂,设计开发双紫外火焰探测器、控制器和抑爆器,集成并用于瓦斯抽放管道的抑爆装置;研究含添加剂细水雾在瓦斯输送管道的抑爆效果和在工作面上隅角扰动及稀释瓦斯效应,并研制相关的整套设备;结合减灾理论研究煤矿防爆门在灾变时的作用和开发相应防灾减灾系统;全面系统地研究煤矿瓦斯爆炸过程中的抑爆、控爆和减灾机制,构建点-线-面一体化的瓦斯爆炸防控体系,并将取得的创造性研究成果应用于工程实践中。

作者研究团队长期从事煤矿火灾治理、瓦斯爆炸抑爆的基础理论和应用技术的研究工作,在瓦斯燃烧爆炸机理、火焰传播、爆炸超压机制、火焰探测、抑爆材料、抑爆手段和工艺等方面开展了卓有成效的研究工作,并将这些研究成果成功应用于煤矿瓦斯爆炸灾害防治;在充分借鉴国内外相关研究成果的基础上,通过系统地凝练和总结团队的研究成果,撰写了这部《煤矿瓦斯爆炸防治与减灾技术》。

本书由重庆大学余明高教授和河南理工大学潘荣锟副教授合著和统稿,研究团队部分成员参与了编写工作,其中河南理工大学贾海林博士参与了第 1 章的编写工作,河南理工大学温小萍副教授参与了第 2 章的编写工作,河南理工大学王燕副教授参与了第 3 章的编写工作,河南理工大学裴蓓博士参与了第 4 章的编写工作,河南理工大学郑立刚副教授参与了第 5 章的编写工作,河南理工大学潘荣锟副教授参与了第 6、7 章的编写工作,重庆大学郑凯博士参与了第 7 章的编写工作,重庆大学余明高教授参与了第 8 章的编写工作。

本书的出版得到国家自然科学基金项目(51674103,51304070)、国家重点研发计划课题(2018YFC0808103)和国家科学技术学术著作出版基金的支持,在此表示衷心感谢。

限于作者水平,本书难免存在不妥之处,恳请广大读者批评指正。

目　　录

第1章 煤矿瓦斯爆炸灾害研究现状

1.1 研究背景及意义

我国是一个典型的以煤炭资源为主的能耗大国,多年来煤炭在一次能源生产和消费构成中一直占70%左右,预测到2050年仍将占50%以上[1-3]。作为世界上最大的煤炭生产国和消费国,我国政府部门和煤炭生产企业一直以来都十分重视煤矿安全工作,多部门联合开展了多方面的研究,取得了多项重大科技成果,为煤矿灾害事故的预防和治理提供了理论指导,使得煤矿瓦斯事故起数及事故死亡人数近年有所减少,如图1-1所示。

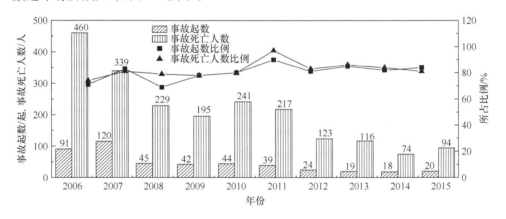

图1-1 较大瓦斯事故中瓦斯爆炸与突出事故及其在煤矿事故中所占比例

由图1-1可知,瓦斯事故起数及事故死亡人数在煤矿事故中所占比例基本没有变化,瓦斯事故的防控依然严峻[4]。尤其是重大瓦斯爆炸事故仍时有发生。例如,2003年5月13日,安徽省淮北矿业集团芦岭煤矿发生瓦斯爆炸事故,造成86人死亡;2005年2月14日,辽宁省阜新矿业(集团)有限责任公司孙家湾煤矿发生瓦斯爆炸事故,造成214人死亡;2007年12月5日,山西省临汾市洪洞县原新窑煤矿发生瓦斯爆炸事故,造成105人死亡;2009年2月22日,山西省焦煤集团西山煤电公司屯兰煤矿发生瓦斯爆炸事故,造成78人死亡;2009年11月21日,黑龙江龙煤集团鹤岗分公司新兴煤矿事故,造成108人死亡;2012年8月29日,四川省攀枝花市肖家湾煤矿发生瓦斯爆炸事故,造成45人死亡。造成上述特别重大瓦斯爆炸事故的原因往往是爆炸后高温热流、高压冲击波作用诱发灾害的扩大。爆炸后的高温热流、高压冲击波主要造成通风构筑物破坏和矿井通风系统紊乱,致使有毒有害气体蔓延至整个矿井,即使距离爆炸源较远的作业人员也因受到爆炸后毒气的侵害而伤亡,因此形成了爆炸破坏面大、波及范围广和伤亡严重的灾害事故,尤其是孙家湾矿难的 214 人死亡、鹤岗新兴矿难的 108 人死亡、屯兰矿难的 78 人死亡等特别重大瓦斯爆炸事故,均是由爆炸发生后的抑爆减灾技术、装备的失控和通风系统被摧毁而衍生次生灾害,进而扩大事故损失所造成。可见,为了避免瓦斯爆炸后导致次生灾害的衍生和事故损失的扩大,瓦斯爆炸主动抑爆减灾技术需有效降低爆炸产生的高温热流和高压冲击波,减小爆炸影响的范围和对主要通风构筑物的破坏,从而消除或减小衍生次生事故的发生,较大限度地减小瓦斯爆炸事故的损失。

　　同时,瓦斯抽采是我国治理瓦斯灾害的重要途径和关键技术措施。在抽采负压下经煤层的裂隙通道渗流至抽采管路,通过管路安全输送到地面,然后进行利用或排空。近年来,我国煤矿瓦斯抽采量迅速增加,根据国家煤矿安全监察局的数据可知:2000 年,我国煤矿瓦斯抽采量为 10.4 亿 m^3,到 2018 年抽采量达到 183.6 亿 m^3,具体如图 1-2 所示。同时,瓦斯抽采利用量由 2000 年的 8.37 亿 m^3 增加到 2018 年的 101 亿 m^3,瓦斯安全输送技术措施保障了瓦斯抽采利用量的提高,对降低瓦斯排放污染大气和促进瓦斯抽采起到积极的作用。随瓦斯抽采量的增大,瓦斯抽采管路越来越长,管网越来越复杂,潜在的危险因素也越多,如煤矿井下火灾、爆炸诱发抽采管网瓦斯泄漏扩散、引发二次灾害发生、破坏地面瓦斯安全保护输送和影响瓦斯发电与安全利用等问题,因此,应进一步强化瓦斯抽采管网的防爆、抑爆理论技术和装备研发力度。

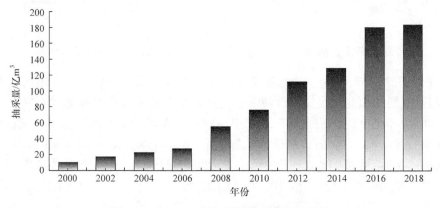

图 1-2　2000~2018 年全国煤矿瓦斯抽采量

　　瓦斯爆炸事故给煤矿生产造成了严重的安全威胁,无论对矿工人身安全,还是对瓦斯安全利用,都产生了消极的影响。目前有关瓦斯爆炸的防爆、控爆、抑爆和减灾技术的研究,主要采取隔爆水棚、隔爆岩粉棚等被动型抑制措施,以减弱爆炸冲击波的威力,遏制冲击波反射和次生爆炸,但这些措施是局部的。目前抑爆减灾技术必须解决的重大问题包括:启动抑爆过程滞后,相关探测爆炸火焰反应迟缓,释放的抑爆剂降温、阻火效能不佳;在煤矿实际工作中,如何及时、有效地探测爆炸初期火焰并早期探测和早期抑制瓦斯爆炸或燃烧;如何实现在毫秒级的短时间内释放高效抑爆介质并形成抑爆屏障,对巷道、管道内爆炸后产生的高温、冲击波进行有效的阻隔、降温、抵消和压制,杜绝或减弱传播到作业区的冲击波压力和温度对人员造成的伤害,甚至将爆炸消灭在小空间、小能量、小范围内,不衍生次生灾害、不摧毁通风构筑物、不破坏通风系统和不引发事故扩大等。

此外,瓦斯爆炸时产生正向冲击和反向冲击作用,使煤矿瓦斯连续爆炸和多次爆炸成为可能,而当前防治瓦斯爆炸的装置和设施多属于一次性设备,在初次瓦斯爆炸后能效基本丧失,起不到再次防爆、抑爆的作用,从而无法阻止事故灾害程度的进一步加重。因此,我们急需研制开发一种既能快速探测火焰又能快速熄灭瓦斯爆炸燃烧波、衰减爆炸冲击波,且达到抑制次生灾害发生的新技术和装备,为加大我国矿井瓦斯抽采和瓦斯安全利用保驾护航,实现矿井的安全生产、绿色开采和节能环保目标。

1.2　国内外研究现状及发展趋势

1.2.1　瓦斯爆炸反应机理研究现状

研究表明,矿井瓦斯爆炸是以甲烷为主要成分的混合气体瞬间反应快速膨胀的结果[5-6]。瓦斯爆炸的实质是甲烷和空气的预混气体在外界高温热源的激发作用下发生的一种剧烈的化学反应[7]。瓦斯爆炸的化学反应式可以简单表示如下:

$$CH_4 + 2O_2 \longrightarrow CO_2 + 2H_2O + 882.6kJ/mol$$

瓦斯爆炸的实际反应过程非常复杂,上式只是反应的最终结果,根据化学动力学的研究成果,它还远远不能反映瓦斯爆炸过程物理和化学的本质特征。正是由于瓦斯爆炸化学反应过程极为快速且十分复杂,对实验方法、手段、技术要求高,目前为止我们还没有从本质上认清瓦斯爆炸的中间反应过程。Smoot 等[8]和Tsatasaronis[9]最早提出了包含 14 个组分、30 个反应的甲烷-空气火焰动力学反应机理。阎小俊[10]给出了包含 26 个组分、68 个反应的详细反应机理。Coffee[11]利用筛选分析法对 7 种动力学模型进行了比较,得出的结论是 7 种动力学模型都能反映火焰的主要特征,但没有足够的资料证明哪一个特定的机理是正确的,仍然不清楚甲烷氧化的中间反应的细节。王从银[12]通过对瓦斯爆炸化学反应机理、爆炸中间产物成分及其物理特性的分析,运用分子物理学、热力学等理论,对爆炸火焰区内中间产物分子之间的相互作用力进行了研究,提出了瓦斯爆炸传播火焰具有高内聚力特性理论,并用实验方法对这个理论的正确性进行了验证。美国劳伦斯利弗莫尔(Lawrence Livermore)国家实验室提出了甲烷燃烧化学动力学的详细机理,其中包含 53 种组分、325 个反应,这是目前描述甲烷燃烧最详细的化学反应机理,其中的关键反应如表 1-1 所示。

表 1-1　瓦斯爆炸化学反应详细机理中的关键反应

反应编号	反应式
R32	$O_2 + CH_2O = HO_2 + HCO$
R38	$O_2 + H = O + OH$
R53	$H + CH_4 = CH_3 + H_2$
R57	$H + CH_2O(+M) = CH_3O(+M)$
R98	$OH + CH_4 = CH_3 + H_2O$
R101	$3OH + CH_2O = HCO_2 + 2H_2O$
R116	$2HO_2 = O_2 + H_2O_2$
R119	$HO_2 + CH_3 = OH + CH_3O$
R155	$CH_3 + O_2 = O + CH_3O$
R156	$CH_3 + O_2 = OH + CH_2O$
R158	$2CH_3(+M) = C_2H_6(+M)$
R161	$CH_3 + CH_2O = HCO + CH_4$
R170	$O_2 + CH_3O = HO_2 + CH_2O$

注:M 表示金属元素。

1.2.2　瓦斯爆炸火焰传播特性实验研究现状

研究表明,大多数矿井瓦斯爆炸可归类为可燃气体爆炸问题,即爆炸火焰以亚声速传播,爆炸冲击波以超声速传播,亚声速传播的爆炸火焰受到前驱冲击波的扰动,形成了前驱冲击波和火焰波的两波三区结构,见图 1-3。两波三区结构仅是瓦斯爆炸传播规律的定性分析。通常矿井瓦斯爆炸会受到积聚体积、积聚浓度、点火位置、爆源性质、环境条件、点火源等诸多因素影响,使得瓦斯爆炸的传播全过程极其复杂,因此,瓦斯爆炸火焰传播特性的研究一直以来都是国内外学者的重点关注方向,也是抑爆技术的出发点。

Fairweather 等[13]在管壁上设有障碍环的半封闭圆管道内对甲烷-空气预混气体的火焰传播进行了实验研究,结果表明,在主要的火焰波阵面离开管道导致超压后,障碍环后残留的未反应气体将发生剧烈反应进一步增强火焰的加速作用。Ibrahim 等[14]、Masri 等[15]、Oh 等[16]综合研究了障碍物尺寸、阻塞率和泄放压强

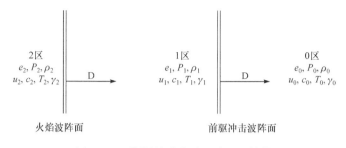

图 1-3 瓦斯爆炸冲击波两波三区结构

对预混火焰的传播过程超压的影响,结果表明,障碍物产生的旋涡导致障碍物正后方的火焰传播速度有所下降。随着旋涡的破碎和火焰波阵面的拉伸,火焰的湍流和热扩散导致障碍物后面的火焰传播加速。同时还指出开口管道内障碍物的阻塞率是一个非常重要的参数,它对火焰的加速传播和爆炸超压有很大影响。Park等[17]在一个尺寸为 $1000\text{mm} \times 950\text{mm} \times 235\text{mm}$ 的矩形管道中通过实验研究了具有不同截面(三角形、正方形、圆形、长方形)、不同阻塞率的条状障碍物对瓦斯爆炸的影响,结果表明在障碍物截面相同的条件下,瓦斯爆炸压力、火焰传播速度随障碍物阻塞率的增加而增加;在阻塞率相同的条件下,当障碍物截面形状为长方形时火焰传播速度最快,但障碍物的形状及阻塞率对火焰的平均传播速度影响不大。Hall等[18]通过实验研究了障碍物位置和频率对湍流预混火焰传播特性的影响,结果表明,爆炸超压随障碍物数量的增加而增加,但存在一个上限,当超过此上限之后,爆炸超压将随障碍物数量的增加而减小。

林柏泉等[19,20]通过实验研究了障碍物对瓦斯爆炸过程中火焰传播规律、加速机理及爆炸波的影响,并提出巷道障碍物的作用主要是诱导湍流的产生,从而引发爆炸传播的正反馈机制,最终造成爆炸强度的加剧。丁以斌等[21]研究了立体障碍物对瓦斯爆炸火焰传播的影响,发现障碍物对火焰的作用分为两个阶段:初始阶段起阻碍作用,火焰越过障碍物后起促进作用。王海宾等[22]对比分析了瓦斯爆炸在光滑管道内和置障管道内的传播特性,结果表明,随着障碍物阻塞率的增大,管道内气体爆炸的最大爆炸压力均相应增加,爆炸持续时间缩短;而改变障碍物的间距,对爆炸过程的影响不大。李润之等[23]运用自行研制的实验系统,研究了不同瓦斯浓度对瓦斯爆炸压力及压力上升速率的影响,研究表明,瓦斯浓度与瓦斯定容爆炸最大爆炸压力及最大压力上升速率呈二次函数关系。仇锐来等[24]使用不同的点火能量对管道内瓦斯预混气体进行引燃,发现爆炸超压随点火能量的增加而增加,瓦斯爆炸感应期随点火能量的增加而减小。孙金华等[25]研究了密闭管道内不同浓度的甲烷-空气预混气体中传播的火焰精细结构、加速传播过程,研究表明,Tulip 火焰结构形成于火焰传播速度迅速减小的区间里,且当减速阶段的最大加速度绝对值大于某一特定值时(该实验条件下约为 156.8m/s^2),Tulip 火焰结构才能够形成。贾智伟等[26]利用流体动力学、爆炸动力学理论对巷道截面积突变情况下瓦斯爆炸冲击波传播规律进行理论分析,建立了巷道截面积突变情况下冲击波传播的数学模型,得到了冲击波阵面压力和其他空气动力学参数的表达式,进一步研究了瓦斯爆炸冲击波在管道拐弯、截面积突变情况下的传播规律。聂百胜等[27]通过高速摄影与纹影方法从细观角度研究了网状障碍物对管道内瓦斯爆炸火焰细微结构的影响及火焰加速机理,发现障碍物的存在引起火焰前锋褶皱度增大,提高了火焰前方未燃气体以及火焰内部流场的湍流强度,使火焰加速传播。

1.2.3　瓦斯爆炸火焰传播特性数值模拟研究现状

瓦斯爆炸研究方法中,实验研究受到场地、测试手段等诸多条件的限制难以得到普遍规律,并且很难捕捉和测定瓦斯爆炸内部的细微过程和规律。随着计算机技术的发展,数值模拟已经成为研究可燃气体爆炸问题的重要方法之一。采用数值模拟方法研究可燃气体爆炸问题,是基于计算流体动力学(CFD)、爆炸力学、化学动力学和气体爆炸理论等方面的研究成果展开的。目前,常用的数值模拟软件主要有 PHOENICS、AutoReaGas、Fluent 等。

Bielert 等[28]在封闭管道中数值模拟了具有不同浓度的甲烷-空气预混气体的爆炸过程,结果表明,与火焰面同向的冲击波和反向的稀疏波会加速火焰的燃烧速率,从而增加火焰面两侧的压力和温度。Fairweather 等[13]通过模拟分析发现管道中的超压主要是由障碍物诱导火焰湍流燃烧引起的。Kobiera 等[29]从湍流燃烧速率模型出发,建立了封闭管道内爆炸过程的传播模型,可较好地模拟湍流对火焰形状产生的影响。Fureby 等[30]在有钝体存在的通道中对丙烷-空气预混气体的爆炸过程进行了大涡模拟,模拟结果能够很好地反映了爆炸规律,并且能够与实验结果很好地吻合。Catlin 等[31]以三步化学反应作为燃烧反应机理,采用涡扩散-阿伦尼乌斯燃烧模型及亚网格尺度的湍流线性模型,对爆炸过程进行了数值模拟,模拟结果与实验结果比较吻合。Naamansen 等[32]总结了大量的模拟数据,发现爆炸过程中超压最大值出现在障碍物后方位置处,当火焰传播经过该位置时,分离的两道火焰会合二为一。此外,Naamansen 等还对火焰传播过程中层流火焰转变为湍流火焰的过程进行了模拟分析,并将模拟结果与 Masri 等[15]实际拍摄到的火焰传播过程中的图片进行对比分析,发现模拟结果与实际火焰传播图片相符合。Park 等[33]采用 Smagorinsky-Lilly 亚网格尺度湍流模型以及 G 方程火焰模型进行模拟,模拟结果在定性层面上与实验结果相同,但定量层面上差距较大。

林柏泉等[34-35]采用 PHOENICS 对瓦斯爆炸过程中的温度场及障碍物条件下瓦斯爆炸火焰的传播规律进行了数值模拟;汪泉[36]同样采用 PHOENICS 进行瓦斯爆炸模拟,结果都表明 PHOENICS 模拟结果基本上可以反映流场参数的变化趋势。高尔新等[37]采用 AutoReaGas 模拟的结果显示,瓦斯爆炸冲击波在其传播过程中,不仅能形成一次尖峰压力过程,还能形成二次、三次反冲过程。朱建华[38]对长为49m、直径为390mm的水平光滑管和有障碍物管进行了甲烷-空气预混气体爆炸数值模拟,模拟结果可较好地反映爆炸的规律和过程。陈志华等[39]二维模拟了戊烷-空气预混气体在大型卧式管道中的爆炸过程,结果表明,燃烧产物的膨胀作用增大了火焰前锋附近的湍流强度,从而提高了反应过程中的燃烧速率,进而导致燃烧产物膨胀现象的加剧。杨宏伟等[40]三维模拟了在有障碍物条件下的瓦斯爆炸过程,结果表明,火焰在传播中的加速过程受障碍物和管壁两方面影响,而障碍物对火焰的加速过程影响尤为明显,在障碍物存在的情况下,火焰将会因变形而形成更加复杂的形状。姚海霞等[41]建立了二维均相反应模型,对有障碍物条件下的爆炸过程进行了模拟,模拟过程中考虑了障碍物对火焰流动的阻力作用以及管道壁面对爆炸过程的影响,模拟结果较为具体地解释了爆炸过程中障碍物对火焰湍流以及传播规律的影响。范宝春等[42]对旋涡扩散-阿伦尼乌斯燃烧模型进行了改进,结合 k-ε 湍流模型,采用压力耦合方程组的半隐式方法,对预混气体的爆炸过程进行了数值求解,计算结果很好地解释了火焰的加速和激波的形成过程。

1.2.4　瓦斯爆炸高效抑爆减灾技术及材料研究现状

煤矿瓦斯爆炸事故的防灾减灾措施大体分为事前预防和事后控制两个部分。事前预防是指对瓦斯爆炸发生之前或初期采取预防措施,目的是控爆和抑爆。事后控制是指在瓦斯爆炸发生后采取的抑制措施,目的是阻止瓦斯爆炸进一步的传播和扩大,缩小爆炸影响范围和降低爆炸威力,实现减灾。煤矿瓦斯抑爆技术总体可归纳为物理抑爆和化学抑爆两大类。物理抑爆主要通过抑爆剂的吸热降温或稀释反应物的浓度等方式抑制瓦斯爆炸。当发生瓦斯爆炸事故时,抑爆装置被触发并把抑爆剂注入燃烧区,抑爆剂从爆炸火焰中吸收热量发生熔化、气化等相变,在此过程中从爆炸火焰中吸收大量的热量,降低系统的温度。化学抑爆主要通过抑爆剂吸附或销毁爆炸反应基元中的自由基,生成较为稳定的物质,降低活性中心自由基的浓度,降低链分支、链传递的速度,直至链终止以降低爆炸的强度。

目前常用的瓦斯抑爆材料及技术有粉体抑爆技术、惰性气体抑爆技术、水系抑爆技术和多孔材料抑爆技术等。其中在粉体抑爆技术方面,碳酸氢盐($NaHCO_3$、$KHCO_3$)、磷酸盐(ABC干粉)、有机金属化合物(二茂铁)、碳酸盐($CaCO_3$)、卤化物(KCl、$NaCl$)、氢氧化物($Al(OH)_3$、$Mg(OH)_2$),以及尿素、硅藻土等粉体材料以其性能优良、储运方便、无毒无害等特点在瓦斯抑爆领域得到了一定程度的应用[43-48]。Laffitte 等[49]考察了抑爆微粒对爆轰的抑制作用,研究发现,保持单位体积粒子质量不变,逐渐减小粒子直径,随着粒子总表面积的增加,防止爆轰产生的能力也增强。Cybulski 等[50]对各种爆炸灾害过程及其防治技术进行了大量的实验研究。抑爆效果对各种影响因素极为敏感,包括抑爆剂种类、粒子直径和空间分布状态、抑爆装置的工作方式,甚至抑爆场的空间约束状态。煤炭科学研究总院重庆分院建立了大型爆炸实验巷道,研制开发了一系列抑爆装置,广泛用于气体和工业超细粉体爆炸防治实践。蔡周全等[51]针对 $NH_4H_2PO_4$(ABC 干粉)抑爆剂进行了大量研究,研究表明,ABC 干粉粒度对瓦斯抑爆性能有明显影响,粒度越小抑爆性能越好。程方明[52]通过实验研究了超细粉体对瓦斯抑爆效能的影响,侧重于研究瓦斯爆炸的特征参数值,对实验材料的抑爆效能进行了比较,结果表明,抑爆粉体的加入使得瓦斯爆炸的感应期延长,火焰传播速度减慢,抑爆效果明显。

在惰性气体抑爆技术方面,胡耀元等[53]通过实验研究了 N_2、CO_2 和水蒸气对瓦斯气体支链爆炸的抑制作用。Bundy 等[54]利用 CO_2、N_2 和 CF_3Br 研究了惰性气体对甲烷火焰的抑制作用,结果表明,惰性气体具有特定的体积分数才能有效抑制甲烷火焰,并得出各惰性抑爆气体的具体临界体积分数。王华等[55]通过惰性气体抑制瓦斯爆炸实验,研究了惰性气体 CO_2 和 N_2 对瓦斯爆炸极限和临界氧浓度的影响,结果表明,惰性气体 CO_2 和 N_2 对瓦斯爆炸具有一定的抑制作用,且 CO_2 比 N_2 有更好的抑爆效果。吴志远[56]利用实验验证等惰性气体浓度增大到一定程度时,可燃预混气体可被惰化为不可燃气体。

在水系抑爆技术方面,谢波等[57]的研究结果表明,主动式抑爆时水雾密度、水雾长度对激波、火焰起到抑制作用;被动式抑爆时水槽存水量和水槽布置对激波的衰减起一定的作用。Acton 等在具有障碍物的封闭管内研究了工业环境下水雾对爆炸的抑制作用,结果表明,使用水雾可使爆炸所产生的超压显著降低,但因为水雾的使用也会缩短爆炸感应期。陆守香等[58]分析了水系抑制瓦斯爆炸的化学反应动力学原理,认为水以第三体出现在爆炸环境中参与三元碰撞反应,降低活性中心的能量,阻断瓦斯爆炸反应链。Shimizu 等[59]利用纹影仪对水雾与甲烷火焰的相互作用过程进行了实验研究,发现水雾通过吸热蒸发生成水蒸气,对火焰包裹达到熄灭火焰目的。余明高等[60-61]利用自主搭建的细水雾抑制瓦斯爆炸实验管道,研究细水雾对瓦斯爆炸的抑制效果,并对其进行定性和定量分析,研究发现,在雾通量足够大的情况下,细水雾能够有效减小瓦斯爆炸的传播速度、降低火焰温度,并能改变火焰图像特性。

在多孔材料抑爆技术方面,Radulescu 等[62]通过研究具有多孔壁面的管道对爆轰过程的影响发现,多孔壁面可以有效削弱横波,形成膨胀波,造成反应区火焰温度下降。Dupré[63]通过研究衬在管道壁面上的网孔材料对爆炸的影响,发现其对爆轰波有显著的降低作用,研究分析表明网孔材料对横波的声吸收是爆轰波衰减的主要原因。叶青等[64]通过理论分析多孔金属材料对瓦斯爆炸传播的抑制作用,发现横波的消除和能量的吸收使多孔金属材料在抑制瓦斯爆炸的过程中起主要作用。聂百胜等[65]针对泡沫陶瓷对瓦斯爆炸火焰传播的影响进行了实验研究和理论分析,发现爆炸管道内放置泡沫陶瓷可以减小火焰传播速度和降低爆炸压力。

1.2.5　高效抑爆减灾装备及工艺研究现状

矿井瓦斯是煤矿发生重大安全事故的主要根源,如何最大限度地减少煤矿重大瓦斯事故的发生,减小事故诱发二次灾害发生,特别是减少二次灾害造成人员的伤亡,提高煤矿防灾减灾能力是解决煤矿发生重大安全事故的关键[66]。当煤矿井下发生瓦斯爆炸事故后,诱发如冲击波破坏通风系统、有毒气体的蔓延扩散等灾变发生,一旦出现这种类型的灾变,就会造成井下通风不畅,使得井下灾变后产生的大量有毒有害气体无法排出,易造成井下人员窒息死亡。因此,当井下发生事故后急需解决三方面的问题:①泄压,将瓦斯爆炸的冲击波压力释放,从而防止损坏通风机;②排毒,将由瓦斯爆炸而产生的 CO 等有毒气体尽快排出;③反风,目的主要是将救援人员送入井下进行救援工作。这些无不例外与通风机有关,而防爆门是灾变环境下保护通风机正常运转的最有力的装备。

防爆门作为一种可以防止瓦斯、煤尘爆炸时毁坏主要通风机的安全设备,在主要通风机停运时打开,起到了防止井下硐室及主要回风道瓦斯积聚的作用。目前防爆门的结构和现状存在诸多问题:①抽出式通风机正常工作时,防爆门漏风使通风系统的效率降低,增加电耗;②发生瓦斯爆炸时,防爆门无法快速泄压,致使爆炸冲击波摧毁通风机,造成井下有毒有害气体无法快速排出;③发生瓦斯爆炸时,防爆门被强大的冲击波抛出,或开启后无法正常关闭,致使通风系统风流短路,井下有毒气体排出困难,增大井下人员伤亡概率;④反风时,防爆门关闭困难,同样致使风流短路,影响井下救援工作。

针对防爆门的缺陷,国内一些学者和工程师做了一些研究工作[67-68]。乐平矿务局设计院陶学佳对斜风井防爆门防漏风措施进行了改进;皖北煤电集团陈世建针对防爆门密封不可靠的问题对防爆门型钢圈进行了设计;开滦(集团)有限责任公司曹宏伟对立井防爆门的反风装置进行了改进,采用了电(液)动反风装置;七煤(集团)公司王宝臣对防爆门的管理和使用提出了改进措施;唐山开滦勘察设计有限公司李百营工程师针对立风井防爆门冬季渗水结冰导致的防爆门不易打开的问题进行了优化改进;国投新集能源股份有限公司钟鸣远在风井不停风条件下成功地设计与安装了立井防爆门。然而,目前的研究未从根本上解决井下灾变时保障通风系统安全和快速排出有毒有害气体的问题,这将直接影响灾变过程的控制和减灾技术,使得灾害事故进一步增大。

1.2.6　目前研究存在的不足之处

综合分析上述文献可以发现,在煤矿瓦斯爆炸的反应机理、传播特性、数值模拟和减灾技术等方面已开展了相关的实验探索和理论研究工作,取得了一些研究成果,这对于认识煤矿瓦斯爆炸现象、防治瓦斯爆炸灾害起到了极大的促进作用,但仍需要解决以下问题。

1. 瓦斯爆炸火焰-湍流-超压的耦合作用机制研究工作开展较少

国内外很多学者通过相关实验或数值模拟研究了瓦斯爆炸传播的基本规律，分析了湍流诱导致使火焰加速传播的机理，但基于瓦斯爆炸火焰-湍流-超压的耦合作用，即分析火焰与湍流、火焰与超压的相互影响来提高对瓦斯爆炸燃烧波、冲击波在传播扩散过程中温度、压力的时空变化规律的分析正确性，来研发瓦斯爆炸和抑爆减灾技术较为鲜见。由于现有实验方法和测试手段的限制，目前的研究均未很好地捕捉到翔实的火焰传播过程和湍流流场，因此很难利用充足的实验数据来解释瓦斯爆炸火焰传播与湍流、压力波的耦合机理及对火焰的控制机制。此外，目前的数值模拟大都采用传统的 k-ε 湍流模型，无法有效预测爆炸火焰的行为细节和湍流流动的微观结构，也未从火焰、湍流、超压方面开展抑爆减灾实验研究。

2. 瓦斯爆炸火焰响应与探测研究存在的不足之处

瓦斯爆炸产生的火焰和冲击波速度快，需要高灵敏度的探测装置，而目前国内外市场上的单红外(IR)火焰探测器、单紫外(UV)火焰探测器、红紫外(UV/IR)复合火焰探测器、双红外火焰探测器、三波段红外火焰探测器，都存在灵敏度低、误报率高的特点。火焰波的结构特征及传播特性对于火灾探测器的响应探测是极其重要的，是确保探测有效性和可靠性的关键所在，虽然 AQ 1079—2009《瓦斯管道输送自动喷粉抑爆装置　通用技术条件》对探测器的有效性提出了基本要求，但对探测器的可靠性没有明确要求。因此，迫切需要研究灵敏性好、可靠性高的新型探测技术和探测器。

3. 复合粉体抑爆减灾技术研究存在的不足之处

传统的干粉抑爆材料大多使用具有灭火性能的固体粉末，利用其对火焰的熄灭作用来抑制瓦斯爆炸火焰的传播，降低爆炸的范围。磷酸盐、卤化物、碳酸盐及碳酸氢盐都具有一定的抑爆作用。超细粉体按大小可分为纳米粉体、亚微米粉体、微米粉体等。与常规材料相比，超细粉体具有一系列优异的物理、化学、表界面性质，极大增强了材料的抑爆性能。超细复合粉体是由两种或两种以上不同性质的材料，通过物理或化学的方法，在宏观上组成具有新性能的材料，产生协同抑制效应。针对普通抑爆粉体，国内外学者做了诸多尝试，但在低浓度瓦斯输送管道这种空间较为有限的场合安装抑爆装置，普通干粉的抑爆效率也有进一步提高的余地。且有关综合不同抑爆剂作用情况下瓦斯爆炸火焰波和爆炸波的传播特征，进行高效复合抑爆减灾的研究较少。

4. 基于细水雾的瓦斯燃爆防控技术方面存在的不足之处

国内外很多学者都曾利用细水雾技术开展瓦斯燃爆机理及灭火抑制效果的研究工作,研究结果证明了细水雾技术灭火控爆的优良性能,但在工程实际应用过程中,尤其是地面低浓度瓦斯安全输送管道中细水雾安全保障效果及应用的研究甚少,在此基础上有关瓦斯-水雾混合物分离技术及相应装置较为鲜见,使细水雾技术在地面瓦斯输送管道抑爆的应用受到了限制。在利用细水雾技术扰动上隅角瓦斯积聚和降低瓦斯燃爆概率方面,细水雾的扰动特性和稀释效果尚无系统研究,有/无细水雾作用下瓦斯点燃的难易程度尚无实验数据证明,基于细水雾的工作面上隅角瓦斯抑爆防控系统和装备研究甚少。

5. 高效抑爆减灾装备及工艺的研究存在的不足之处

煤矿井下瓦斯爆炸常会造成矿井防爆门发生严重变形,甚至因被破坏而不能及时关闭,造成矿井风流短路,矿井无法进行反风等,引发严重的二次灾害事故。因此,在发生瓦斯爆炸后,如何最大限度地发挥防爆门的安全作用便显得十分重要。相关文献针对瓦斯爆炸机理、传播规律、抑爆技术作了相应研究,而针对瓦斯爆炸冲击波作用下防爆门的动态响应特性以及可能存在的破坏模式研究较少,甚至忽略了这方面的研究,导致井下发生瓦斯爆炸后冲击波直接破坏通风机和摧毁防爆门,使得整个矿井的通风系统受到影响而无法及时排出有毒有害气体,灾害事故进一步扩大。

1.3　煤矿瓦斯爆炸抑爆减灾技术的关键问题

煤矿瓦斯爆炸事故具有地点(工作面上隅角、井下采掘巷道、井下瓦斯抽放管道、地面瓦斯输送管道等)的不确定性和原因(煤自燃引燃、撞击火花、摩擦生热、电器的过负荷、线路的短路等)的复杂性,使得瓦斯爆炸灾害的全面预防难度极大。此外,目前井下常用的瓦斯抑爆手段,如岩粉棚、隔爆水槽、水喷雾技术等多是基于单一的抑爆机理防控瓦斯燃爆,抑爆效能较低,瓦斯爆炸的响应探测基本上是被动式,甚至没有响应探测装置,且所属装置和设施多为一次性设备,后续若发生二次爆炸则起不到再次抑爆、防爆作用,使得瓦斯爆炸发生时的及时控爆和复合抑爆难度极大。

上述总结的多方面原因,致使瓦斯爆炸灾害事故依然时有发生,甚至可称为形势严峻,不符合煤矿"以人为本"的安全生产理念。因此,急需研制开发新型的、综合性的防爆、控爆、抑爆技术和配套装置,为瓦斯爆炸事故的防灾减灾提供技术支持和对应防治策略,这是瓦斯爆炸灾害防治中不容回避的、急需攻关的科学难题和实际问题。基于以上综合阐述和全面系统的分析,围绕煤矿瓦斯爆炸的防灾减灾,本书提出以下几个关键问题的研究。

1. 瓦斯爆炸的大涡模拟及爆炸火焰-湍流-超压的耦合机制研究

这方面研究的目的是,建立瓦斯爆炸大涡模拟数学模型,同时研制能够捕捉瓦斯爆炸压力波和火焰波传播特征的瓦斯爆炸实验系统,结合实验数据和数值模拟,验证大涡模拟对瓦斯爆炸的适用性;通过实验、大涡数值模拟和理论研究,揭示火焰与湍流、火焰结构与超压的相互影响,提高对瓦斯爆炸燃烧波、冲击波在传播扩散过程中温度场、压力场的时空变化规律的分析正确性,为抑爆减灾技术装备的开发和设置参数的优选提供理论基础支撑。

2. 上隅角-抽放管道-发电机组瓦斯爆炸的抑爆减灾技术与装备研制

这方面研究的目的是,研制复合粉体抑爆剂,设计开发双紫外火焰探测器,研制开发矿用瓦斯抽放管道的抑爆集成装置;开展细水雾在瓦斯输送管道中的凝结沉降特性和工作面上隅角扰动及稀释瓦斯效果研究,研制基于细水雾的地面瓦斯发电机组和上隅角瓦斯抑燃抑爆防控装置,构建多点-线-面一体化的瓦斯爆炸防控体系模式。

3. 瓦斯爆炸防灾措施失效后的减灾技术及快速复位防爆门研制

这方面主要研究瓦斯爆炸冲击波作用下防爆门的动态响应特性,揭示防爆门上的压力分布、应变量变化情况,分析防爆门可能存在的破坏模式,并设计开发一套能在瓦斯爆炸灾变情况下快速复位的防爆门系统,以缩短通风系统恢复时间,减轻灾后救援困难。

通过本书的研究,以期保障瓦斯抽采和利用的安全,增大瓦斯抽采效果和利用率,实现低浓度瓦斯安全输送和高效发电,使更多的抽采瓦斯充分变废为宝,减少瓦斯直接排放,以避免污染环境,实现矿山绿色开采与节能环保效果。

1.4　研究内容及技术路线

1.4.1　研究内容

1. 瓦斯爆炸的大涡模拟及火焰传播规律研究

这方面研究主要任务是,阐明瓦斯爆炸的动态传播理论,建立模拟瓦斯爆炸的亚网格尺度模型和湍流燃烧模型,利用大涡模拟理论模拟分析瓦斯爆炸的传播过程;基于自行设计和搭建的瓦斯湍流爆炸实验平台,开展有/无障碍物工况下瓦斯爆炸的动态特性分析;通过大涡模拟和实验室试验,揭示瓦斯爆炸火焰与复杂湍流间的正反馈关系、火焰结构与超压间的耦合规律,分析验证大涡模拟对瓦斯爆炸的适用性,为各种瓦斯抑爆方法提供可靠的实验平台。

2. 超细复合抑爆剂制备与管道瓦斯抑爆效能研究

这方面研究主要任务是,根据工程研究需要,自行设计研制大长径比的管道瓦斯抑爆实验系统;分析测试抑爆剂在不同热环境中的质量变化情况、吸放热效应、热分解特征温度等参数,为后续研究抑爆剂的抑爆特性提供基础;开展不同浓度抑爆剂抑制瓦斯爆炸的实验室试验,系统分析爆炸火焰结构、火焰传播速度和爆炸压力峰值等参数的变化规律,结合经典的着火理论分析研究抑爆剂的物理、化学抑爆效应和抑爆机理;综合抑爆剂的理化特性和抑爆效能,制备抑爆性能优良的超细复合抑爆剂,为后续研制抑爆系统中的抑爆剂遴选提供实验和理论依据。

3. 含添加剂细水雾雾场参数优化与抑爆实验研究

这方面研究主要任务是,运用 Fluent 模拟分析不同螺杆长度、螺旋槽头数、螺旋升角、螺旋槽形状等参数对雾化喷嘴雾化特性的影响,优选出一种雾化效果好的组合式压力旋流雾化喷嘴;利用自行设计的雾场冷态特性测量平台和细水雾灭火测试系统,研究确定合理的细水雾喷头的工作压力,分析细水雾雾滴粒径大小、雾滴粒径分布、雾滴运动速度对灭火有效性的影响;建立基于细水雾灭火技术的管道瓦斯抑爆测试平台,开展细水雾/含添加剂细水雾抑制管道瓦斯爆炸的实验室试验,通过分析瓦斯爆炸过程中传播速度、火焰温度和火焰图像的变化,探索研究含添加剂细水雾的物理抑制、异相和均相化学抑制机理。

4. 基于细水雾的抽放管道瓦斯安全输送与抑爆技术研制

这方面研究主要任务是,针对抽放管道瓦斯输送过程中存在的瓦斯燃爆问题,分析讨论细水雾灭火技术防控该工程问题的可行性;考察分析细水雾在全尺度输送管道中的雾场特征参数和管道水-气两相流下的水雾凝结沉降特性;结合工程实际问题,研制基于细水雾灭火技术的低浓度管道瓦斯阻燃抑爆防护装置,设计细水雾发生装置,确定细水雾喷嘴在输送管道中的安装角度,设计瓦斯-水雾混合物分离的旋风分离器的结构、尺寸和加工装置,开发基于细水雾灭火技术的低浓度管道瓦斯阻燃抑爆装置集成系统的集成方式和自动化控制系统;选取瓦斯热电公司进行工业化试验,进一步验证系统的可靠性、有效性和稳定性。

5. 基于细水雾的上隅角瓦斯燃爆防控技术研究

这方面研究主要任务是,针对采煤工作面上隅角瓦斯聚积时存在的瓦斯燃爆问题,首先基于"U"形通风方式的采煤工作面,阐述分析上隅角瓦斯积聚原因,通过 Fluent 模拟分析上隅角流场分布和速度分布特性,辨识上隅角瓦斯燃爆危险区域;设计细水雾抑制上隅角瓦斯燃烧的中尺度实验平台,实验分析有/无细水雾和含添加剂细水雾情况下上隅角瓦斯燃烧的火焰温度、烟气温度和氧气浓度变化,对比分析有/无细水雾作用下瓦斯点燃的难易程度,分析细水雾作用下上隅角瓦斯的扰动特性和稀释情况;通过工业性试验,研制一套基于细水雾的上隅角瓦斯燃爆防控装置,确定细水雾保护装置的布置方式和工作参数,优化细水雾保护装置的工艺参数。

6. 基于双紫外探测与超细复合干粉的矿用管道抑爆技术研制

这方面研究主要任务是,设计开发双紫外火焰探测器,使其相关技术参数优于 AQ 1079—2009 标准中火焰探测器的有效性规定,并通过专业检测设备测试双紫外火焰探测器的可靠性,减少矿用管道瓦斯输运过程中的误报警;根据 AQ 1079—2009 标准中控制器和抑爆器的具体要求,设计开发具有自主知识产权的控制器和抑爆器;基于双紫外火焰探测器和优选的超细复合抑爆剂,利用机械设计原理、煤矿电器防爆设计原理,设计开发矿用管道瓦斯抑爆集成装置。

7. 矿井抑爆防灾减灾系统、装备及工艺的研制

这方面研究主要任务是,针对瓦斯爆炸的破坏效应和可能出现多次爆炸的特点,结合目前防爆门的结构缺陷和存在的主要问题,研究设计一套快速复位的对开防爆门系统,做到既保护防爆门系统,又能在发生灾变时快速恢复通风;通过中试试验和数值模拟研究快速复位防爆门在瓦斯爆炸冲击波作用下的动态响应特性,分析在冲击波作用下的开启与复位情况、泄压条件下瓦斯爆炸冲击波的压力分布规律,防爆门对瓦斯爆炸冲击波的应变响应特性以及可能存在的破坏模式,为快速复位防爆门设计参数和工业应用提供设计依据。

1.4.2　研究技术路线

本书紧紧围绕煤矿瓦斯爆炸抑爆减灾过程中急需解决的科学问题和实际难题展开研究,通过分析特别重大瓦斯爆炸事故发生的原因(即爆炸后的高温热流、高压冲击波作用诱发灾害扩大,破坏主要通风构筑物,致使有毒有害气体蔓延至整个矿井),认为即使距离爆炸源较远的作业人员也因受爆炸后的毒气侵害而伤亡,形成爆炸破坏面大和波及范围广的灾害事故,因此,提出瓦斯爆炸主动抑爆减灾技术以避免瓦斯爆炸后导致的次生灾害衍生和事故损失的扩大。瓦斯爆炸主动抑爆减灾技术可以有效地降低爆炸产生的高温热流和高压冲击波,减小爆炸的影响范围和对主要通风构筑物的破坏,从而消除或降低衍生次生事故的发生概率,较大程度

地减少瓦斯爆炸事故的损失。在综合分析当前研究现状和目前抑爆、防爆技术的缺点后，开展多尺度强湍流瓦斯爆炸动态传播理论、高效抑爆试剂和抑爆技术、上隅角-抽放管道-发电机组瓦斯爆炸的抑爆技术与装置、瓦斯爆炸防灾措施失效后的减灾技术及快速复位防爆门研制等方面的研究，以便为瓦斯爆炸事故的防灾减灾提供技术支持和应对防治策略。为实现本书的研究内容和研究目标，制定了图 1-4 所示的研究技术路线。

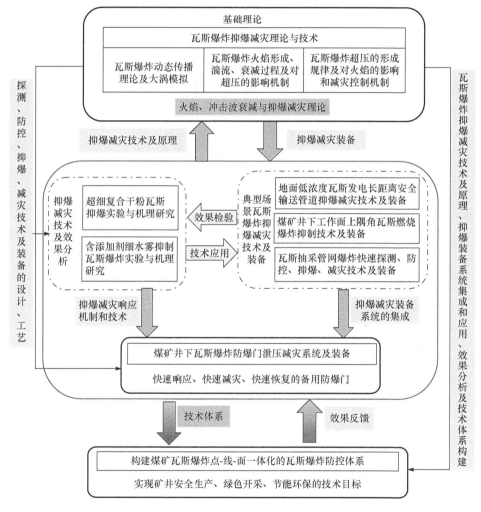

图 1-4　本书的研究技术路线框图

第 2 章　多尺度强湍流瓦斯爆炸动态传播理论

煤矿井下巷道管网和瓦斯输运管道所发生的瓦斯爆炸事故,都具有显著多尺度和强湍流特征。应用于煤矿现场的抑爆减灾技术能否发挥有效作用在很大程度上取决于是否将多尺度强湍流瓦斯爆炸动态传播特性考虑至抑爆减灾装备的设计和研制中。鉴于此,本书在充分考虑上述实际因素的基础上,创新性地构建多尺度强湍流瓦斯爆炸全工况统一数学模型,并在实验尺度和中试尺度下对该数学模型进行有效的验证,对大尺度瓦斯爆炸实验进行数值预测;在此基础上,分析瓦斯爆炸过程中强湍流与火焰的耦合作用,探索强湍流作用下火焰面积变化与超压的内在关系。

本章研究目的不仅在于揭示瓦斯爆炸的动态传播规律及演变机理,更为本书后续在实验尺度、中试尺度下开发新型粉体抑爆技术及装备(第 3 章、第 5 章)和细水雾抑爆技术及装备(第 4 章、第 6 章、第 7 章),以及研制有效控风及泄压装备(第 8 章),最终构建煤矿点-线-面一体化的瓦斯爆炸防控体系提供坚实的理论与技术支撑。

2.1　瓦斯爆炸的多尺度强湍流特征

2.1.1　多尺度特征

瓦斯爆炸的多尺度特征主要表现在不同湍流尺度和不同空间尺度两个方面。在湍流尺度方面,瓦斯爆炸初期的火焰锋面由点火源开始以燃烧波(通常称为火焰)形式向未反应区扩展,此时湍流强度低、扰动小,其脉动速度较小,流体内部扰动的涡团尺寸小于或稍大于层流火焰厚度,对火焰表面不会引起较大变形,因此这时的火焰锋面比较光滑,火焰传播速度较低(一般小于 5m/s),超压也相对较低。但是,爆炸火焰在传播过程中往往会遇到各种障碍物(如矿车、采掘机电设备、液压支架、巷道风门、管道变截面等),火焰前方的未燃气体不断受到热膨胀波的压缩推动作用,使得在障碍物下游流场形成大尺度涡团,其湍流尺度远大于层流火焰厚度,湍流脉动将诱导紧随而至的火焰产生明显褶皱、卷吸,从而使火焰锋面附近的已燃气体和未燃气体快速掺混,燃烧速率和火焰表面积增大,进而使火焰传播获得加速,并伴有爆炸超压的急剧上升。此时涡团脉动速度还不是很大,涡团与火焰表面相对运动速度小于火焰表面法向移动速度,因此流体涡团仍不能冲破火焰表面,只能造成局部扰动变形和扭曲;当遇到连续障碍物时,瓦斯爆炸流场的脉动速度持续增大,火焰则产生很大变形,最终破裂为火焰碎片,由此形成较为散布的反应区。由此分析,煤矿巷井或输运管道中瓦斯爆炸动态传播本身就是由各种不同尺度的涡团组成的,且处于不断生成、发展及耗散过程中。

在空间尺度方面,井下巷道和瓦斯输运管道均表现出明显的不对称性,即长度方向尺度相对于径向尺度比值很大,精确捕捉瓦斯爆炸火焰锋面的详细化学反应较为困难,导致传统瓦斯爆炸动态传播理论停留于实验尺度,难以涉及中试尺度和大尺度的精确预测,这使得无论是从实验角度还是从数理层面都难以揭示瓦斯爆炸动态传播规律及其机理,在此基础上设计和研制的煤矿瓦斯爆炸抑爆减灾技术及装备缺乏可靠性和实用性。因此,必须从理论上创新突破,才能使上述问题得以解决。

2.1.2　强湍流特征

瓦斯爆炸过程本质上是一个化学反应的流动过程,而在几乎所有的气体爆炸过程中,气体流动状态均表现为湍流流动。湍流流动增加了燃烧波面与未燃气体的接触面积,从而加快了瓦斯气体化学反应速率。此外,较快的化学反应速率反过来又影响气体的流动过程。因此,在瓦斯爆炸过程中,化学反应和流动密切相关,燃烧和混合气体流动相互耦合、相互正反馈。在理论及数值模拟研究方面,只有建立全面描述瓦斯气体爆炸过程中燃烧与流动的正反馈关系的理论模型,才能实现对瓦斯爆炸过程的理论求解。

实际煤矿巷井存在各种形状及大小的矿车、采掘机电设备、液压支架等障碍物,瓦斯抽放管道也有各种弯道、岔道、变截面通道等,其下游的大尺度湍流涡团必将使得火焰锋面形成强烈的折叠和褶皱,这种强湍流作用下的瓦斯爆炸动态传播规律则更加复杂。如果爆炸火焰连续遇到障碍物,火焰传播将获得连续加速,气流膨胀速率不断加快,使得湍流强度持续增大,湍流脉动速度就将超过层流火焰传播速度,流体涡团可以冲破火焰表面,形成分散的火焰小涡团,此时火焰表面积、单位体积内的燃烧速率、火焰传播速度、流速及超压等参数急剧升高。研究此类强湍流瓦斯爆炸的动态传播规律及机理需要建立更加科学合理的数学模型对其进行详细描述与求解。

虽然大多数煤矿瓦斯爆炸通常属于爆燃,但是瓦斯爆燃火焰传播过程并不稳定,在湍流不断激励条件下可转变为爆轰。当瓦斯浓度达到爆炸界限,并且遇到火源或高温时,瓦斯被引燃后形成火焰锋面。该火焰锋面向未燃的混合气体中传播。瓦斯燃烧产生的热使火焰锋面前方的气体受到压缩,产生一个超前于火焰锋面的压力波而形成爆燃。在爆燃过程中,火焰波阵面在由前驱压力波扰动后的介质中以亚声速传播,形成前驱压力阵面和火焰锋面相间隔的双波三区结构。一旦火焰在向前传播过程中碰到湍流扰动就容易发生褶皱,如此便增大了瓦斯燃烧火焰面积,进而使单位体积内的反应速率升高,而更高的反应速率又会迫使前方的未燃气体获得更高的流动速度,这样就导致更强的湍流燃烧。如此反复下去,就形成了气体湍流与燃烧的耦合作用。湍流激励效应是目前关于爆燃火焰加速较为合理的解释。瓦斯爆燃火焰在传播过程中获得持续加速并不断追赶压力波,一旦火焰锋面追上冲击波阵面,爆燃就将转变为爆轰。

由此审视,在考虑大尺度和障碍物激励效应的前提下,煤矿瓦斯爆炸的动态传播过程存在强烈的湍流特征,将不可避免地产生火焰加速和较大超压。在实验尺度下研究、在中试或大尺度下设计和研制煤矿抑爆减灾技术及装备中,必须充分考虑多尺度和强湍流特征。因此,建立科学合理的多尺度强湍流瓦斯爆炸数学模型,进而对不同尺度下瓦斯爆炸的动态传播规律进行有效预测,对本书研制煤矿高效抑爆减灾技术,最终构建点-线-面一体化的瓦斯爆炸防控体系都是十分必要的。

2.2　多尺度强湍流瓦斯爆炸数学模型

目前,国内外求解可燃气爆炸动态传播问题的数值方法主要有直接模拟法、雷诺平均法、大涡模拟法。其中,直接模拟法对网格的精细程度要求很高,目前计算机网格点的分辨率还不能满足其要求。雷诺平均法是通过对 Navier-Stokes(N-S)方程进行系综平均,将流场中的湍流流动分解为平均运动与脉动运动,然后利用雷诺分解和平均的方法构建湍流均流控制方程组,其主要缺点是它只能提供湍流的平均信息,它的湍流模型没有普适性,这对于研究瓦斯爆炸的复杂湍流过程是远远不够的。大涡模拟法近年来在国内外迅速成为研究热点,这种模拟方法将耗散尺度的脉动进行过滤,只对大尺度脉动进行求解,与雷诺平均法相比虽然计算量更大,但其空间分辨率更高,且普适性更好。由于煤矿瓦斯爆炸动态传播具有明显的多尺度强湍流特征,从这个意义上来看,大涡模拟法是计算瓦斯爆炸动态传播过程的最佳选择。

2.2.1　基本思想及要点

煤矿瓦斯爆炸动态传播具有明显的多尺度强湍流特征,这些不同尺度的涡团对湍流所起的作用各有不同。大涡团往往取决于流场的初始条件和边界条件,因而常常表现为各向异性,对于不同类型的流动,其大涡团的结构和运动特征均有较大差别,而小涡团的运动特征不容易受到边界条件和初始条件的影响,常常表现为各向同性。由此自然联想到,在瓦斯爆炸数值计算过程中,可以将不同尺度涡团的量分为大涡尺度量和亚网格尺度量,且用不同方式进行处理,即对于可被计算网格分辨出来的大涡尺度量无须模化,可直接求解其三维非定常流控制方程而得出;而对于小于计算网格的亚网格尺度量,需构建其湍流模型,通过一定假设来模化为可解尺度量的函数。由于小尺度涡团在统计上基本表现为各向同性,对其单独模化肯定要比对全部涡团同时模化要更准确。

此外,瓦斯爆炸属于预混燃烧,对其过程进行模拟十分困难,主要原因在于预混燃烧通常作为薄层火焰产生,并被湍流拉伸和扭曲。火焰传播的整体速度主要受层流火焰速度和湍流涡团共同控制,其中层流火焰速度取决于物质和热量逆流扩散到反应区并燃烧的速率。为得到层流火焰速度,需要确定内部火焰结构以及详细的化学动力学和分子扩散过程。但由于实际的层流火焰厚度只有毫米量级或更小,对其反应区进行详细求解需要的计算网格极为精细。因此,火焰锋面传播的模拟可通过求解一个关于反应进程变量的输送方程来实现,这一有效手段为进行中试尺度和大尺度煤矿瓦斯爆炸数值模拟网格划分奠定了必要的研究基础。

影响瓦斯爆炸火焰传播规律的因素主要在于大尺度湍流涡团,因此可利用大涡模拟法,创新性地提出一个新的多尺度强湍流瓦斯爆炸数学模型。此模型的基本思想是:将瓦斯爆炸湍流过程分解为大涡尺度和亚网格尺度,其大涡团是影响瓦斯爆炸动态传播规律的主要因素,采用直接求解其三维非定常流控制方程而得出;小尺度涡团则是通过亚网格尺度模型进行求解。其要点如下。

(1)煤矿瓦斯爆炸的湍流流场由不同尺度的涡团组成,而影响瓦斯爆炸动态传播规律的主要因素是障碍物边界条件所决定的大涡尺度强湍流。

(2)借鉴大涡模拟法直接求解大涡尺度强湍流对瓦斯爆炸动态传播的影响,对于小尺度涡团则通过建立亚网格尺度模型进行求解。

(3)火焰锋面动态传播的模拟不再详细描述层流火焰厚度内的反应过程,而是通过求解一个关于反应进程变量的输送方程即可。

(4)计算网格大小可依据物理尺度进行调整,原则是能够精确捕捉影响瓦斯爆炸传播规律的大涡尺度强湍流特征,对于火焰锋面附近小尺度湍流涡团模拟则依靠温度梯度下的动态网格加密来实现。

(5)通过建立合理的强湍流与火焰之间的耦合模型,以精确描述多尺度下瓦斯爆炸的火焰加速现象。

2.2.2　基本控制方程

将瓦斯爆炸流动介质看成是可压缩理想气体,并在引入 N-S 方程之后,瓦斯爆炸基本控制方程可用连续方程、动量方程、能量方程、反应进程变量方程及理想气体状态方程来表达,具体形式如下。

连续方程:

$$\frac{\partial \rho}{\partial t} + \frac{\partial (\rho u_i)}{\partial x_i} = 0 \tag{2-1}$$

其中,ρ 为密度;t 为时间;$i(j、k)$ 为坐标方向;u_i 为 i 方向的速度;x_i 为直角坐标参量。

动量方程：

$$\frac{\partial(\rho u_i)}{\partial t} + \frac{\partial(\rho u_i u_j)}{\partial x_j} = -\frac{\partial p}{\partial x_i} + \frac{\partial \sigma_{ij}}{\partial x_j} \tag{2-2}$$

其中，p 为压力；σ_{ij} 为黏性应力张量，表达式为

$$\sigma_{ij} = \mu\left(2S_{ij} - \frac{2}{3}S_{kk}\delta_{ij}\right) \tag{2-3}$$

μ 为黏度，$S_{kk} = \partial u_k/\partial x_k$ 为速度散度；S_{ij} 为应变率；δ_{ij} 为单位张量。S_{ij} 和 δ_{ij} 表达式为

$$S_{ij} = \frac{1}{2}\left(\frac{\partial u_i}{\partial x_j} + \frac{\partial u_j}{\partial x_i}\right) \tag{2-4}$$

$$\delta_{ij} = \begin{cases} 1, & i = j \\ 0, & i \neq j \end{cases} \tag{2-5}$$

能量方程：

$$\frac{\partial(\rho h)}{\partial t} + \frac{\partial(\rho u_i h)}{\partial x_i} = \frac{\partial}{\partial x_i}\left(\lambda\frac{\partial T}{\partial x_i}\right) + \dot{\omega}_T \tag{2-6}$$

其中，h 为焓；λ 为导热系数；T 为温度；$\dot{\omega}_T$ 为化学反应热，表达式为

$$\dot{\omega}_T = Y_f \Delta h_{comb} \dot{\omega}_c \tag{2-7}$$

其中，Y_f 为燃料质量分数；Δh_{comb} 为 1kg 燃料燃烧产生的热量；$\dot{\omega}_c$ 为归一化的化学反应速率。对于当量比为 1.0 的甲烷-空气预混气体，$Y_f = 0.05519$，$\Delta h_{comb} = 5.0016 \times 10^7 \text{J/kg}$。

反应进程变量方程：

$$\frac{\partial(\rho c)}{\partial t} + \frac{\partial(\rho u_i c)}{\partial x_i} = \frac{\partial}{\partial x_i}\left(\rho D\frac{\partial c}{\partial x_i}\right) + \dot{\omega}_c \tag{2-8}$$

其中，D 为扩散系数。在此处，火焰锋面（即燃烧区）的化学反应状态由反应进程变量 c 来表示，这样既简化了计算量，又可以较好地捕捉火焰特征。当预混气体未燃烧时 c 为 0，完全燃烧时 c 为 1，即

$$c = 1 - \frac{Y_f}{Y_f^0} \tag{2-9}$$

其中，Y_f^0 为未燃预混气体的燃料质量分数。

理想气体状态方程：

$$p = \rho R T \tag{2-10}$$

其中，R 为气体常数。

2.2.3　大涡和亚网格尺度及过滤方法

大涡模拟求解的控制方程是经过滤波处理后的 N-S 方程及其他方程，即流体

中的变量通过空间的过滤方式分为可求解大涡尺度量和不可求解亚网格尺度量，如流场中的某一变量 ϕ 分解为可求解大涡尺度量 $\bar{\phi}$ 和待模拟的亚网格尺度(subgrid scale，SGS)量 ϕ''，即 $\phi = \bar{\phi} + \phi''$。可解量 $\bar{\phi}$ 定义为

$$\overline{\phi(x_i,t)} = \int_F \phi(x_i',t)G(x_i - x_i',\Delta)\mathrm{d}x_i' \tag{2-11}$$

其中，G 表示过滤函数；F 表示流体区域；Δ 表示过滤尺寸，$\Delta = (\delta x \delta y \delta z)^{1/3}$，$\delta x$、$\delta y$ 及 δz 分别为计算区域三个空间方向上的尺度。过滤函数主要有盒式过滤函数、高斯过滤函数、谱空间低通过滤函数等。本书基于有限体积计算方法，采用盒式过滤函数：

$$G = \begin{cases} 1/\Delta V, & x_i \in \Delta V \\ 0, & \text{其他} \end{cases} \tag{2-12}$$

虽然可压缩湍流的大涡模拟控制方程可以通过 N-S 方程及其他方程的过滤导出，然而直接过滤可压缩 N-S 方程将得到十分复杂的可解大涡尺度湍流的运动方程。因此，这里采用 Favre 过滤的方法，得到比较简单又容易封闭的可压缩湍流大涡数值模拟方程。Favre 过滤(又称密度加权过滤)的思想是：对密度、压强采用通常的物理空间过滤，用上标"‾"表示；而速度、温度和焓采用 Favre 过滤，这些变量经过 Favre 过滤为 $\tilde{\phi} = \overline{\rho\phi}/\bar{\rho}$，因此便有

$$\bar{\rho}\tilde{\phi} = \bar{\rho}\frac{\overline{\rho\phi}}{\bar{\rho}} = \overline{\rho\phi} = \int_F \rho\phi(x_i',t)G(x_i - x_i',\Delta)\mathrm{d}x_i' \tag{2-13}$$

分别对式(2-1)、式(2-2)、式(2-6)、式(2-8)及式(2-10)进行过滤，得到瓦斯爆炸动态传播的大涡模拟方程如下：

$$\frac{\partial \bar{\rho}}{\partial t} + \frac{\partial(\bar{\rho}\tilde{u}_i)}{\partial x_i} = 0 \tag{2-14}$$

$$\frac{\partial(\bar{\rho}\tilde{u}_i)}{\partial t} + \frac{\partial(\bar{\rho}\tilde{u}_i\tilde{u}_j)}{\partial x_j} + \underbrace{\frac{\partial}{\partial x_j}\left[\bar{\rho}(\widetilde{u_iu_j} - \tilde{u}_i\tilde{u}_j)\right]}_{\text{亚网格应力}} = -\frac{\partial \bar{p}}{\partial x_i} + \frac{\partial \overline{\tilde{\sigma}_{ij}}}{\partial x_j} \tag{2-15}$$

$$\frac{\partial(\bar{\rho}\tilde{h})}{\partial t} + \frac{\partial(\bar{\rho}\tilde{u}_i\tilde{h})}{\partial x_i} + \underbrace{\frac{\partial}{\partial x_j}\left[\bar{\rho}(\widetilde{u_ih} - \tilde{u}_i\tilde{h})\right]}_{\text{亚网格焓通量}} = \frac{\partial}{\partial x_i}\left(\lambda\frac{\partial \widetilde{T}}{\partial x_i}\right) + \overline{\dot{\omega}_T} \tag{2-16}$$

$$\frac{\partial(\bar{\rho}\tilde{c})}{\partial t} + \frac{\partial(\bar{\rho}\tilde{u}_i\tilde{c})}{\partial x_i} + \underbrace{\frac{\partial}{\partial x_j}\left[\bar{\rho}(\widetilde{u_ic} - \tilde{u}_i\tilde{c})\right]}_{\text{亚网格反应进程通量}} = \frac{\partial}{\partial x_i}\left(\bar{\rho}D\frac{\partial \tilde{c}}{\partial x_i}\right) + \overline{\dot{\omega}_c} \tag{2-17}$$

$$\bar{p} = \bar{\rho}R\widetilde{T} \tag{2-18}$$

其中，

$$\bar{\rho}(\widetilde{u_iu_j} - \tilde{u}_i\tilde{u}_j) = -2\mu_{\mathrm{SGS}}\widetilde{S}_{ij} \tag{2-19}$$

$$\bar{\rho}(\widetilde{u_ih} - \tilde{u}_i\tilde{h}) = -\frac{\mu_{\mathrm{SGS}}C_p}{Pr_{\mathrm{SGS}}}\frac{\partial \widetilde{T}}{\partial x_i} \tag{2-20}$$

$$\bar{\rho}(\widetilde{u_i c} - \tilde{u}_i \tilde{c}) = -\frac{\mu_{SGS}}{Sc_{SGS}}\frac{\partial \tilde{c}}{\partial x_j} \qquad (2\text{-}21)$$

其中，C_p 为定压比热容，式(2-20)和式(2-21)的亚网格普朗特数 Pr_{SGS} 和亚网格施密特数 Sc_{SGS} 均取为 0.7。

2.2.4 亚网格尺度模型

在式(2-15)～式(2-17)三个方程中，亚网格通量涉及的亚网格黏度系数 μ_{SGS} 是未知量，需要建立亚网格模型，从而使亚网格脉动对可解尺度的影响通过亚网格模型计算。在选择亚网格模型时，希望大涡模拟的计算结果与过滤尺度无关，即亚网格模型具有一定的普适性。最基本的亚网格尺度模型是 Smagorinsky 最早提出来的，Lilly 对该模型进行了改进，本书选择改进后的动态 Smagorinsky-Lilly 模型，其亚网格黏度系数的求解方法为

$$\mu_{SGS} = \bar{\rho} L_s^2 |S| \qquad (2\text{-}22)$$

其中，$|S| = \sqrt{2\widetilde{S}_{ij}\widetilde{S}_{ij}}$；$L_s$ 为亚网格尺度的混合长度，表达式为

$$L_s = \min(\kappa y_n, C_s V^{1/3}) \qquad (2\text{-}23)$$

卡门常数 $\kappa = 0.42$；V 是计算控制体体积；C_s 是 Smagorinsky 系数。

动态 Smagorinsky-Lilly 模型的实质就是把模型系数 C_s 从常数改进为时间与空间的函数，使模型具有更广泛的适应性，特别是在固壁附近，它能自动对湍流黏度施加一种限制，从而无须在湍流方程中另外引入专门的阻尼函数。其关键措施是根据不同过滤宽度计算得出的亚网格应力之差来确定系数 C_s。故引入两个过滤宽度：$\bar{\Delta}$ 和 $\hat{\Delta}$ 分别称为主过滤器宽度和试验过滤器宽度，且有 $\hat{\Delta} > \bar{\Delta}$，一般取 $\hat{\Delta} = 2\bar{\Delta}$。任意变量 ϕ 经主滤波和试验滤波后分别表示为 $\bar{\phi}$ 和 $\hat{\phi}$。两种滤波所产生的亚网格应力分别为 τ_{ij} 和 T_{ij}。由于试验过滤器的作用是施加在经过主滤波之后的在较大尺度上的二次滤波，因此有

$$L_{ij} = T_{ij} - \hat{\tau}_{ij} = \widehat{\tilde{u}_i \tilde{u}_j} - \hat{\tilde{u}}_i \hat{\tilde{u}}_j \qquad (2\text{-}24)$$

L_{ij} 的物理意义是尺度介于 $\hat{\Delta}$ 和 $\bar{\Delta}$ 之间的湍流涡团运动所产生的应力。Lilly 利用最小二乘法得到动态系数 C_s 为

$$C_s = \frac{\langle L_{ij} M_{ij} \rangle}{\langle M_{ij} M_{ij} \rangle} \qquad (2\text{-}25)$$

其中，

$$M_{ij} = -2(\hat{\Delta}^2 |\hat{\tilde{S}}|\hat{\tilde{S}}_{ij} - \Delta^2 \widehat{|\tilde{S}|\tilde{S}_{ij}}) \qquad (2\text{-}26)$$

式(2-25)中的〈·〉表示在空间均匀的方向上取平均。此即 Smagorinsky 系数的计算公式，该模型可以适用于包括近壁区和转体区在内的复杂湍流。

2.2.5　湍流与火焰耦合模型

瓦斯爆炸过程属于湍流燃烧,而湍流燃烧是一种极其复杂的带化学反应的流动现象。这种复杂性不仅在于人们至今对无化学反应的湍流流动问题尚未彻底解决,更重要的原因是湍流与火焰的相互作用涉及许多因素,流动参数与化学动力学参数之间耦合的机理极其复杂,人们对这一机理的认识至今仍处于相当肤浅的阶段。

在对预混燃烧的大涡模拟中,火焰厚度比网格尺度要小,无法对火焰锋面内部进行数值求解。因此,想要模拟火焰与亚网格湍流之间的相互作用就变得较为困难。目前,基于大涡模拟法来处理火焰-湍流耦合作用的燃烧模型主要有:G 方程模型、火焰表面密度(flame surface density,FSD)模型、概率密度函数(probability density function,PDF)模型、涡扩散模型(eddy dissipation model,EDM)等。

本书采用的火焰-湍流耦合模型属于火焰表面密度模型,而火焰表面密度模型曾被称为拟序小火焰模型(coherent flamelet model),因为它确实与层流小火焰模型(laminar flamelet model)有很密切的关系。它的基本假设是,在达姆科勒数 Da 很高的情况下,反应区变得很薄,使得化学反应尺度往往小于湍流最小涡团的尺度。在此前提下,湍流无法影响各处局部火焰的内部结构,而只能使火焰在其自身平面内发生应变和扭曲。因此,各局部火焰均可视为层流火焰,其燃烧速率便可通过一维层流拉伸火焰或借助火焰传播速度关系式求出。在这些方面,它与层流小火焰模型几乎完全相同。不同的是,总的燃烧速率的计算方法,是将单位体积内的火焰面积(即火焰面密度)的燃烧速率对整个火焰面积进行积分求出,故称为火焰面积密度(简称火焰面密度)模型。基于这种思想,Boger 等将方程(2-17)右侧的两项,即过滤的分子扩散项和燃烧速率,统一用火焰面密度来表示,即

$$\frac{\partial}{\partial x_i}\left(\bar{\rho}D\frac{\partial \tilde{c}}{\partial x_i}\right)+\overline{\dot{\omega}_c}=\langle \rho w\rangle_s \Sigma \tag{2-27}$$

其中,Σ 为火焰面密度,其物理意义表示单位体积所拥有的火焰面积,即 $\Sigma=\delta A/\delta V$,即火焰的比表面积;$\langle \rho w\rangle_s$ 为单位火焰表面积的平均反应速率,火焰面密度模型是基于层流小火焰概念的,因此 $\langle \rho w\rangle_s$ 可以表示为 $\langle \rho w\rangle_s=\rho_u S_l$,其中 $\rho_u=1.123\text{kg/m}^3$,数值上为当量比甲烷-空气预混气体的密度;$S_l$ 为层流火焰速度。S_l 与温度、压力及甲烷浓度有关,其中温度和压力的影响采用以下关系式来修正,即

$$S_l=S_{l0}\left(\frac{T_u}{T_0}\right)^{\alpha}\left(\frac{P_u}{P_0}\right)^{-\beta} \tag{2-28}$$

其中,S_{l0} 为标准状态($T_0=273.15\text{K}$,$P_0=101325\text{Pa}$)下的层流火焰速度;T_u 和 P_u 分别为未燃气体的温度和压力。对于化学当量比为 1.0 的预混气体,$S_{l0}=0.36\text{m/s}$,系数 $\alpha=1.612$,$\beta=0.374$。火焰面密度 Σ 用亚网格火焰褶皱系数 Ξ_Δ 的函数来表示,即

$$\Sigma = \varXi_\Delta \, | \nabla \tilde{c} | \tag{2-29}$$

于是,过滤后的反应进程变量分子扩散及燃烧速率可写为

$$\frac{\partial}{\partial x_i} \left(\bar{\rho} D \, \frac{\partial \tilde{c}}{\partial x_i} \right) + \overline{\dot{\omega}_c} = \rho_u S_l \varXi_\Delta \, | \nabla \tilde{c} | \tag{2-30}$$

将式(2-21)和式(2-30)代入式(2-17)中可得到

$$\frac{\partial(\bar{\rho}\tilde{c})}{\partial t} + \frac{\partial(\bar{\rho}\tilde{u}_i\tilde{c})}{\partial x_i} + \frac{\partial}{\partial x_i} \left(\frac{\mu_{SGS}}{Sc_{SGS}} \frac{\partial \tilde{c}}{\partial x_j} \right) = \rho_u S_l \varXi_\Delta \, | \nabla \tilde{c} | \tag{2-31}$$

为了考虑火焰锋面与亚网格湍流之间的相互作用,给出了式(2-31)中的亚网格火焰褶皱系数 $\varXi_\Delta$ 的表达式为

$$\varXi_\Delta = \left\{ 1 + \min \left[\frac{\Delta}{\delta_f}, \varGamma \left(\frac{\Delta}{\delta_f}, \frac{u'_\Delta}{S_l}, Re_\Delta \right) \frac{u'_\Delta}{S_l} \right] \right\}^\beta \tag{2-32}$$

其中,层流火焰厚度 δ_f 可通过 $\delta_f S_l / \nu = 4$ 估算得到,运动黏度 $\nu = \mu / \rho$。瓦斯爆燃超压 $P \leqslant 1\text{MPa}$,因此可视气体的黏度与压强无关。但是,由于已燃区、反应区和未燃区的温度相差很大,必须考虑温度对气体黏度的影响。预混气体的动力黏度 μ 与温度的关系可近似地用空气的萨瑟兰(Sutherland)关系式计算:

$$\mu = \mu_0 \, \frac{T_0 + S}{T + S} \left(\frac{T}{T_0} \right)^{b_1} \tag{2-33}$$

其中,$T_0 = 273.15\text{K}$;$b_1 = 1.5$;S 为萨瑟兰常数(空气的萨瑟兰常数为 111);μ_0 为标准状态(273.15K,101325Pa)下的空气动力黏度。

在式(2-32)中,u'_Δ 为亚网格湍流脉动速度,$u'_\Delta = c_2 \Delta^3 \, | \nabla \times (\nabla^2(\bar{u})) |$,常数 $c_2 = 2.0$。式(2-32)的指数 $\beta = 0.5$,这是参考了 Charlette 等给出的数值,此数值还得到了 Colin 等的直接数值模拟结果的验证。亚网格湍流雷诺数 $Re_\Delta = u'_\Delta \Delta / \nu$,由前述的 $\delta_f S_l / \nu = 4$ 可得到 $Re_\Delta = 4(\Delta/\delta_f)(u'_\Delta/S_l)$。于是,$\varXi_\Delta$ 可看成两个无量纲量 Δ/δ_f 和 u'_Δ/S_l 的函数。其子函数 $\varGamma$ 表示亚网格湍流对火焰锋面褶皱的影响,其表达式为

$$\varGamma \left(\frac{\Delta}{\delta_f}, \frac{u'_\Delta}{S_l}, Re_\Delta \right) = \left\{ \left[(f_u^{-a} + f_\Delta^{-a})^{-1/a} \right]^{-1.4} + f_{Re}^{-1.4} \right\}^{-1/1.4} \tag{2-34}$$

其中,

$$f_u = 4 \left(\frac{27C_k}{110} \right)^{1/2} \left(\frac{18C_k}{55} \right) \left(\frac{u'_\Delta}{S_l} \right)^2 \tag{2-35}$$

$$f_\Delta = \left\{ \frac{27C_k \pi^{4/3}}{110} \times \left[\left(\frac{\Delta}{\delta_f} \right)^{4/3} - 1 \right] \right\}^{1/2} \tag{2-36}$$

$$f_{Re} = \left[\frac{9}{55} \exp \left(-\frac{3}{2} C_k \pi^{4/3} Re_\Delta^{-1} \right) \right]^{1/2} \times Re_\Delta^{1/2} \tag{2-37}$$

在式(2-35)~式(2-37)中,C_k 为 Kolmogorov 系数,$C_k \approx 1.5$,系数 a 的表达式为

$$a = 0.6 + 0.2 \exp \left(-0.1 \frac{u'_\Delta}{S_l} \right) - 0.2 \exp \left(-0.01 \frac{\Delta}{\delta_f} \right) \tag{2-38}$$

2.3　多尺度强湍流瓦斯爆炸数学模型的验证

2.3.1　实验尺度验证

1. 实验尺度的选择

为了更好地揭示瓦斯爆炸过程中火焰结构的演变细节,并节约大涡模拟的计算时间,实验及其模拟选择尺寸为 150mm × 150mm × 500mm 的垂直管道,如图 2-1(a)和(b)所示。管道上端开口,下端封闭。该管道中间或两侧布置连续障碍物,其目的是增大实验尺度的湍流强度、火焰传播速度及爆炸压力,这样不仅可为瓦斯爆炸大涡模拟提供可靠的实验验证,还适用于实验尺度下瓦斯抑爆有效性的实验验证。本书第 3 章超细粉体抑爆实验亦在此实验管道中进行。

考虑到管道出口边界条件的准确性,为了减小出口回流对管道内部压力的影响,物理模型在管道出口往 x、y 及 z 方向均延伸至 1000mm,即增加了一个尺寸为 1000mm×1000mm×500mm 的扩展区域。这个扩展区域与原管道之间相通,在模拟过程中允许压力波在扩展区域继续传播,因此可以更加真实地反映管道出口条件(扩展区出口设为压力出口)。计算网格采用六面体非均匀网格,即在障碍物和点火源的附近选择较细的网格,而在远离障碍物和点火源的区域(特别是扩展区域)采用较粗的网格,其三维计算网格如图 2-1(c)所示。

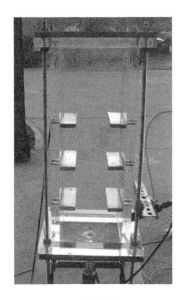

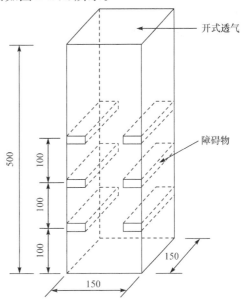

(a) 实验管道 　　　　　　　　　　　(b) 几何模型(单位: mm)

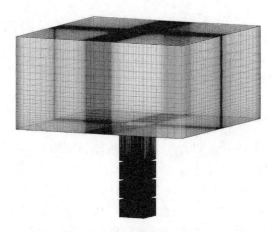

(c) 三维计算网格

图 2-1　实验尺度模型与计算网格

2. 爆炸参数测试

爆炸参数是对爆炸强度、爆炸发生难易程度和爆炸破坏力的表述。不同工况条件下的爆炸参数有所不同，主要包括火焰传播速度、火焰最大加速度、爆炸最大压力、爆炸升压速率、爆炸感应期、爆炸温度等。在瓦斯爆炸特性研究过程中，这些基本参数将会成为必要的指标。

1）瓦斯爆炸火焰传播速度

由高速摄像机拍摄记录的图片测量火焰锋面的传播距离、计算各时间段的平均速度。在实验结束后，通过高速摄像机拍摄的不同时刻火焰传播图片，结合Photoshop 软件对火焰传播速度进行计算分析。实验时高速摄像机正对着实验管道拍摄，因此拍摄图片中管道长度与管道实际长度存在一定的比例关系。通过Photoshop 软件可以测量某一时刻火焰在管道中传播的距离 S_1、S_2，如图 2-2 所示。预混气体被引燃后，火焰锋面传播距离为 S_1、S_2 时所需时间可由高速摄像机对拍摄频率的设置得到。火焰传播速度计算公式为

$$v = \frac{(S_2 - S_1) \cdot L}{S \cdot (T_2 - T_1)} \tag{2-39}$$

其中，S 为图片中管道长度；L 为实际管道长度；v 为 T_1 到 T_2 时间段内火焰传播的平均速度；S_1、S_2 为图片中火焰在 T_1、T_2 时刻的位置。

2）瓦斯爆炸压力变化特征

瓦斯爆炸发生后，爆炸将从位于管道底部的点火电极开始向上传播，压力波随之产生，压力波的发展受管道形状及尺寸的影响较大。管道瓦斯爆炸传播可分为

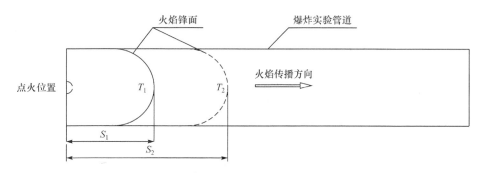

图 2-2　实验管道内火焰传播示意图

两波三区结构,两波为火焰波与压力波,三区为未燃气体区、反应区及已燃气体区。爆炸传播过程中反应区燃烧反应释放出的热量使得气体温度升高,气体体积膨胀,压缩火焰锋面前方的未燃区的未燃气体,进而形成前驱压力波。

管道中存在障碍物后,其压力发展过程与无障碍物时存在明显不同。一般认为管道中障碍物的存在使得压力波传播过程中产生扰动,引起层流向湍流传播转变,使得爆炸压力增大。因此,障碍物主要影响压力曲线峰值大小及压力上升速率。障碍物之间间距及其距点火源的位置对爆炸压力变化影响较小,而管道中障碍物的数量对爆炸压力影响很大。

实验通过压力传感器采集爆炸产生的压力数据,得到甲烷体积分数为 9.5% 时瓦斯爆炸压力随时间的变化曲线。压力传感器安装在点火端靠近点火电极附近位置。光电传感器安装在管道壁面外侧,指向点火电极。实验过程中,在点火后,光电传感器中会出现一个信号突变,如图 2-3 所示,故可用光电信号来标记点火时刻。

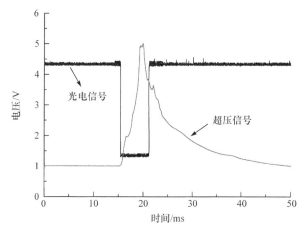

图 2-3　爆炸超压信号的变化曲线

3. 火焰结构演变的比较

图 2-4 表示采用火焰-湍流耦合模型模拟不同时刻火焰结构和火焰锋面位置与实验结果的比较,其中模拟结果中的火焰结构采用反应进程变量 $c=0.5$ 等值面表示。可以清楚地看到,火焰-湍流耦合模型不仅很好地预测了火焰结构演变过程(包括火焰结构和火焰锋面达到各个位置的时间),而且准确地捕捉到了瓦斯爆炸火焰的结构特征。

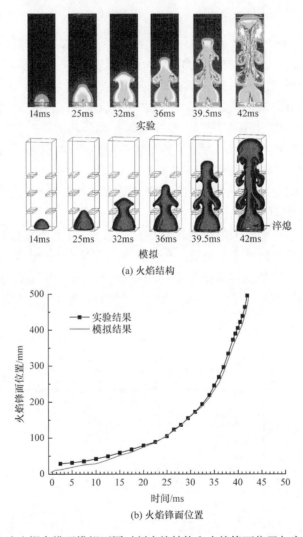

(a) 火焰结构

(b) 火焰锋面位置

图 2-4　火焰-湍流耦合模型模拟不同时刻火焰结构和火焰锋面位置与实验结果的比较

模拟和实验的火焰结构都呈现了三个特征:其一,在爆炸初期($t\leqslant20$ms),火焰结构主要为半球形,火焰传播速度较慢,致使火焰锋面到达第一个障碍物的时间约为 25ms,占用火焰在整个管道内传播时间的 59.5%;其二,火焰锋面绕过障碍物时,火焰呈现左右对称的卷曲变形,说明火焰明显受到两侧障碍物后的湍流影响;其三,在第三个障碍物后的火焰呈现剧烈的湍流现象,模拟和实验结果非常相似,这种现象是由于受到多个障碍物持续作用后,火焰被不断褶皱、变形,导致未燃气体与已燃气体能够快速地相互掺混,由此出现明显的火焰湍流特征。从图 2-4(b) 可以看出,模拟与实验在爆燃初期的火焰锋面位置存在偏差,实验结果略高于模拟结果,这是由实验中高速摄像机的角度偏差造成的。但是,在瓦斯湍流爆燃的整个过程中,模拟预测的火焰锋面位置与实验吻合较好。

4. 火焰传播速度及超压的比较

图 2-5(a)和(b)分别表示采用火焰-湍流耦合模型模拟不同时刻的火焰传播速度及超压与实验结果的对比图。从图 2-5(a)可以看出,模拟的火焰传播速度与实验非常接近,尤其是很好地再现了火焰绕过障碍物时的加速、减速特征。稍有区别的是模拟中火焰加速程度略低于实验,这可能是由于模拟的计算网格精度有限,大涡模拟不能捕捉到极小尺度的湍流涡团对火焰加速的激励作用。显然,这种影响对模拟的精确度影响较小。

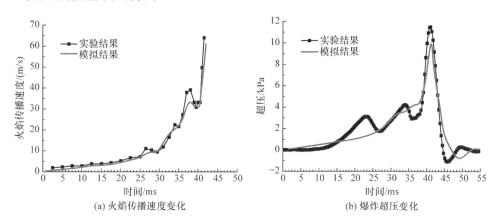

(a) 火焰传播速度变化　　　　　(b) 爆炸超压变化

图 2-5　火焰-湍流耦合模型模拟不同时刻的火焰传播速度及超压与实验结果的比较

图 2-5(b)显示实验超压在 $15\text{ms} \leqslant t \leqslant 25\text{ms}$ 时间段出现了一个小幅度峰值,该峰值是由于管道顶端薄膜破裂形成的,而模拟结果并未考虑薄膜的影响,因此模拟超压并未出现这一小幅度峰值。从图中还可以看到,模拟结果预测的最大超压为 10.1kPa,与实验最大超压 11.6kPa 的误差为 12.9%。值得注意的是,模拟和实验达到最大超压的时间非常吻合,约出现在 $t=41\text{ms}$ 时,再对照图 2-4 中的火焰结构可以看出,此时火焰锋面已经越过最后一对障碍物并迅速往两侧发展,火焰在障碍

物后卷曲变形呈现蘑菇状,附近的未燃气体则以更快的速度掺混其中并燃烧,如此导致超压的急速上升。

2.3.2 中试尺度验证

为了验证数学模型在不同尺度下瓦斯爆炸传播计算的可靠性,本书针对第 8 章备用防爆门风井 1/4 中试尺度的瓦斯爆炸进行数值模拟,几何模型和计算网格(包含动态加密网格)如图 2-6 所示(实景如图 8-21 所示),即方腔尺寸为 1.875m× 1.875m×1.025m,总高度为 6m,上端开口(即防爆门全开状态),其余为壁面,压力测点位置如图 2-6(a)所示。

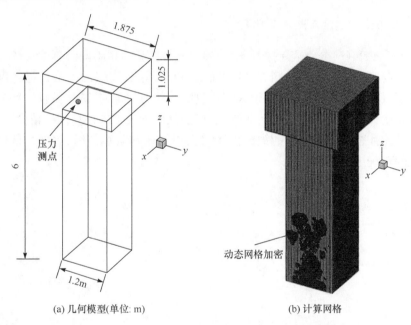

(a) 几何模型(单位: m)　　　　　　(b) 计算网格

图 2-6　中试尺度瓦斯爆炸几何模型和计算网格

图 2-7 给出了中试尺度瓦斯爆炸模拟超压与实验结果的比较。从图 2-7 可以看出,在中试尺度下,模拟的超压与实验总体变化趋势比较接近,主要表现在超压峰值、超压上升时刻和峰值时刻均较为吻合,计算误差较小,说明本书采用的多尺度强湍流瓦斯爆炸动态传播数学模型在不同尺度下有较好的适用性,为大尺度瓦斯爆炸有效预测建立了较高的可信度。

中试尺度下瓦斯爆炸火焰动态传播演变过程如图 2-8 所示。容易观察到,即使在无明显障碍物条件下,由于尺度的增大,瓦斯爆炸火焰动态传播过程更易诱导湍流的发展,火焰表面褶皱程度也更加严重,甚至在中后期阶段呈现明显的火焰锋面破碎、火焰根部逐渐耗散等特征,多尺度的强湍流特征十分明显。

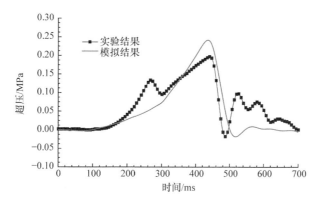

图 2-7　中试尺度瓦斯爆炸模拟超压与实验结果的比较

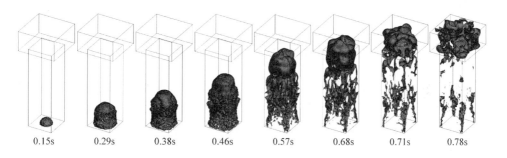

图 2-8　中试尺度下瓦斯爆炸火焰动态传播演变过程

2.3.3　大尺度预测

1. 大尺度模型与计算网格

基于已验证的多尺度强湍流瓦斯爆炸数学模型,对屯兰矿一段长度为 500m 的巷道瓦斯爆炸进行数值预测,该巷道横截面宽度为 4.8m,其几何模型如图 2-9(a)所示。考虑到最大瓦斯爆炸当量和实际瓦斯突出造成浓度不均的情况,假设靠近点火源的巷道前 100m 充满了甲烷和空气的预混气体,甲烷体积分数为 9.5%,其他均为空气。在计算网格划分方面,为了保证计算精度并节约计算时间,整个巷道采用四边形结构性网格,网格大小为 0.05m×0.05m,计算网格总数约为 254 万。为了准确捕捉瓦斯爆炸火焰锋面的化学反应,通过温度梯度对计算网格进行动态加密。包含动态加密网格的巷道计算网格如图 2-9(b)所示。

2. 瓦斯爆炸动态传播数值预测

图 2-10 表示不同时刻大尺度瓦斯爆炸火焰传播及速度矢量分布。点火后瓦

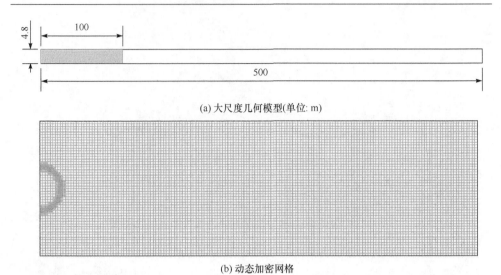

(a) 大尺度几何模型(单位: m)

(b) 动态加密网格

图 2-9　大尺度几何模型与动态加密网格

斯爆炸火焰刚开始呈半球状传播,见图 2-10(a)。其中,前端区域为高温已燃区(温度接近 2300K),后端区域为低温未燃区,中间环状区域为燃烧反应区。由于瓦斯爆炸时气体温度由 300K 上升至 2300K,燃烧反应区的气体体积膨胀率约为低温未燃区的 7.6 倍,致使未反应的甲烷-空气预混气体快速向外流动。瓦斯爆炸火焰达到巷道上、下壁面后,开始随着气流向右传播,火焰锋面形状逐渐由半球状向郁金香状发展,见图 2-10(d),其原因与瓦斯爆炸气流不断生成的湍流涡团有关。当火焰锋面传播至 296m 处时,前方 302m 处形成明显上、下对称的旋涡,说明即使在

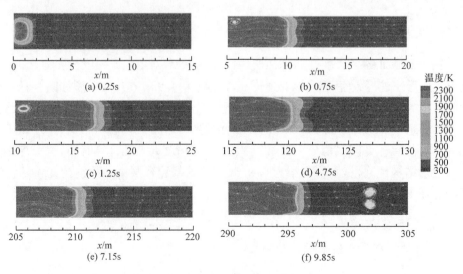

图 2-10　不同时刻大尺度瓦斯爆炸火焰传播及速度矢量分布

无障碍物条件下,煤矿巷道大尺度瓦斯爆炸传播过程中也存在强湍流。

图 2-11 给出了数值模拟获得的火焰传播速度和超压变化。分析图 2-11(a)可以得出,在瓦斯爆炸动态传播过程中,火焰传播速度得到逐渐加速,这是由于逐渐发展的湍流流场促进了已燃物与未燃物的快速混合,导致火焰面积增大,从而加快了火焰锋面的燃烧反应速率。从图 2-11(b)可看出,不同测点的爆炸超压变化明显不同,即与 300m 处相比,150m 处超压峰值更高且到达时间更早;煤矿巷道局部瓦斯爆炸(总长度 500m,瓦斯区域 100m)产生冲击波具有 0.25MPa 左右的超压,对人员和设备具有足够的爆炸杀伤力和破坏力,同时为本书设计和研制煤矿瓦斯抑爆减灾装置提供了必要的研究基础。

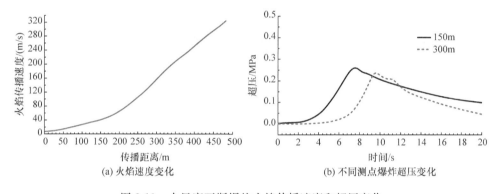

(a) 火焰速度变化　　　　　　　　　　(b) 不同测点爆炸超压变化

图 2-11　大尺度瓦斯爆炸火焰传播速度和超压变化

2.4　湍流与火焰的耦合作用

2.4.1　湍流对火焰的影响

湍流对火焰的影响主要体现在它能强烈地影响化学反应速率。众所周知,湍流燃烧率一般远高于层流燃烧率。从定性角度看,湍流中大尺度涡团的运动使火焰锋面变形而产生褶皱,其表面积大大增加;同时,小尺度涡团的随机运动大大增强了组分间的质量、动量和能量传递。这两方面作用都使瓦斯湍流爆燃能以比层流燃烧快得多的速率进行。

图 2-12(a)、(b)分别显示了单个中间障碍物、两侧连续障碍条件下瓦斯湍流爆燃的火焰结构。它们共同的特点是当火焰传播到障碍物下游时,发生了明显的弯曲变形,这是由障碍物下游的大尺度旋涡造成的,如图 2-12(c)、(d)所示。不同的是,单个中间障碍物形成的一对旋涡靠近管道中部,回流区相隔较近且相互融合;而两侧连续障碍物形成的是多对旋涡,回流区位于管道两侧。在火焰传播至障

碍物位置之前,火焰放出的热量使流体发生膨胀,且障碍物下游的流体产生了大尺度旋涡;当火焰到达时,火焰被旋涡卷吸而发生变形。此外,实际火焰锋面还存在小尺度湍流,如图 2-12(e)所示,由于湍流反应区厚度 δ_t 稍大于层流火焰厚度 δ_l,因此尚能保持较规则的火焰锋面。

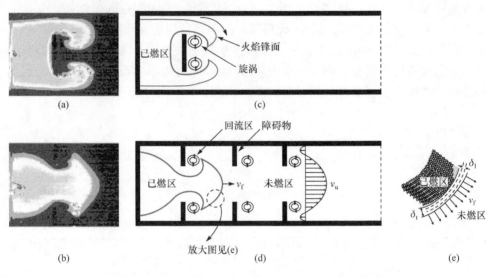

图 2-12　火焰与湍流的耦合作用

为了定量分析湍流对火焰传播速度的影响,在此引入流体动力学中的涡量(vorticity)对瓦斯爆炸进一步分析。涡量是描述旋涡强度常用的物理量,它是湍流流动中最重要的因素之一,其定义为流体速度矢量 u 的旋度,即涡量 ξ 可表示为

$$\xi = \nabla \times u \tag{2-40}$$

图 2-13 显示了不同时刻火焰面(反应进程变量 $c = 0.9$ 等值面)上的涡量和湍流火焰速度的分布,湍流火焰速度 S_t 可表示为 $S_t = S_l \Xi_\Delta$,其中 S_l 为层流火焰速度,Ξ_Δ 为火焰褶皱系数。可以观察到,当火焰连续越过三个障碍物时,涡量从 $1000s^{-1}$ 到 $16000s^{-1}$ 急速增加,说明在障碍物湍流激励作用下火焰面上的流体旋涡更加显著。与此相对照的是,湍流火焰传播也获得明显加速。在爆燃初期,湍流火焰速度在 $0.4 \sim 0.5m/s$ 范围内,这与化学当量比甲烷-空气预混气体的层流火焰速度相当接近,说明火焰传播为准层流状态。当火焰越过第一个、第二个及第三个障碍物时,湍流火焰速度分别为 $0.6m/s$、$1.0m/s$ 及 $1.2m/s$,湍流火焰速度明显受到气流流动特性影响,即火焰与旋涡相互作用,促使未燃气体能够快速加入燃烧中来,从而使火焰获得持续加速。

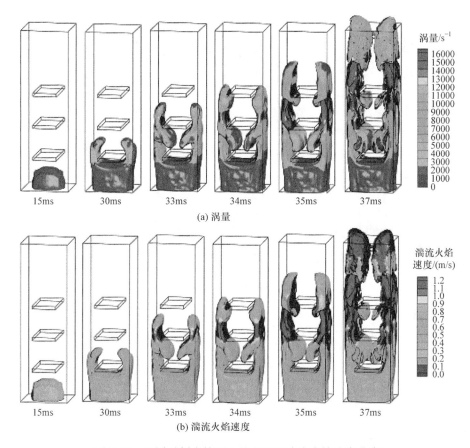

(a) 涡量

(b) 湍流火焰速度

图 2-13 不同时刻火焰面上的涡量和湍流火焰速度分布

2.4.2 火焰对湍流的反馈作用

图 2-14(a)和(b)分别为火焰经过三个障碍物时的马赫数及速度矢量的分布。其中,马赫数分布选取的截面为 $y=0$ 平面;为方便讨论火焰与速度场的关系,同一时刻的速度矢量和火焰结构叠加在一起,即速度分布为 $y=0$ 截面的速度矢量,而速度分布上的火焰结构是通过 $c=0.5$ 等值面来描述的。由图 2-14(a)可知,火焰锋面在先后经过这三个障碍物时,流场中的马赫数有明显上升,且马赫数较大值出现在火焰锋面下游的障碍物附近区域。当火焰锋面经过第三个障碍物时,马赫数最大值达到 0.20 左右。与爆轰相比,湍流爆燃过程中的马赫数虽然较低,气流压缩作用很小,但爆燃过程中马赫数的不断增大说明高压气流的推动作用更加显著。当这种气流流动遇到障碍物时,就会在障碍物下游形成湍流。

从图 2-14(b)可清楚地看到,当火焰经过第一个障碍物时($t=30\text{ms}$),三个障碍物之后就已经形成了一对具有对称性的大尺度旋涡,左侧旋涡顺时针旋转,而右

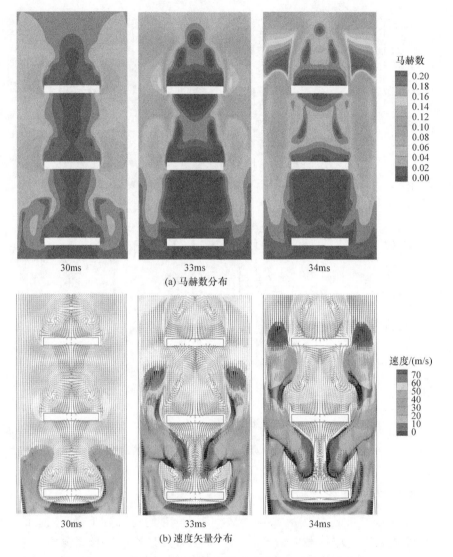

图 2-14　火焰经过连续障碍物时马赫数和速度矢量变化

侧旋涡逆时针旋转。这是由于燃烧区的高温气流不断膨胀,迫使下游未燃气体向
管道出口方向流动,而这些未燃气体经过障碍物时,由于主流流速与障碍物后气体
流速存在较大的速度差,从而在障碍物后形成旋涡。这些旋涡的尺度与障碍物尺
度、障碍物位置、流体流速、流体黏度有关。当火焰继续经过第二个、第三个障碍物
时,随着气流流速的增大,旋涡尺度也在增加。在这些障碍物后旋涡的作用下,火
焰被不断卷吸而产生明显的扭曲变形,由此造成火焰面积的增加。

需进一步指出的是,火焰的化学反应是通过多种方式作用于湍流的。首先,火焰释放出的热量使得流场中各处流体均有不同程度的膨胀,从而引起密度的不均,甚至产生显著的密度梯度。此梯度的重要后果是使大多数情况下被忽视的浮力效应显著增强,从而使流场中的湍流脉动产生了各向异性特征。其次,燃烧引起的温度升高,会使流体的输运系数随之变化,从而影响湍流的输运特性。最后,当瓦斯爆炸管道内布置有障碍物时,流体膨胀会使障碍物下游形成大尺度涡团,湍流得到进一步加强。

2.4.3　火焰模态的演变

为了进一步揭示爆燃过程中湍流与火焰的耦合关系,引入无量纲量 Karlovitz数(Ka)来表征湍流与火焰相互作用的程度,从而定量分析瓦斯爆燃火焰在连续障碍物条件下的火焰模态。Ka 定义为火焰面的时间尺度 τ_f 与流动中最小涡(Kolomogrov 涡)的时间尺度 τ_η 之比:

$$Ka = \frac{\tau_\mathrm{f}}{\tau_\eta} \tag{2-41}$$

对于预混湍流燃烧的大涡模拟,Pitsch 等提出 Ka 的计算式为

$$Ka = \left[\left(\frac{u'_\Delta}{S_1} \right)^3 \left(\frac{\delta_1}{\Delta} \right) \right]^{1/2} \tag{2-42}$$

图 2-15 表示三个不同时刻(29ms、37ms 及 41ms)火焰面上 Ka 的空间分布,火焰面取反应进程变量 $c = 0.5$ 的等值面。在这三个时刻,火焰锋面正在分别绕过第一个、第二个及第三个障碍物。可以看出,由于位于点火源附近的湍流强度很小,其火焰面比较光滑,Ka 始终处于较低水平。但随着火焰锋面先后绕过三个障碍物时,位于障碍物附近的火焰锋面上 Ka 出现明显增长,其中 41ms 时刻位于第三个障碍物附近火焰面上的 Ka 较高,最大值可达 $10 \sim 11$。其原因是在障碍物湍

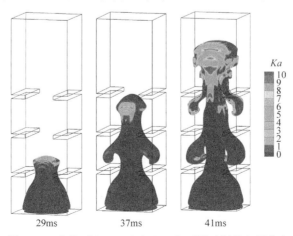

图 2-15　火焰面($c = 0.5$)上 Ka 在不同时刻的空间分布

流激励作用下,障碍物附近流体的应变率和亚网格黏度系数较高,使亚网格湍流脉动处于较高水平,根据式(2-42)可知,湍流强度越高的湍流脉动所对应的 Ka 也就越大。因此,可进一步利用整个流场的 Ka 最大值(在障碍物附近)来反映火焰与湍流之间的作用程度。

引入大涡模拟过滤尺度和 Ka 后,可对燃烧模态区间进一步改进,改进后燃烧模态区间的划分如图 2-16 所示。图 2-16 中的方点表示瓦斯爆炸火焰在中间连续障碍物条件下不同时刻的 Ka-Δ/δ_l 数据点,对应时刻分别为 2ms、14ms、34ms、37ms、41ms 及 42ms,其中 Ka 均取对应时刻整个流场的最大值。可以看出,在瓦斯爆炸初期 Ka 数略低于 1,还处于波纹小火焰模态;随着火焰向下游传播,Ka 不断升高,火焰开始向薄反应区转变;当 $t=42$ms 时(此时火焰锋面抵达管道出口),Ka 达到 9.8,但仍然属于薄反应区。由此可知,在连续障碍物条件下,瓦斯爆炸火焰先后经历了波纹小火焰和薄反应区两种火焰模态,但对于火焰-湍流耦合作用的时间段(34ms<t<42ms),则主要处于薄反应区火焰模态。

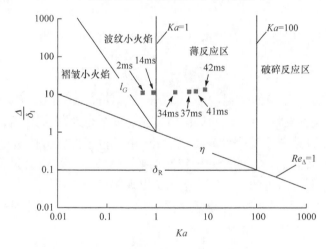

图 2-16　湍流作用下火焰模态演变

2.5　火焰与超压的内在对应关系

在实际煤矿井下瓦斯爆燃过程中,超压是危及人身安全的主要原因。瓦斯爆炸火焰波与压力波之间的关系十分复杂,宏观上表现为火焰和压力波的相互关系。因此,本书通过揭示超压与火焰面积变化的内在对应关系,进一步提高对瓦斯爆炸动态传播过程的认识水平,并为进一步研制煤矿巷井减灾技术及装备提供必要的研究基础。

2.5.1　火焰结构演变与超压的相关性

瓦斯爆炸是一个强烈的非线性湍流燃烧过程,火焰波与压力波之间的关系非常复杂,宏观上表现为火焰与超压具有相关性。图 2-17(a)、(b)分别为空管条件下瓦斯爆炸瞬态火焰结构演变过程和超压随时间的变化。

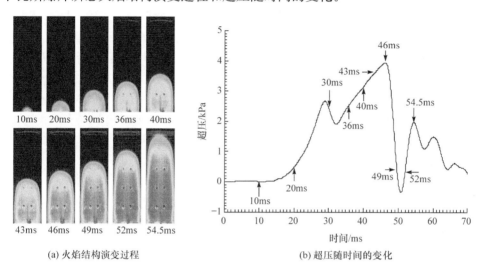

(a) 火焰结构演变过程　　　　　　　　(b) 超压随时间的变化

图 2-17　火焰结构演变过程和超压随时间的变化

从点火至 $t=20\text{ms}$ 的初始阶段,火焰阵面较为光滑,呈半球状。这一时期的超压一直没有明显变化,这是因为火焰阵面表面积较小,单位时间产生的化学反应生成热较少,爆炸气体体积膨胀率仍处于较低水平。随着时间的推移,半球状火焰的半径逐渐增大。当 $t>20\text{ms}$ 之后,由于受管道壁面限制,火焰横向发展趋势明显减弱,火焰主要向纵向延伸,使火焰结构由半球状演变成手指状。火焰燃烧面积增加速度较快,超压急剧上升,并出现了两次明显峰值。第一次超压峰值达到 2.7kPa,其产生是由于爆炸气体持续膨胀导致管道顶端薄膜被冲破,使超压经历由低到高、再由高到低的转变过程,这一过程持续到 $t=30\text{ms}$。第二次压力峰值达到 3.9kPa,对应时刻为 $t=46\text{ms}$,其产生原因与未燃气体反应速率及泄爆速率有关。当 $t=46\text{ms}$ 时,火焰纵向传播速度虽然还在增加,但由于火焰的横向传播已到达壁面,使未燃气体反应速率减小;另外,此时的火焰阵面距离容器出口约 200mm,流动速度增大使泄爆速率大幅提高,也导致爆燃超压迅速下降。此后在 $t>46\text{ms}$ 阶段,火焰逐渐逼近容器出口,超压产生振荡现象,甚至出现负压,这与未燃气体反应速率和泄爆速率二者交替占据主导地位紧密相关。在这一阶段,由于超压较低,火焰快速向前传播,至 $t=54.5\text{ms}$ 时,火焰阵面到达容器出口,手指状的火焰阵面变得更加尖锐。

2.5.2 火焰面积变化与超压的内在对应关系

由上面分析可以得出,瓦斯爆炸过程中火焰结构与超压存在一定的对应关系,从定性角度来看,产生超压上升的主要原因是火焰面积的不断增长,带来更多的未燃气体能够参与到燃烧反应中来。由此可以进一步推断,火焰面积与超压也应该存在一定联系。然而,由于火焰面积的实际测试极为困难,通过实验手段来获得火焰面积与超压之间的定量关系还无法实现,但在预混燃烧的大涡模拟中,火焰面积可很方便地获取,即利用 Fluent 对反应进程变量 $c=0.9$ 等值面进行积分求得,即

$$\int \mathrm{d}A = \sum_{i=1}^{n} A_i \tag{2-43}$$

其中,A_i 为等值面上微单元的面积;n 为等值面上微单元的数量。

在有一定湍流激励条件下瓦斯爆炸的火焰面积 A 随时间 t 变化如图 2-18(a) 所示。为了厘清火焰面积变化与超压 P 之间的联系,将火焰面积 A 对时间 t 求一阶导数和二阶导数,即 $\mathrm{d}A/\mathrm{d}t$ 和 $\mathrm{d}^2A/\mathrm{d}t^2$。图 2-18(b)、(c) 及 (d) 分别表示 $\mathrm{d}A/\mathrm{d}t$、$(\mathrm{d}^2A/\mathrm{d}t^2)^{1/2}$ 及超压随时间的变化。值得注意的是,图中 $(\mathrm{d}^2A/\mathrm{d}t^2)^{1/2}$ 的量纲为 m/s,与火焰速度的量纲相同。

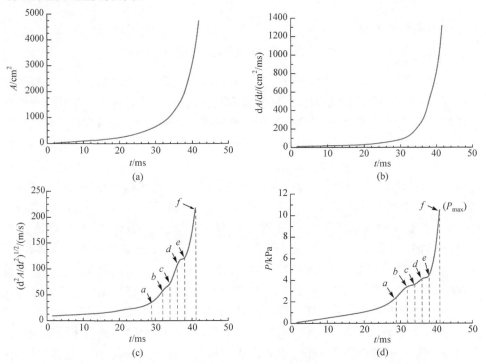

图 2-18 火焰面积及其一阶导数、二阶导数的平方根及超压随时间的变化

　　从图 2-18 可以看出,虽然火焰面积 A 与其一阶导数 $\mathrm{d}A/\mathrm{d}t$ 的变化和超压变化趋势关系不大,但图 2-18(c)、(d)所示的 $(\mathrm{d}^2A/\mathrm{d}t^2)^{1/2}$ 与超压变化的趋势非常相似。火焰在 $t=29\mathrm{ms}$ 正好刚越过第一对障碍物,此时火焰被横向卷曲,火焰面积快速增加,$(\mathrm{d}^2A/\mathrm{d}t^2)^{1/2}$ 快速增大,导致超压上升速率增加,此过程用 $a\sim b$ 表示。在 $32\mathrm{ms}\leqslant t\leqslant 34\mathrm{ms}$ 时间段内,火焰锋面向第二对障碍物传播,此时火焰面积增加较少,超压趋于平缓,此过程如图中 $b\sim c$ 所示。在 $c\sim d$ 阶段,火焰快速越过第二对障碍物,同时火焰在第一对、第二对障碍物之间继续横向传播,火焰面积再次加速增长,超压也快速上升。而在 $d\sim e$ 阶段内,火焰在第二对和第三对障碍物之间的卷曲变形并不明显,导致火焰面膨胀速率减速,此时超压几乎没有上升。进入 $e\sim f$ 时间段,火焰快速越过第三对障碍物,并在其下游快速膨胀,同时在其他障碍物之间也伴随火焰的卷曲变形,此时火焰面膨胀速率急剧上升,导致超压也快速升高。在 $41\mathrm{ms}\leqslant t\leqslant 42\mathrm{ms}$ 时间段内,虽然第三对障碍物下游的火焰继续膨胀,但管道底部的火焰在抵达壁面后开始出现局部燃尽熄灭现象,这可能使管道内火焰面密度减小,并导致超压开始下降。从以上分析可以看出,超压的变化必然伴随着 $(\mathrm{d}^2A/\mathrm{d}t^2)^{1/2}$ 的相应变化,即超压的产生与火焰面积变化紧密相关。

　　由此看来,$(\mathrm{d}^2A/\mathrm{d}t^2)^{1/2}$ 对管道超压具有至关重要的影响,因此,有必要从微观角度进一步探讨 $(\mathrm{d}^2A/\mathrm{d}t^2)^{1/2}$ 的物理意义。根据火焰速度垂直于火焰面的原理,可以构建三维微观空间内火焰面扩散的一组离散网格,该组火焰面的边缘相交于点 O,与点 O 距离分别为 $r_{t_i-\Delta}$、r_{t_i} 及 $r_{t_i+\Delta}$,如图 2-19 所示。

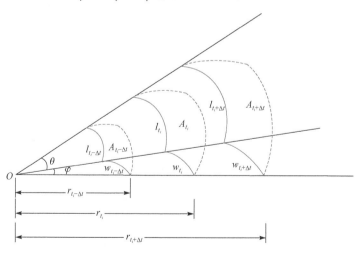

图 2-19　微元火焰面演变

　　在微小时间段 $2\Delta t$ 内,可假设垂直于微小单元面上的湍流火焰速度为 S_t,该速度表示在火焰面法线方向相对未燃气体的燃烧速率。此处要说明的是,有的文献以火焰为参考系,将湍流火焰速度定义为未燃气体沿火焰面法线方向进入火焰区的速度。这两种方法表示的湍流火焰速度大小相等,但方向相反。为了研究方便,本书采用前一种方法。于是,$t_i - \Delta t$ 和 $t_i + \Delta t$ 时刻的火焰面与 O 点的距离可表示为

$$\begin{cases} r_{t_i - \Delta t} = r_{t_i} - S_t \Delta t \\ r_{t_i + \Delta t} = r_{t_i} + S_t \Delta t \end{cases} \tag{2-44}$$

图 2-19 中,$A_{t_i - \Delta t}$、A_{t_i} 及 $A_{t_i + \Delta t}$ 分别表示在 $t_i - \Delta t$、t_i 及 $t_i + \Delta t$ 时刻微元火焰面的面积,如果角度 θ、φ 足够小,则不同时刻的火焰面积可表示为

$$\begin{cases} A_{t_i - \Delta t} = l_{t_i - \Delta t} w_{t_i - \Delta t} = \theta \varphi r_{t_i - \Delta t}^2 \\ A_{t_i} = l_{t_i} w_{t_i} = \theta \varphi r_{t_i}^2 \\ A_{t_i + \Delta t} = l_{t_i + \Delta t} w_{t_i + \Delta t} = \theta \varphi r_{t_i + \Delta t}^2 \end{cases} \tag{2-45}$$

根据二阶导数的中心差分公式,$\mathrm{d}^2 A / \mathrm{d} t^2$ 可近似表示为

$$\frac{\mathrm{d}^2 A}{\mathrm{d} t^2} \approx \frac{A_{t_i + \Delta t} - 2 A_{t_i} + A_{t_i - \Delta t}}{(\Delta t)^2} \tag{2-46}$$

将式(2-44)和式(2-45)代入式(2-46)可得

$$\frac{\mathrm{d}^2 A}{\mathrm{d} t^2} \approx \frac{\theta \varphi \left[(r_{t_i} + S_t \Delta t)^2 - 2 r_{t_i}^2 + (r_{t_i} - S_t \Delta t)^2 \right]}{(\Delta t)^2} = 2 \theta \varphi S_t^2 \tag{2-47}$$

于是

$$\left(\frac{\mathrm{d}^2 A}{\mathrm{d} t^2} \right)^{1/2} \approx \sqrt{2 \theta \varphi} S_t \tag{2-48}$$

因此,$(\mathrm{d}^2 A / \mathrm{d} t^2)^{1/2}$ 便可看成是微观火焰面积扩展速度,其值与湍流火焰速度 S_t 成正比,单位为 m/s。通过式(2-48)可知,当 $(\mathrm{d}^2 A / \mathrm{d} t^2)^{1/2}$ 增大时,湍流火焰速度 S_t 将成比例增大。而过滤后的反应进程变量分子扩散及燃烧速率可表示为

$$\frac{\partial}{\partial x_i} \left(\bar{\rho} D \frac{\partial \tilde{c}}{\partial x_i} \right) + \overline{\dot{\omega}_c} = \rho_u S_t | \nabla \tilde{c} | \tag{2-49}$$

在瓦斯爆炸过程中,相对燃烧速率项而言,分子扩散项数值非常小,甚至可以忽略。由此可知,火焰面积的增大不仅使湍流火焰速度升高,而且导致反应速率增大,这就意味着单位体积内将产生更多的高温已燃气体,随之而来的便是超压的升高。

此外,在类似的半受限空间内,超压不仅和反应速率有关,也和泄爆速率直接相关,在数值上可以表示为燃烧速率和泄爆速率的函数,即

$$P = f \left(\frac{\dot{\omega}_c}{r_{\text{venting}}} \right) \tag{2-50}$$

其中,f 表示超压 P 与燃烧速率 $\dot{\omega}_c$ 和泄爆速率 r_{venting} 之间的函数,其中燃烧速率通

过产生和积累已燃气体促使超压升高,与之相反的是,泄爆速率则通过气体的排放促使超压降低。

另外,爆炸产生的压力波反过来影响火焰结构的瞬态发展。在爆炸火焰传播初期,压力波先于火焰波以当地声速向前传播。当压力波遇到容器或障碍物壁面时会发生反射,反射波到达火焰面时又发生折射和二次反射。火焰面上压力波的多次反射和折射致使压力梯度和密度梯度不平行,即产生斜压效应,并将形成涡流及局部湍流,火焰阵面出现褶皱。同时,反射压力波还大大降低了靠近容器或障碍物壁面的火焰传播速度,使火焰出现局部停滞状态,火焰阵面被进一步拉伸,这为火焰传播提供了高能量密度的可燃气环境,火焰燃烧获得加速。最终,燃烧产物体积的快速膨胀又产生局部扰动,使火焰进一步失稳和变形,火焰表面积进一步增大,超压继续升高。

在其他参数均相同的条件下,不同管道初始压力会造成湍流火焰速度不同。Kobayashi 等针对不同绝对压力(0.1~1MPa)下甲烷-空气预混气体的湍流火焰速度进行了实验测试,研究结果表明湍流火焰速度可以压力指数函数 $\frac{S_T}{S_L} = 5.04[(P_A/P_0)(u'/S_L)]^{0.38}$ 来表示,其中 P_A 表示绝对压力,P_0 表示大气压力,u' 表示脉动速度,S_L 表示火焰速度。很显然,容器绝对压力越高,湍流火焰速度越大。在爆燃过程中,管道超压的持续上升也会造成湍流火焰速度的增大。火焰在整个管道中传播时,管道超压不断上升,而紧邻大气的管道出口最大压力相当有限(一般小于 300Pa),使得第四腔体的泄爆速率不断增大,这意味着管道出口截面的流速是不断增大的,脉动速度和湍流强度也就更高,火焰就更容易褶皱和变形,湍流火焰速度也就更高。

以上分析可以归纳为,在强湍流激励下瓦斯发生爆炸时,火焰不断发生褶皱和变形,火焰面积逐渐增大,湍流火焰速度随之增大,这意味着更多的未燃气体加入燃烧中来,燃烧速率增大,由此造成的超压也相应升高;此外,火焰锋面到达某一腔体时,该腔体的压力升高,致使上游相邻腔体的泄爆速率降低,管道超压上升速率升高;反过来,瓦斯爆燃超压越高,管道泄爆速率越大,湍流火焰速度越大,由此形成火焰-超压之间的正反馈耦合效应。

综上所述,基于多尺度强湍流瓦斯爆炸动态传播理论和火焰-湍流-超压多场耦合理论获得的火焰、超压及湍流在巷道、抽采管网的时空动态规律,可为煤矿瓦斯爆炸抑爆剂的选择、参数优选,火焰高速探测装置的数据验证,抑爆装置触发阈值和控风设施布置参数的优化选择等提供必要的理论与技术支撑。

2.6　小　　结

本章建立了多尺度强湍流瓦斯爆炸动态传播理论和火焰-湍流-超压多场耦合

理论,基于本理论准确预测了实验、中试及大尺度下瓦斯爆炸动态传播规律,揭示了湍流与火焰、火焰与超压的耦合作用,为研制高效可靠的煤矿瓦斯爆炸抑爆减灾装备提供了技术支撑。获得的主要结论如下。

(1) 明确了煤矿瓦斯爆炸动态传播具有显著的多尺度和强湍流特征,将不同尺度湍流涡团量分为大涡尺度量和亚网格尺度量,在此基础上,创新性地提出了一个涵盖亚网格尺度湍流与火焰耦合模型的多尺度强湍流瓦斯爆炸全工况统一数学模型,并在实验和中试尺度下对该数学模型进行有效验证,模拟了中尺度瓦斯爆炸火焰和湍流的演变过程,进而采用反映变量输运方程和温度梯度动态网格加密方法,对大尺度瓦斯爆炸进行了有效预测,从而准确地揭示了瓦斯爆炸动态传播规律及湍流、火焰、超压的时空演变机理,为开发新型高效抑爆减灾技术及装备提供了坚实的理论基础。

(2) 阐明了瓦斯爆炸湍流特征与火焰传播的耦合作用,研究了在连续障碍物湍流激励作用下湍流火焰速度的影响规律,厘清了瓦斯爆炸过程中流场涡量和马赫数的演变过程,进而揭示了火焰对湍流的正反馈效应,即当火焰连续越过障碍物时,马赫数不断增大,障碍物下游形成强度逐渐增大的大尺度旋涡,火焰不断发生褶皱和变形,导致火焰面上的涡量增大,而更大的湍流强度反过来又使湍流火焰速度升高;通过引入无量纲 Karlovitz 数,进一步揭示了瓦斯爆炸过程中湍流与火焰的耦合关系,并定量分析了强湍流瓦斯爆炸火焰模式由波纹火焰面向薄反应区的演变过程。

(3) 发现了瓦斯爆炸火焰结构演变与超压的相关性,通过火焰面积对时间积分与求导,获得了火焰面积扩展速度与超压的内在对应关系,推导出了微元火焰面变化与湍流火焰速度的正比关系,并从微观角度阐明了火焰面积变化对超压的影响规律,即在湍流激励作用下火焰面积的变化影响湍流火焰速度变化,进而影响超压发生相应变化;揭示了瓦斯爆炸动态传播过程中火焰-超压的相互作用,即在强湍流激励下火焰面积逐渐增大,湍流火焰速度随之增大,由此造成超压也相应升高,超压上升又造成火焰面上压力波的多次反射和折射致使其压力梯度和密度梯度不平行,即产生斜压效应,最终形成涡流及局部湍流,使火焰阵面褶皱更加显著。

第3章 基于超细复合干粉的瓦斯抑爆实验与机理研究

抑爆系统是煤矿瓦斯抑爆减灾的一种重要手段,抑爆系统在其他预防措施均失效的情况下动作,是缩小瓦斯爆炸事故范围、提高煤矿安全的最后一道屏障。与被动式抑爆系统相比,主动式抑爆系统因具有响应快、效率高等特点,成为近年来的主要研究方向。抑爆剂有惰性气体、水、干粉等,各有优缺点。

传统的干粉抑爆材料大多使用具有灭火性能的固体粉末,利用其对火焰的熄灭作用来抑制瓦斯爆炸火焰的传播,缩小爆炸的范围。磷酸盐、卤化物、碳酸盐及碳酸氢盐都具有一定的抑爆作用。超细粉体按大小可分为纳米粉体、亚微米粉体、微米粉体等。超细粉体与常规材料相比,具有一系列优异的物理、化学、表界面性质,极大地增强了材料的抑爆性能。复合材料,是由两种或两种以上不同性质的材料,通过物理或化学的方法,在宏观上组成具有新性能的材料。各种材料在性能上互相取长补短,产生协同效应,使复合材料的综合性能优于原组成材料而满足各种不同的要求。

本书设计具有协同抑爆效应的复合材料体系,通过实验室爆炸平台系统地研究复合粉体对最大爆炸压力、压力上升速率、火焰传播速度等爆炸特征参数的影响规律,探讨粉体的协同抑爆机理,分析超细复合材料的合成条件-理化特性-抑爆特性之间的科学联系,研究成果将为完善超细复合粉体材料为核心的瓦斯抑爆减灾新技术、研发瓦斯抑爆减灾新装备提供科学依据和理论基础。

3.1 基于超细复合干粉的瓦斯抑爆实验平台

目前,实验室中常采用 20L 球形爆炸罐作为评价粉体抑爆性能的平台,但研究表明,抑爆效果在长径比小的时候(20L 球形爆炸罐)与长径比大的时候(管道)存在差异,为了更接近煤矿巷道和低浓度瓦斯输送管道现场情况,实验中采用大长径比的管道作为评价粉体抑爆性能的实验平台,同时,采用透明有机玻璃作为管道材料,方便高速摄像机捕捉火焰图像,为进一步分析火焰动力学及抑爆过程提供依据。

为了达到实验预期的目标,增强爆炸强度,在含有障碍物的管道中进行实验。抑爆实验平台由管道系统、火焰图像采集系统、压力与光电信号采集系统、配气系统、喷粉系统、点火系统和同步控制系统等组成。

3.1.1　实验平台的组成及功能

1. 实验平台的组成

1) 管道系统

为了便于火焰图像采集系统采集爆炸过程中的火焰图像数据,实验管道由有机透明玻璃构成,管道截面为 150mm×150mm,长度为 500mm。管道竖直放置,下端用钢板封闭,上端为正方形开口,开口用 PVC 薄膜封闭。管道下部钢板上开有压力传感器和点火装置安装孔,管道厚度为 20mm,设计耐压为 2MPa。为了分析障碍物对粉体抑爆效果的影响,在管道中布置了一系列平板障碍物,障碍物尺寸为 37.5mm×10mm×150mm,障碍物的安装位置如图 2-1 所示。

2) 火焰图像采集系统

火焰图像采集系统主要使用高速摄像机采集瓦斯爆炸过程中火焰传播的图像,包括火焰锋面形状与位置随时间变化的图像,通过对图像进行分析,得到瓦斯爆炸动态火焰传播特征。高速摄像机采用德国 LaVision 摄像机,最大拍摄速率可达 10 万幅/s,实验中选取图像采集速率为 2000 帧/s,达到了典型的毫秒级爆炸过程的速率要求。

3) 压力与光电信号采集系统

压力与光电信号采集系统分别采用 KELLER PR-23 型高频压力传感器和红外光电传感器采集瓦斯爆炸过程中的压力与火焰信号。压力传感器安装在管道底部,光电传感器安装在实验管道左侧的壁面上,指向点火电极,用来标记点火起始时刻。压力传感器和光电传感器信号采集频率均为 15kHz。

4) 配气系统

实验中甲烷体积分数为 9.5% 的瓦斯气体采用直接配气的方法进行配制,用控制各质量流量控制器通气流量的方法进行配气。充气时间控制在 10min 左右,使得管道内的空气排尽。充气过程要求尽量缓慢,以便在准确的时间关闭阀门,而且缓慢地充气可以使管道气体的体积浓度变化不至于太大。

5) 喷粉系统

要将粉体充分分散,确保在点火起爆时粉体能均匀地遍布整个反应容器,实验采用压缩空气将粉体喷入容器中。喷粉系统位于容器底部,主要由压缩空气瓶、高压空气储罐、压力表、电磁阀和喷头等构成,由计算机控制电磁阀开启,利用储气罐内的高压预混气体将粉体高速喷入爆炸反应罐,喷粉压力为 0.4MPa,以实现粉体在实验管道内的充分分散。

6) 点火系统

本实验采用高频脉冲电压击穿空气产生电火花的方式来点燃瓦斯气体,点火装置为自制的高频脉冲点火器,点火电压为 6V。在实验过程中,充气完毕后,由计算机控制电磁阀开启,利用少量高压预混气体将粉体高速喷入爆炸反应管道中,待粉体分布均匀后关闭排气口开关,然后利用计算机控制点火系统点火。

7) 同步控制系统

实验过程采用三菱集团生产的可编程逻辑控制器(PLC)对喷粉系统、点火系统、火焰图像采集系统及压力与光电信号采集系统进行同步时间控制。PLC 实质是一种专用于工业控制的计算机,其硬件结构基本上与微型计算机相同,基本构成为电源、中央处理器(CPU)、存储器、功能模块。实验前将自己编制的梯形图存储到 CPU 中,PLC 将每一个被控制的系统与电路连接。实验中采用 TTL 信号对高速摄像机进行触发,喷粉系统电磁阀的供电电压为直流 24V,高频脉冲点火器的供电电压为直流 6V,PLC 本身的供电电压为直流 24V。

2. 实验平台的功能

(1) 可以开展不喷粉的瓦斯爆炸实验,研究瓦斯爆炸火焰动力学特征,如火焰形状演化、火焰结构与压力相互作用等。

(2) 可以开展不同粉体的抑爆性能评价实验。

(3) 可以验证大涡模拟、燃烧模型等的有效性。

3.1.2　实验工况的选取依据与确定

为了制备高效的瓦斯抑爆复合粉体,首先研究单一粉体,如 ABC 干粉、尿素、氢氧化铝、赤泥、铁基化合物等粉体的抑爆性能,然后采用不同配比组合,改进复合粉体的组成,评价抑爆性能,获取高效的瓦斯抑爆复合粉体。

3.2　超细复合干粉制备及表征

粉体抑爆属于固相物质抑爆,其基本原理主要是物理惰化作用以及一定条件下吸附燃烧反应自由基的作用,粉体抑爆材料需具备以下三个条件。

(1) 粉体本身必须是难燃或不燃的惰性颗粒,在爆炸环境中不会促进燃烧反应的进行,不能与反应气体结合或自行高温分解放出热量。抑爆粉体喷入燃烧区域能够起到降低可燃气体浓度和氧浓度的惰性抑制作用。抑爆粉体对环境和工作人员没有毒害作用,对井下工作人员或设备不会造成损害。

(2) 粉体粒径应足够小。粉体粒径越小,其比表面积就越大,单位质量的抑爆粉体在燃烧空间内才能更多地与反应活性物质接触并与之发生相互作用。因此,粉体抑爆性能很大程度上取决于其总比表面积的大小,在制作粉体抑爆材料的实验研究过程中发现,减小粉体粒径和增加粉体内部孔隙都能提高粉体的比表面积。

（3）抑爆粉体密度需足够小。密度足够小的超细粉体，在爆炸环境中悬浮的时间长，可以更好地与反应物质混合接触。因其不规则外形和气体分子的碰撞作用，在空间内漂浮并做无规则运动，使抑爆粉体颗粒更好地扩散到整个爆炸空间与燃烧火焰充分接触并相互作用，降低燃烧反应速率，提高抑爆效果。

3.2.1　超细复合干粉制备

1. 改性赤泥基复合粉体制备

赤泥是在铝土矿提炼氧化铝过程中形成的废料。选用赤泥作为复合抑爆粉体的基体材料，主要基于以下几种优势。

（1）材料来源丰富、成本低廉。中国作为世界氧化铝生产大国，每年排放的赤泥高达数百万吨，利用赤泥作为抑爆材料，既能缓解资源日趋匮乏的局面，实现固体废弃物的高附加值再利用，降低抑爆成本，又为开发瓦斯抑爆新材料开拓一种思路。

（2）赤泥中含具有瓦斯抑爆性能的化学组分。赤泥的主要成分有 SiO_2、Fe_2O_3、Al_2O_3、MgO、CaO 等，其中，SiO_2 本身即是惰性粉体，具有抑爆功能；赤泥中所含的多种金属氧化物 M_xO_y，通过改性处理，可转化为金属氢氧化物 $M(OH)_x$，金属氢氧化物和金属离子具有一定的抑爆活性。

（3）赤泥粉体粒径较小。赤泥的粒度分布在几十纳米至几十微米，超细赤泥材料具有小尺寸效应和表面效应，位于颗粒表面的原子数及比例增大，原子高度表面化，具有相当大的表面能和化学活性，可高效捕捉爆炸自由基，中断链反应，充分发挥化学抑制作用。

（4）赤泥具有天然的微孔结构。一方面，丰富的微孔结构使赤泥成为其他活性组分的理想载体，能够实现赤泥基体和活性组分的协同抑爆效应，提高抑爆效率；另一方面，这种独特的微孔结构有利于爆炸自由基与赤泥表面的充分接触和碰撞，以器壁效应形式销毁爆炸自由基，实现爆炸火焰的淬熄。

由于赤泥粉体的材料来源、化学组分和结构特点，其作为瓦斯抑爆材料具有极大的优势。制备赤泥基超细复合抑爆粉体材料的实验方案如下。

首先，利用赤泥原料制备改性赤泥。①脱碱：称取赤泥粉体 25g，分散到 100mL 的蒸馏水中，缓慢加入 6mol/L 的稀盐酸溶液 150mL，85℃恒温搅拌 2h，使得金属氧化物和 OH^- 等与盐酸充分反应，生成金属盐溶液。②沉淀和胶凝过程：反应液冷却至室温，缓慢滴入氨水至 pH 为 7.8。碱性环境下 Fe^{3+}、Al^{3+} 形成 $Fe(OH)_3$ 和 $Al(OH)_3$ 小颗粒，一定条件下缩水凝结形成胶粒或凝胶粒子。③陈化过程：加入 150mL 乙醇，50℃恒温搅拌 0.5h，静置 24h，使沉淀完全析出。④洗涤、过滤、干燥和研磨：抽滤过程中使用蒸馏水反复洗涤，将沉淀中的杂质离子，如

Cl^-、Na^+、NH_4^+、Ca^{2+} 等除去，经过干燥、研磨后得到改性赤泥材料。在这一实验环节中，重点考察各实验条件对产物的影响，包括赤泥分散浓度、盐酸浓度、氨水浓度、溶液 pH、干燥温度等，优化赤泥改性处理的最佳工艺条件。

其次，以改性赤泥为载体，以尿素为活性组分制备赤泥基尿素复合材料。①称取一定量活性组分剂分散到乙醇溶液中，利用超声波清洗器分散 30min。②按一定比例添加改性赤泥至磁力搅拌的分散液中，超声分散 30min。③混浊液静置 1h，使得活性分子与载体充分分散接触。④放入鼓风干燥箱中，低温干燥 12h。取出粉碎，研磨得到复合粉体抑爆材料。

2. ABC/铁基化合物复合粉体制备

二茂铁，或称双环戊二烯基铁，分子式为 $Fe(C_5H_5)_2$，橙色晶型固体。二茂铁是最重要的金属茂基配合物，其化学结构为一个铁原子处在两个平行的戊二烯的环之间，如图 3-1 所示。

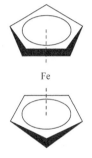

图 3-1　铁基化合物化学结构

铁基化合物具有毒性小、灭火效率高、使用浓度低、对环境友好等优点，经研究证明，高温气化后的铁基化合物能使甲烷火焰的燃烧速率降低两个数量级。因此，选用铁基化合物作为抑制瓦斯爆炸的活性粉体，与成本较低的磷酸二氢铵干粉进行复合，获得新型的复合抑爆粉体。

3.2.2　超细复合干粉表征

材料的合成条件，如反应温度、反应物浓度、溶液 pH、老化条件等，决定材料的理化特征，如组分、粒径、比表面积、微观结构、孔性等，进而会影响材料的抑爆性能。因此，厘清合成条件-理化特性-抑爆特性之间的科学联系，是获得新型高效抑爆粉体的关键。通过各种仪器分析测试复合材料的理化特征，重点研究材料的组分、粒径分布、显微结构特征，在高温下的热力学性质，发生相变、熔变的条件，粉体颗粒的比表面积、孔性特征对表面性质的影响，从而为分析粉体材料与自由基相互作用机制提供必要的实验参数。

1. 超细赤泥基复合粉体表征

为了研究改性处理后超细赤泥的结构变化，采用场发射扫描电镜和高倍透射电镜来观察粉体的表面形貌、粒径大小及微观结构。图 3-2 为原始赤泥（RM）和改性赤泥（MRM）的扫描电镜对比图。从图中可以看出，原始赤泥的颗粒较大，粒径分布不均匀。其中，较大颗粒主要是铝元素提纯过程中剩下的 SiO_2 和铁、铝氧化物等矿石杂质。与原始赤泥相比，经过脱碱、细化改性后的赤泥样品的颗粒较小，粒径分布均匀,且堆叠较为疏松,各微粒间接触面积较小。这是由于原始赤泥在改性处理过程中,通过酸浸出法溶解了碱性盐结晶,颗粒得到细化。经过溶胶-凝胶法等处理工艺得到晶粒较小、比表面积较大的金属氢氧化物。因此,改性赤泥粉体具有明显的尺寸效应和较高的表面能,捕捉爆炸自由基的活性显著提高。

图 3-2　原始赤泥和改性赤泥的扫描电镜对比图

图 3-3 是原始赤泥和改性赤泥的透射电镜图片,在 15000 倍电镜下的图片更清晰地表现出赤泥粉体的内部微观结构。通过边缘较浅的规则几何图形可以看出,原始赤泥粉体主要由大量金属氧化物晶体堆叠而成,这些晶体比较完整且尺寸较大,堆叠过程中重合面积较多,形成致密的堆状或块状。改性赤泥晶粒的直径明显变小,晶体间的堆叠保留有微孔或缝隙,且在晶粒和矿物微粒的缝隙和边缘有填充或延伸出的尿素成分。这种结构特点使得改性赤泥具有超强的表面能和较大的比表面积。通过图 3-2 和图 3-3 可以明显看出经过改性处理的赤泥微观结构发生了明显变化:经过改性后,赤泥材料的粒径明显减小,颗粒均匀,且有大量微孔结构形成。

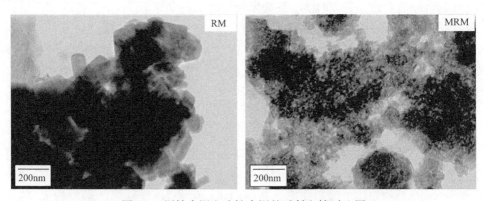

图 3-3　原始赤泥和改性赤泥的透射电镜对比图

通过 AsiQM0000-3 型氮气吸附仪,考察各样品内部孔隙情况和比表面积大小。图 3-4～图 3-7 分别是标准状况下原始赤泥粉体、改性赤泥粉体、尿素质量分数为 10％的赤泥基复合粉体、尿素质量分数为 20％的赤泥基复合粉体的 N_2 吸附-脱附曲线。

图 3-4 中原始赤泥粉体的吸附-脱附等温线为Ⅲ型,在低压端和中压端吸附曲线偏 x 轴,高压端吸附曲线上扬。表明原始赤泥粉体与被吸附分子(N_2)之间的作用力较弱,赤泥颗粒中孔隙较少,分子表面能较小。图 3-5 中改性赤泥粉体的吸附-脱附等温线为Ⅳ型,并且在 0.5～1.0 的相对压力范围内出现一个明显的 H1 型滞后环。其中滞后环的产生是由于在毛细凝聚作用下,N_2 分子在低于常压下冷凝填充了介孔孔道。毛细凝结始于缝隙壁面上的环状吸附膜液面,而脱附始于空口的球状弯月形液面,因此吸附-脱附等温线不相重合,形成滞后环。表明改性赤泥在吸附-脱附实验中发生中孔毛细凝聚现象,对被吸附分子的吸附作用较强。

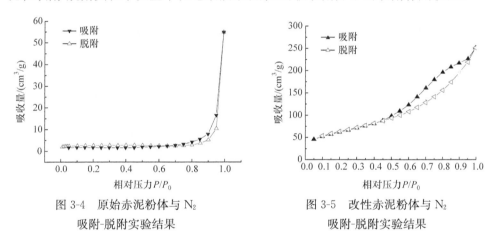

图 3-4　原始赤泥粉体与 N_2　　　　　图 3-5　改性赤泥粉体与 N_2
吸附-脱附实验结果　　　　　　　　　吸附-脱附实验结果

图 3-6 和图 3-7 均为Ⅳ型吸附等温线和 H1 型滞后环,但是与图 3-5 相比出现两个变化:第一,尿素质量分数为 10％的赤泥基复合粉体和尿素质量分数为 20％的赤泥基复合粉体对 N_2 的吸附量明显减小,由 250cm³/g 下降到 120cm³/g。尿素质量分数为 10％的赤泥基复合粉体和尿素质量分数为 20％的赤泥基复合粉体的孔隙率相对改性赤泥明显减小,孔隙表面分子的表面能降低,导致对被吸附分子的吸附量减少。第二,滞后环的形状也发生了变化,开口较大的部分向中低压区移动。这表明,复合粉体的孔隙大小发生变化,中孔数量减少,微孔所占比例增加。由 BJH 法计算所得尿素质量分数为 10％的赤泥基复合粉体和尿素质量分数为 20％的赤泥基复合粉体的比表面分别是 148.98m²/g、135.43m²/g;孔径在 1.7～300nm 的孔容量分别为 0.18cm³/g、0.17cm³/g。该结果说明经过复合尿素处理的改性赤泥复合粉体内部孔隙结构部分被尿素填充,中孔数量减少,微孔含量上升,且随着负载尿素成分的增加孔容量降低。

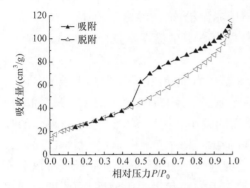 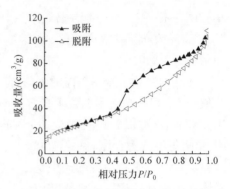

图 3-6　尿素质量分数为 10% 的赤泥基　　　　图 3-7　尿素质量分数为 20% 的赤泥基
复合粉体与 N₂ 吸附-脱附实验结果　　　　复合粉体与 N₂ 吸附-脱附实验结果

采用 STA449C 同步热分析仪,分别对改性赤泥粉体、尿素粉体、尿素质量分数为 10% 的赤泥基复合粉体、尿素质量分数为 20% 的赤泥基复合粉体进行综合热分析测试,分别得到不同粉体的热重(TG)分析曲线和差示扫描量热(DSC)曲线,用以研究改性各样品粉体的热解参数。图 3-8 为不同粉体的 TG 曲线,由图可以看出,改性赤泥粉体在 112℃ 开始失重,这是由于样品逐渐失去结晶水造成的质量减小,温度达到 600℃ 以后质量基本不再发生变化,此时粉体已经完成由金属氢氧化物向金属氧化物的转变。尿素粉体在温度达到 163℃ 时开始失重,且失重率较大。尿素热解过程中受温度的影响其热解反应不同,因此 TG 曲线出现三个梯度。在 500℃ 热解终止,失重率达 97%。

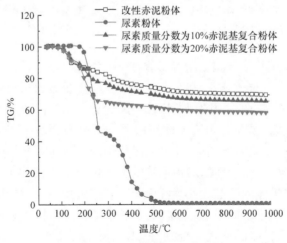

图 3-8　不同粉体 TG 曲线

图 3-9～图 3-12 分别是改性赤泥粉体、尿素粉体、尿素质量分数为 10% 的赤泥基复合粉体、尿素质量分数为 20% 的赤泥基复合粉体的 TG-DSC 曲线。当温度为

112~183℃时,改性赤泥粉体开始受热失重。但是,受改性赤泥含量的影响其失重率呈现明显差异。对比图 3-9、图 3-11 和图 3-12 的失重曲线,发现改性赤泥粉体在此阶段失重率要大于复合粉体的失重率。温度超过 183℃后尿素分解气化,导致两个复合粉体样品都在此温度下出现明显的失重梯度。随着温度的增高,复合粉体样品的失重率不断增大,且尿素质量分数为 20％的赤泥基复合粉体的失重率大于尿素质量分数为 10％的赤泥基复合粉体,改性赤泥粉体的失重率最小。由此可以确定尿素质量分数为 10％的赤泥基复合粉体和尿素质量分数为 20％的赤泥基复合粉体是改性赤泥粉体和尿素粉体的复合产物,且复合材料中的组分含量有差异。

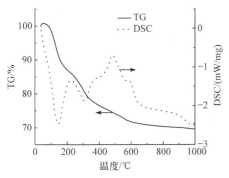

图 3-9　改性赤泥粉体 TG-DSC 曲线

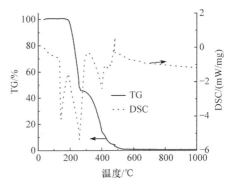

图 3-10　尿素粉体 TG-DSC 曲线

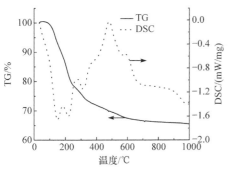

图 3-11　尿素质量分数为 10％的
赤泥基复合粉体 TG-DSC 曲线

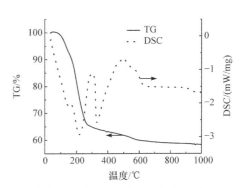

图 3-12　尿素质量分数为 20％的
赤泥基复合粉体 TG-DSC 曲线

由图 3-10 中尿素粉体 DSC 曲线分析其在温度升高过程中的热效应。首先,当温度达到 133℃时,尿素粉体开始熔化吸热,在此出现一个吸热峰。随着温度的升高,在温度为 183℃时,DSC 曲线出现第二个较大的吸热峰,此时 TG 曲线表现出样品失重的现象,说明尿素开始发生初步分解并吸收大量的热能。当温度达到308℃时尿素发生第二次分解,并吸收热量。500℃后热解结束,样品质量不再发生变化。尿素在整个热解过程中吸热量为 1966J/g,改性赤泥粉体热解吸热量为 1224J/g,尿素质量分数为 10% 和 20% 的赤泥基复合粉体材料在热解中的吸热量分别为 1300J/g 和 1600J/g。

现将改性赤泥粉体、尿素粉体、尿素质量分数为 10% 和 20% 的赤泥基复合粉体四种样品的热特性实验数据进行对比分析,如表 3-1 所示。

表 3-1　　四种样品的实验参数

材料	起始温度/℃	终止温度/℃	失重比例/%	吸热量/(J/g)
改性赤泥粉体	112	600	28.51	1224
尿素粉体	183	500	97.00	1966
尿素质量分数为 10% 的赤泥基复合粉体	112	600	32.74	1300
尿素质量分数为 20% 的赤泥基复合粉体	112	600	40.27	1600

改性赤泥粉体的热解温度为 112~600℃,尿素粉体的热解温度为 183~500℃,因此赤泥基尿素复合粉体中尿素成分热解过程包含在改性赤泥热解过程之中。复合粉体中因添加有失重率较大的尿素成分,所以其失重率大于改性赤泥本身,且尿素质量分数越高其失重率就越大。改性赤泥粉体的吸热量为 1224J/g,尿素粉体的吸热量为 1966J/g,因此复合粉体的吸热量大于改性赤泥粉体,且随着尿素质量分数的增加而增大。

2. ABC/铁基化合物复合粉体表征

为了研究抑爆机理,分析抑爆过程中粉体质量变化,获得材料的相关热特性参数,为分析粉体抑爆机理提供理论基础,采用德国公司生产的 STA449C 热分析仪,对 ABC/铁基化合物复合粉体进行了 N_2 条件下的热重实验。实验过程中将一定质量的样品放入热分析仪中,N_2 流量为 20mL/min,升温速率为 10℃/min,实验温度由室温升至 1000℃,得到样品的 TG 曲线和 DSC 曲线。

图 3-13 和图 3-14 为 ABC/铁基化合物复合粉体的 TG 曲线和 DSC 曲线。以铁基化合物粉体为例,分析热重结果。TG 曲线表明铁基化合物在受热过程中出现单一的质量变化,质量损失起始温度为 128℃,终止温度为 230℃,此后铁基化合物剩余质量分数基本上保持为 2.23%。从 DSC 曲线可以看出,铁基化合物 DSC 曲线存在两个吸热峰,分别在温度 170.0~196℃ 和 196~230℃。可知,铁基化合物的热分析实验中存在两个吸热过程,即铁基化合物的整体质量损失过程由两个步骤组成。通过 DSC 曲线计算可知铁基化合物在整个分解的过程中吸热量为 1108J/g。基于铁基化合物升华温度为 100℃,在 500℃ 时基本能保持结构稳定的特点,说明在第一步铁基化合物固体粉末升华为铁基化合物蒸气,第二步铁基化合物晶格断裂。

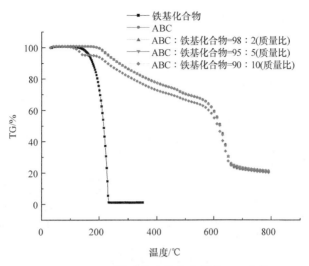

图 3-13　ABC/铁基化合物复合粉体 TG 曲线

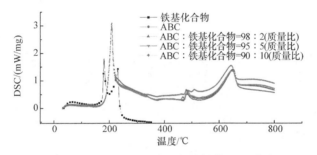

图 3-14　ABC/铁基化合物复合粉体 DSC 曲线

ABC/铁基化合物复合粉体的 TG-DSC 特征参数如表 3-2 所示。

表 3-2　TG-DSC 特征参数

样品	质量损失起止点/℃	峰 1 范围/℃	峰 2 范围/℃	峰 3 范围/℃	总吸热/(J/g)
100%铁基化合物 0%ABC	128~230	170~196	196~230	—	1108
10%铁基化合物 90%ABC	105~740	156~370	457~532	532~688	1074.83
5%铁基化合物 95%ABC	194~740	156~370	468~551	551~679	947.31
2%铁基化合物 98%ABC	195~740	156~362	469~527	561~677	914.83
0%铁基化合物 100%ABC	195~740	152~325	469~535	565~677	842.70

　　图 3-15 为铁基化合物的扫描电镜图片,图 3-15(a)放大倍数为 800,图 3-15(b) 放大倍数为 6500。从图中可看出,铁基化合物粉体为丝状结构,形状不规则,铁基 化合物的平均粒径为 25μm,铁基化合物粉体本身具有较大的比表面积。图 3-16 是放大 2000 倍的 ABC 干粉的扫描电镜图片,从图中可以看出,ABC 干粉表面光滑, 但形状不规则,粒径不均匀,大块颗粒的平均粒径约为 25μm,与铁基化合物相当。

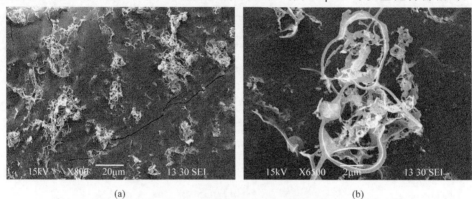

　　　　　　　　(a)　　　　　　　　　　　　　　　　　　(b)

图 3-15　铁基化合物的扫描电镜图片

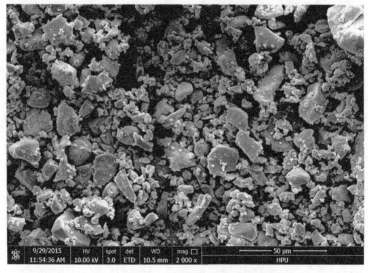

图 3-16　ABC 干粉的扫描电镜图片

3.3　基于超细复合干粉的瓦斯抑爆实验研究

3.3.1　实验方案

　　为了考虑最严重的爆炸条件,选取甲烷体积分数为 9.5% 的甲烷-空气预混气体作为爆炸体系,利用自主搭建的爆炸实验平台,分别测试无粉体抑爆、赤泥基尿素复合粉体、铁基化合物粉体以及 ABC/铁基化合物复合粉体抑爆实验,测试瓦斯爆炸火焰传播速度和爆炸压力的变化规律,评价抑爆性能,为开发主动抑爆装置提供粉体参数。

　　在各组实验中,通过高频压力传感器测试爆炸超压,采样频率取 15kHz;通过高速摄像机捕捉火焰传播的瞬态图像,进而对图像进行灰度化及二值化处理,检测火焰边缘,获取火焰区域的边界,计算得到火焰的边界后,对火焰图像的二值图像或边缘检测图像沿宽度方向的像素求和,得到不同浓度下爆炸火焰的锋面位置。对采集到的火焰锋面位置进行分析,通过计算可得到平均火焰传播速度。

3.3.2　超细复合干粉对爆炸火焰的影响

1. 无抑爆粉体作用下爆炸火焰传播特征

　　图 3-17 所示为甲烷体积分数为 9.5% 的甲烷-空气预混气体爆炸火焰传播图片,0ms 时预混气体被引燃,燃烧锋面呈球面状向管道另一端传播,在此阶段甲烷燃烧平稳,火焰阵面光滑并以层流方式向前推进。火焰传播 24ms 后到达障碍物处,火焰温度明显升高,亮度增强,在通过障碍物时受管径变化的影响,火焰被挤压变形,传播方式发生了改变。39ms 时火焰通过第三对障碍物,并于 42ms 时达到管道另一端。火焰传播的整个过程中,前 24ms 火焰燃烧平稳,燃烧阵面光滑且传播速度较慢;后半部分火焰燃烧剧烈,火焰被挤压变形,发生褶皱,火焰传播速度明显加快。

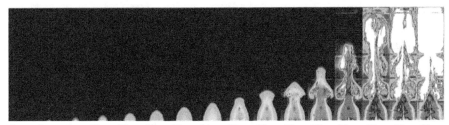

0ms　3ms　6ms　12ms　15ms　18ms　21ms　24ms　27ms　30ms　33ms　36ms　39ms　42ms　45ms　48ms

图 3-17　甲烷-空气预混气体爆炸火焰传播图片

2. 赤泥基尿素复合粉体作用下爆炸火焰传播速度

　　图 3-18 和图 3-19 为两种粉体对爆炸火焰传播速度的影响。由图可以看出,爆炸火焰传播速度曲线大致分为两个变化阶段:24ms 前火焰传播速度较小,速度增加缓慢,火焰传播速度受抑爆粉体的浓度变化影响不大。24ms 后火焰传播速度突然变大,且可以看出火焰加速度也处于不断增大的状态,以致速度曲线直线上升。另外,24ms 以后在不同浓度抑爆粉体的作用下火焰传播速度出现差异。从图

中可以发现,随着喷入抑爆粉体质量浓度由低到高增加,爆炸火焰传播速度开始呈下降趋势,火焰传播加速度也不断减小,速度曲线更趋于平缓。但是,当抑爆粉体浓度提高到一定程度时,爆炸火焰传播速度曲线坡度反而增大,速度和加速度出现再次变大的现象。通过对尿素质量分数为 10% 和 20% 的赤泥基复合粉体材料抑爆过程中爆炸火焰传播速度变化曲线图对比分析发现,向爆炸实验管道内喷入抑爆粉体浓度为 0.08g/L 时,爆炸火焰传播的最大速度、平均速度最小,火焰传播的最大加速度最低,爆炸火焰完成整个管道内的传播过程用时最长。

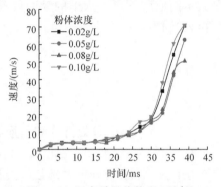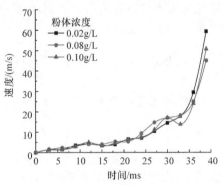

图 3-18　尿素质量分数为 10% 的
赤泥基复合粉体对火焰传播速度的影响

图 3-19　尿素质量分数为 20% 的
赤泥基复合粉体对火焰传播速度的影响

　　影响爆炸火焰在管道内的传播速度的因素有很多,如管道内截面积、管道截面形状、管道长径比、管道内是否存在障碍物等。除此之外,爆炸气体产热量、产热速率、实验系统保温性能等条件也是影响爆炸火焰传播速度的因素。抑爆粉体喷入实验管道后引起爆炸气体成分发生变化,气体燃烧火焰与固体微粒碰撞出现扰动并形成小尺寸旋涡,使得燃烧阵面面积增大,燃烧反应变得更加剧烈。与此同时,抑爆粉体以其惰性作用和热解特性对燃烧火焰进行惰化和冷却处理。但是由于爆炸前期燃烧速率缓慢,产热量少,火焰传播速度缓慢,热量不能有效集聚,加之气体膨胀对外界做功耗能等原因,此时火焰温度较低,导致抑爆粉体热解程度低、与活性自由基碰撞消耗自由基的概率较小。因此,这一阶段抑爆粉体的抑爆作用效果不明显。

　　由第 2 章理论分析可知,爆炸火焰传播经过障碍物后,火焰受通道尺寸突变被挤压变形,并出现回旋涡流,火焰出现褶皱,火焰阵面面积大大增加;同时,涡量增加,湍流火焰速度增大,燃烧速率急剧增大,短时间内产生大量的热,系统温度迅速升高。受此过程影响,火焰出现大范围拉伸,产生大尺寸火舌并将前方预混气体引燃,火焰传播速度呈指数型增大。此时爆炸环境中的抑爆粉体受高温影响迅速吸热分解,产生的惰性气体,降低易爆气体和氧气浓度。剩余惰性颗粒吸附结合燃烧反应链中产生的活性自由基,降低自由基浓度,强迫链式反应终止。在此过程中,抑爆粉体与爆炸火焰的相互作用主要体现在降低燃烧反应速率方面。当抑爆粉体浓度达到一定值后,再增大喷粉量会导致粉体在爆炸空间内分布不均匀,产生团聚、凝并现象,降低粉体分散度,反而影响其抑爆效果。

3. 铁基化合物粉体对爆炸火焰的影响

图 3-20 为铁基化合物浓度为 0.08g/L 时瓦斯爆炸火焰传播图像,图像采集频率为 2000 帧/s,曝光时间为 1/50000s。从图中可以看出,瓦斯气体被点燃后,在最初阶段以向外凸起的球面状火焰向前传播,球面火焰阵面可以清楚地将可燃物和未燃物分开,前锋开始比较圆滑,中部火焰传播速度大于两侧。在经过障碍物后湍流作用导致火焰锋面出现褶皱,根据谢尔金(Shelkin)火焰加速理论,由于湍流作用,火焰锋面出现褶皱,使得燃烧反应速率和能量释放速率加快,致使火焰阵面结构发生转变,火焰阵面结构变得不规则,火焰锋面表面积不断增加,燃烧速率加快。燃烧速率的加快进一步增加了越过障碍物流体的湍流强度,使得火焰与湍流形成正反馈机制。障碍物的存在进一步加强了这种火焰加速正反馈机制,障碍物附近火焰下游流体的 K-H 不稳定性使得火焰加速更加剧烈。从图 3-20 还可以看到,在火焰轴向传播过程中,两个障碍物之间的区域中仍然留下大量未燃的燃料包,最近的研究表明,这些燃料包产生的燃烧产物密度比未燃气体密度小,因此燃烧烟气的体积将会发生膨胀,这样就会推动火焰沿着轴线流动,这种效应越往下游越强,使得火焰传播速度呈指数规律加速,这种加速机制是由实验系统的结构引起的。当火焰越过障碍物以后,整个管道空间很快充满火焰,回流也比较明显,使得燃烧产物和未燃气体相互快速混合,导致燃烧产物和未燃气体呈补丁状分布,这将进一步增加火焰的表面积,使得燃烧速率进一步加快。

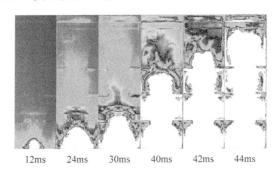

12ms　　24ms　　30ms　　40ms　　42ms　　44ms

图 3-20　铁基化合物浓度为 0.08g/L 时瓦斯爆炸火焰传播图像

图 3-21 为铁基化合物浓度为 0g/L、0.05g/L、0.08g/L 及 0.1g/L 时爆炸火焰锋面位置曲线。从图 3-21 可以看出,四种浓度条件下火焰锋面到达第一个障碍物的时间分别为 23ms、26ms、32ms、28.5ms;火焰锋面到达第二个障碍物的时间分别为 32ms、36ms、42ms、39ms;火焰锋面到达第三个障碍物的时间分别为 35ms、42ms、46ms、42.5ms。通过比较可以看出,铁基化合物的存在使得火焰传播得更

慢,说明铁基化合物起到抑制作用。

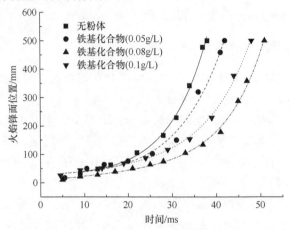

图 3-21　铁基化合物浓度与火焰锋面位置关系曲线

图 3-22 为铁基化合物浓度为 0g/L、0.05g/L、0.08g/L 及 0.1g/L 时爆炸火焰传播速度曲线。如果以时间作为基准,无铁基化合物粉体情况下火焰锋面到达第一个障碍物的时间约为 23ms,此时四种浓度条件下的火焰传播速度都比较小,分别为 7.2m/s(0g/L)、3.56m/s(0.05g/L)、3.1m/s(0.08g/L)、3.6m/s(0.1g/L),火焰传播速度最大下降了 56.9%。无铁基化合物粉体情况下火焰锋面到管道出口的时间约 38ms,此时四种浓度条件下的火焰传播速度分别为 53.5m/s(0g/L)、36.63m/s(0.05g/L)、8.32m/s(0.08g/L)、13.5m/s(0.1g/L),火焰传播速度最大下降了 84.4%。

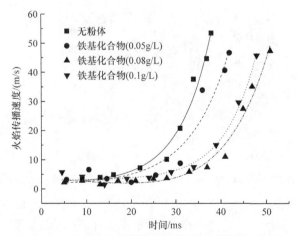

图 3-22　铁基化合物浓度与火焰传播速度关系曲线

如果以管道位置为基准,情况则不同。例如,四种浓度条件下的管道出口处的最大火焰传播速度分别为 53.5m/s(0g/L)、46.7m/s(0.05g/L)、47.29m/s

(0.08g/L)、45.73m/s(0.1g/L)，火焰传播速度最大下降了 14.5%。选取的基准不同，结果差异非常大。以时间作为参考指标是合适的，从图 3-22 可以看出，随着时间的推移，火焰传播速度的增加是极快的，如果任由火焰自由传播，其速度必将迅速增加，这对采取措施是不利的，因此施加粉体后赢得了采取措施的时间，提高了安全性。然而，从图 3-22 也可以看出，在 40ms 之前，施加铁基化合物后的火焰传播速度受到了极大抑制，火焰传播速度增加得比较平缓，例如，当铁基化合物浓度为 0.08g/L 时，火焰传播速度仅为 11m/s；40ms 以后，火焰传播速度也开始迅速增加，到出口时已增加到了 47.29m/s，10ms 内增加了 36.29m/s，故可以认为在爆炸的后期，铁基化合物几乎没有起到抑制火焰传播的作用，这与文献中提到铁基化合物饱和是相互印证的。

铁基化合物浓度分别为 0g/L、0.02g/L、0.05g/L、0.08g/L、0.1g/L、0.12g/L、0.15g/L 与 0.18g/L 时，火焰到达管道出口时间分别为 38ms、45ms、47ms、51ms、47ms、48ms、46ms 与 49ms，如图 3-23 所示。相比于自由传播工况，在加入铁基化合物后，最佳工况的结果是，火焰传播到管道出口的时间由 38ms 增加到 51ms，增加 34.2%。

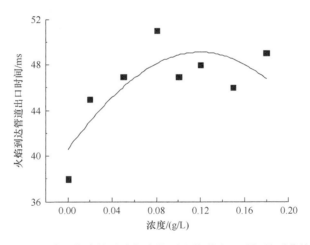

图 3-23　铁基化合物浓度与火焰到达管道出口时间关系曲线

从图 3-21～图 3-23 亦可看出，抑爆粉体存在一个最佳浓度。当粉体浓度为 0.08g/L 时，到达管道出口时间最长，火焰传播速度最小，抑爆效率最高。这是因为，当粉体浓度过高时，一方面，粉体不能完全吸热并气化，另一方面，粉体可能发生团聚，形成大的颗粒群。这些颗粒群，相变所需时间更长，更不易气化。根据图 2-12 的火焰与湍流的耦合作用机理，在颗粒群下游尾迹区造成旋涡，大尺度涡团的运动使火焰锋面变形而产生褶皱，其表面积大大增加；同时，小尺度涡团的随机运动大大增强了组分间的质量、动量和能量传递。这两方面作用都使瓦斯爆炸火焰传播速度增加。没有完全气化的粉体在火焰传播过程中形成了一定的阻塞和扰动作用,而这种阻塞作用所形成的火焰加速作用大于其因传热、稀释和化学作用而产生的燃烧抑制作用,最终促进了火焰的传播、爆炸压力的上升。

4. 铁基化合物与 ABC 干粉对爆炸火焰传播速度影响对比

图 3-24 给出了浓度为 0.08g/L 的铁基化合物与浓度为 0.05g/L 的 ABC 干粉作用下火焰锋面位置随时间变化,进而通过计算得出火焰传播速度,如图 3-25 所示。表 3-3 与表 3-4 为无粉体、铁基化合物作用下和 ABC 干粉作用下火焰到达不同障碍物及出口的特征时间及特征速度。可以看出,铁基化合物作用下的火焰到达不同障碍物及出口时间明显延长,铁基化合物作用下的火焰传播速度也要慢一些,说明铁基化合物的抑制效果要好于 ABC 干粉。

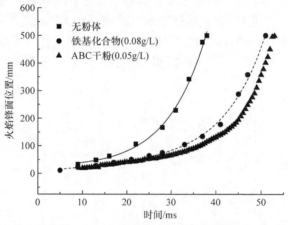

图 3-24　浓度为 0.08g/L 的铁基化合物与浓度为 0.05g/L 的
ABC 干粉作用下火焰锋面位置随时间变化

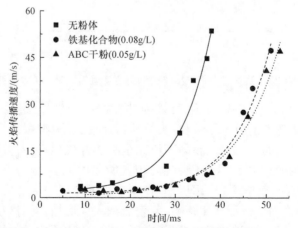

图 3-25　浓度为 0.08g/L 的铁基化合物与浓度为 0.05g/L
ABC 干粉作用下火焰传播速度随时间变化

表 3-3　特征时间　　　　　（单位：ms）

抑爆剂类型	到达第一个障碍物	到达第二个障碍物	到达第三个障碍物	到达出口
无粉体	23	32	35	38.5
铁基化合物	32	42	46	51
ABC 干粉	28	35	39	43

表 3-4　特征速度　　　　　（单位：m/s）

抑爆剂类型	到达第一个障碍物	到达第二个障碍物	到达第三个障碍物	到达出口
无粉体	7.2	26.44	40	53.5
铁基化合物	5.43	15.11	31.27	47.29
ABC 干粉	9.65	24.43	38.28	45.03

5. ABC 干粉/铁基化合物复合粉体对爆炸火焰的影响

根据 ABC 干粉与铁基化合物各自的抑爆效果，研究了 ABC 干粉与铁基化合物不同质量配比时的抑爆性能。实验中保持总质量浓度 0.08g/L 不变，ABC 干粉和铁基化合物的质量配比如表 3-5 所示。

表 3-5　ABC 干粉/铁基化合物复合粉体质量配比

序号	ABC 干粉：铁基化合物(质量配比)	浓度/(g/L)
1	98：2	0.08
2	95：5	0.08
3	90：10	0.08

图 3-26 给出了不同质量配比下的火焰锋面位置，图 3-27 给出了不同质量配

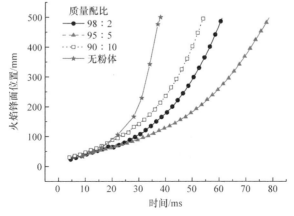

图 3-26　ABC 干粉/铁基化合物复合粉体作用下的火焰锋面位置

比下的火焰传播速度。从图 3-27 可以看出,相对于无粉体,添加 ABC 干粉/铁基化合物复合粉体后,火焰传播速度及其上升速率显著降低。配比对抑爆性能也有重要影响,当 ABC 干粉与铁基化合物质量配比为 95∶5 时,抑爆效果最好。表 3-6 给出了不同抑爆剂类型时,火焰到达管道特征位置时的特征时间。

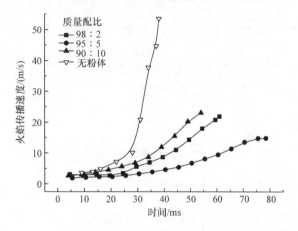

图 3-27　ABC 干粉/铁基化合物复合粉体作用下的火焰传播速度

表 3-6　熵的特征时间　　　　　　　　　　　　　　　　（单位:ms)

抑爆剂类型	到达第一个障碍物	到达第二个障碍物	到达第三个障碍物	到达出口
无粉体	21.5	30	33	38
98∶2	29	42.5	50.5	61
95∶5	33	53	64	78.5
90∶10	22.5	36.5	44.5	54

图 3-28 为采用不同抑爆剂时,火焰到达出口的时间。当 ABC 干粉与铁基化合物质量配比为 95∶5 时,火焰到达出口的时间显著增加。

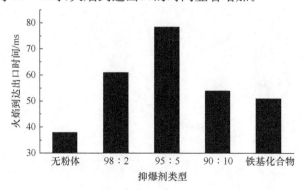

图 3-28　ABC 干粉/铁基化合物复合粉体作用下火焰到达出口时间

3.3.3　超细复合干粉对爆炸超压的影响

1. 赤泥基尿素粉体作用下瓦斯爆炸压力

图 3-29 和图 3-30 分别是不同粉体浓度下尿素质量分数为 10% 的赤泥基复合粉体和尿素质量分数为 20% 的赤泥基复合粉体作用下的甲烷爆炸压力（1mbar＝100Pa）。受粉体作用，甲烷爆炸压力出现以下几方面变化。

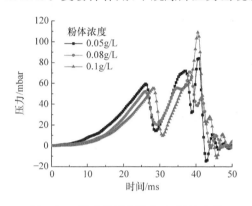

图 3-29　尿素质量分数为 10% 的赤泥
基复合粉体对爆炸压力的影响　　　图 3-30　尿素质量分数为 20% 的赤泥
基复合粉体对爆炸压力的影响

（1）最大爆炸压力有一定程度的下降。当无粉体时，最大爆炸压力为 115.74mbar，在粉体浓度为 0.08g/L 的赤泥基（尿素质量分数为 10%）复合抑爆材料作用下，最大爆炸压力下降至 71.8mbar；在粉体浓度为 0.08g/L 的赤泥基（尿素质量分数为 20%）复合抑爆材料作用下时，最大爆炸压力为 66.1mbar。

（2）爆炸压力曲线具有 3 个明显的波峰，且压力在第三个峰值处达到最大。在有抑爆粉体作用时，甲烷爆炸压力曲线的第二、三个波峰处出现重合叠加现象，形成两个主要的波动峰。

（3）预混气体被引燃后，发生剧烈的氧化还原反应并放出大量的热，爆炸环境温度升高，气体膨胀导致系统压力升高。对甲烷体积分数为 9.5% 的甲烷-空气预混气体的爆炸压力曲线和有抑爆粉体作用下爆炸压力曲线的对比发现，无抑爆粉体的爆炸压力曲线的斜率较大，压力值在较短时间内达到峰值，爆炸升压速率很大；有抑爆粉体的爆炸压力曲线斜率相对较小，爆炸压力增大趋势较平缓，爆炸升压速率有所降低。

2. 铁基化合物粉体对爆炸压力峰值的影响

图 3-31 是无铁基化合物作用和不同浓度铁基化合物作用下典型压力曲线的

对比,在无铁基化合物条件下,管道内的压力先升高达到第一个峰值后降低,然后再次升高,达到第二个峰值后再次降低,之后压力再次升高,达到第三个峰值之后由于管道内气体燃尽压力降低,从图中曲线可看出,第三峰值为爆炸过程中的最大压力峰值。添加铁基化合物后,所引起的管内压力变化与无铁基化合物时的情况基本相同,但添加铁基化合物后第三压力峰值并不一定代表抑爆过程中爆炸压力的峰值。

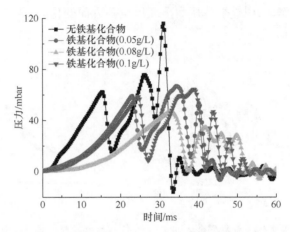

图 3-31　不同粉体浓度下爆炸压力随时间变化曲线

图 3-32 为粉体浓度与爆炸最大压力关系曲线,从图中可看出,对于铁基化合物平均粉体浓度分别为 0g/L、0.02g/L、0.05g/L、0.08g/L、0.1g/L、0.12g/L、0.15g/L 与 0.18g/L,爆炸最大压力分别为 115.74mbar、96.84mbar、66.97mbar、47.17mbar、64.34mbar、59.83mbar、71.19mbar、55.87mbar,相对于无铁基化合物作用的 115.74mbar,最大压力分别下降了 16.33%、42.14%、59.24%、44.41%、48.31%、38.49%、51.73%。即爆炸最大压力开始时随着粉体浓度的增大而减小,在浓度为 0.08g/L 时达到最小值后随浓度增加变化不大,可以得出,铁基化合物抑爆过程中在较低浓度时爆炸最大压力随浓度升高而降低,达到最佳抑爆浓度后,爆炸最大压力达到最小值,随着浓度的进一步增大,最大压力受浓度的影响较小。

图 3-33 为粉体浓度与达到压力峰值时间关系曲线,从曲线中可看出,平均粉体浓度分别为 0g/L、0.02g/L、0.05g/L、0.08g/L、0.1g/L、0.12g/L、0.15g/L 与 0.18g/L 时,出现第一、第二与第三压力峰值时间分别为 25.3ms、28.53ms、32.93ms、42.73ms、34.53ms、41.67ms、32.73ms、37.07ms、36.1ms、38.13ms、44.3ms、51.67ms、48.8ms、51.67ms、46.47ms、47.93ms 与 40.9ms、42.47ms、50.06ms、59.87ms、53.8ms、58.06ms、51.06ms、57.23ms。粉体浓度较低时爆炸压力达到峰值时间随铁基化合物浓度的增大而增大,在最佳抑爆浓度处达到最大,随后上下波动,但受浓度影响不大。

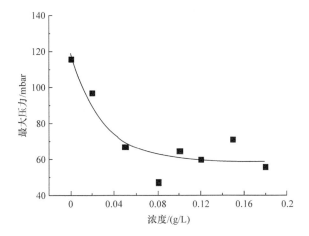

图 3-32　粉体浓度与爆炸最大压力关系曲线

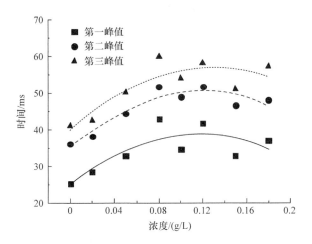

图 3-33　粉体浓度与达到压力峰值时间关系曲线

3. 铁基化合物与 ABC 干粉对爆炸压力的影响对比

选用平均粒径为 $25\mu m$ 的超细 ABC 干粉进行不同粉体浓度抑爆实验,将实验结果与铁基化合物进行对比分析,为验证铁基化合物的抑爆效果提供实验基础。实验过程中甲烷体积分数为 9.5%,ABC 干粉浓度为 $0.05g/L$。

为了分析铁基化合物与 ABC 干粉对爆炸压力发展过程的影响,对实验得到的压力曲线进行分析。$0.08g/L$ 粉体浓度的铁基化合物与 $0.05g/L$ 粉体浓度的 ABC 干粉作用下爆炸压力曲线随时间变化如图 3-34 所示。

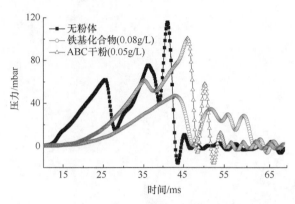

图 3-34 铁基化合物与 ABC 干粉作用下的爆炸压力随时间变化

可以看出,无粉体与 ABC 干粉作用下的压力曲线具有相同的规律,而与铁基化合物作用下的压力曲线具有较大差别。在无粉体作用时,压力曲线第一、第二、第三峰值与其到达时间分别为 62.3mbar、75.74mbar、115.74mbar 与 25.3ms、36.1ms、40.9ms;铁基化合物作用下压力曲线第一、第二、第三峰值与其到达时间分别为 47.17mbar、34.7mbar、28.61mbar 与 42.73ms、51.67ms、59.87ms;ABC 干粉作用下压力曲线第一、第二、第三峰值与其到达时间分别为 61.26mbar、100.7mbar、58.29mbar 与 35.13ms、45.87ms、50.13ms。

无粉体与 ABC 干粉作用下的压力峰值到达时间差异不大,表明添加 ABC 干粉后压力上升速率基本保持不变,而铁基化合物作用下的压力峰值到达时间明显延长,说明铁基化合物对压力上升速率有明显的抑制作用。在添加浓度为 0.08g/L 铁基化合物与 0.05g/L ABC 干粉后,爆炸压力曲线的峰值均出现降低,在铁基化合物与 ABC 干粉作用下压力峰值分别降低了 24.29%、54.19%、75.28% 与 1.7%、24.79%、49.64%,对比可看出,添加铁基化合物后,爆炸压力峰值下降更为明显。

4. ABC 干粉/铁基化合物复合粉体对爆炸超压的影响

图 3-35 给出了不同质量配比下瓦斯爆炸超压曲线,从图中可以看出,不同抑爆粉体作用下,超压峰值及其到达时间有很大差别,所有施加粉体的超压峰值都比不加粉体时的超压峰值小、超压峰值到达时间长。其中含质量分数为 5% 铁基化合物的复合粉体超压最小,超压峰值到达时间较长。

图 3-36 为采用不同抑爆剂时,甲烷体积分数为 9.5% 的甲烷-空气预混气体爆炸的最大爆炸超压。当 ABC 干粉与铁基化合物质量配比为 95∶5 时,最大爆炸超压最小。

表 3-7 总结了各种单一粉体(不同浓度铁基化合物、氢氧化铝和 ABC 干粉)、不同质量配比的改性赤泥尿素复合粉体以及不同质量配比的 ABC 干粉/铁基化合物复合粉体抑制甲烷体积分数为 9.5% 的甲烷-空气预混气体爆炸的效果,用最大

火焰传播速度和最大爆炸超压作为评价抑爆性能的指标。由表可以看出,ABC 干粉与铁基化合物质量配比为 95：5 时,最大火焰传播速度最小,最大爆炸超压最小,抑爆效果最优。

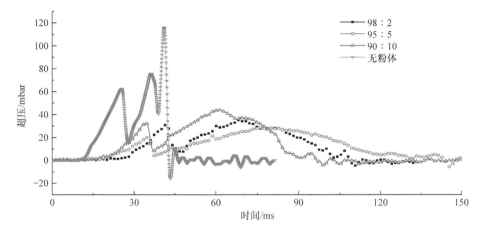

图 3-35　ABC 干粉/铁基化合物复合粉体作用下爆炸超压曲线

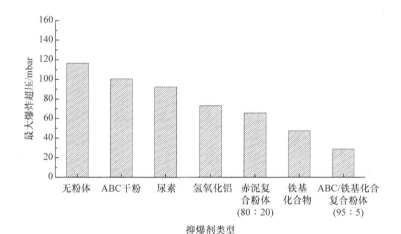

图 3-36　不同抑爆剂类型作用下最大爆炸超压

表 3-7　抑爆剂性能比较

序号	抑爆剂类型	最大火焰传播速度/(m/s)	最大爆炸超压/mbar	速度下降比例/%	超压下降比例/%
0	无粉体	53.5	115.74	0	0
1	赤泥尿素(90：10)	50.5	71.8	5.61	37.96
2	赤泥尿素(80：20)	45	66.1	15.88	42.88
3	铁基化合物(0.05g/L)	46.7	68.97	12.71	42.13

续表

序号	抑爆剂类型	最大火焰传播速度/(m/s)	最大爆炸超压/mbar	速度下降比例/%	超压下降比例/%
4	铁基化合物(0.08g/L)	47.29	47.17	11.6	59.24
5	铁基化合物(0.1g/L)	45.73	64.34	14.52	44.41
6	氢氧化铝	50.0	73.14	6.54	36.8
7	ABC干粉	47.0	100.7	12.14	13
8	ABC干粉/铁基化合物(98∶2)	21	35.1	60.74	69.67
9	ABC干粉/铁基化合物(95∶5)	14.8	28.8	72.33	75.11
10	ABC干粉/铁基化合物(90∶10)	23.1	43.7	56.82	62.24

3.4　基于超细复合干粉的瓦斯抑爆机理分析

依据燃烧基础理论,以反映物质量浓度表示的反应速率可表示为

$$R_{fu} = k'(T)[A][BC] \tag{3-1}$$

其中,[A]和[BC]分别为反应物的质量浓度;$k'(T)$是与温度有关的系数,可表示为

$$k'(T) \propto T^{1/2} \exp \frac{-E_a}{RT} \tag{3-2}$$

其中,E_a为表观活化能,J/mol;T为热力学温度,K;R为摩尔气体常量,J/(mol·K)。

由式(3-2)可知,当发生瓦斯爆炸时,如果有粉体存在,粉体在反应区蒸发吸热,吸热后的粉体开始熔化、蒸发或升华,发生相变产生气态中间产物,在反应区内降低燃料的浓度,从而使反应区内的反应速率降低。另外,反应区的反应速率除了与反应物浓度有关以外,还与反应区的温度有直接的关系,粉体熔化、蒸发或升华过程都是吸热过程,从而降低火焰前沿内反应物浓度,这就意味着反应速率方程中的系数$k'(T)$减小,从而使得反应区的反应速率下降。

由燃烧理论可知,层流火焰传播速度的表达式为

$$S_L = \left[2\left(\frac{\overline{D_T}}{w_{fu}\rho_u}\right)\overline{RR} \right]^{1/2} \tag{3-3}$$

$$\overline{D_T} = \frac{\lambda(T)}{\rho_u C_p} \tag{3-4}$$

其中,$\lambda(T)$为预混气体导热系数;C_p为定压比热容;ρ_u为未燃气体的质量浓度;w_{fu}为燃料质量分数;$\overline{D_T}$为反应区内的热扩散系数,在可燃气体密度和定压比热容不变时,只与反应区的温度有关;$\overline{RR}$为反应区内的平均反应速率。由式(3-3)和式(3-4)

可知,瓦斯爆炸的火焰传播速度在燃料当量比一定的情况下,与反应区的热扩散系数和平均反应速率密切相关。当管道内添加抑爆粉体时,反应区内的温度降低造成热扩散系数和反应速率都有一定程度的减小,使得瓦斯爆炸火焰的传播速度降低。实验结果表明,随着粉体浓度的增加,火焰传播速度下降的幅度逐渐增大,这是因为反应区内粉体越多,其吸热效果越明显,反应区内的热扩散系数和反应速率下降越多。

抑制瓦斯爆炸火焰传播作用机理主要包括热解吸热和消耗自由基两个方面,这两个因素都会作用于反应速率,进而影响放热速率,从而影响火焰传播速度、超压和压升速率。下面从物理吸热作用、化学抑制作用和协同作用分析铁基化合物复合干粉的抑爆机理。

1. 物理吸热作用

传统的 ABC 干粉抑爆阻火剂,主要成分为磷酸二氢铵($NH_4H_2PO_4$),添加硅化剂,以防潮抗水,又称全硅化磷铵粉剂,比表面积为 $3500\sim5000cm^2/g$,松密度为 $0.75\sim0.80g/cm^3$,基料磷酸二氢铵比例为 80%,浅黄色。本书设计的复合干粉抑爆阻火剂,主要成分为有机铁、ABC 干粉、干燥剂等,比表面积为 $58000\sim90000cm^2/g$,松密度为 $0.81\sim0.87g/cm^3$。

复合干粉抑爆阻火剂从抑爆器喷出后,能够在爆炸火焰的高温下迅速分解,吸收大量的热。磷酸二氢铵熔点为 $107\sim208℃$,能够在较低温度下分解,分解开始温度约为 $100℃$,在不同的温度阶段具有不同的分解产物。热重分析实验表明,磷酸二氢铵分解吸热量为 $246.44kJ/mol$,其化学反应如下:

$$NH_4H_2PO_4 \xrightarrow{160℃} H_3PO_4 + NH_3\uparrow$$

$$2H_3PO_4 \xrightarrow{220℃} H_4P_2O_7 + H_2O$$

$$H_4P_2O_7 \xrightarrow{360℃} 2HPO_3 + H_2O$$

$$2HPO_3 \xrightarrow{600℃} P_2O_5 + H_2O$$

铁基化合物在受热过程中出现单一的质量变化,质量损失起始温度为 $128℃$,终止温度为 $230℃$,此后铁基化合物剩余质量基本上保持 2.23%。铁基化合物 DSC 曲线存在两个吸热峰,分别在温度为 $170\sim196℃$ 和 $196\sim230℃$ 处,即铁基化合物的整体质量损失过程由两个步骤组成。表 3-2 给出铁基化合物复合干粉的吸热效益,通过 DSC 曲线计算可知铁基化合物在整个分解的过程中吸热量为 $1108J/g$,纯磷酸二氢铵吸热量为 $842.70J/g$,含质量分数为 5%铁基化合物的复合粉体吸热量为 $947.31J/g$。

另外,改性赤泥的吸热量为 $1224J/g$,尿素粉体的吸热量为 $1966J/g$,说明在吸热效益方面,铁基化合物复合粉体弱于赤泥基复合粉体。但是,铁基化合物复合粉体的抑爆效率高于赤泥基复合粉体,说明化学抑制也发挥重要作用。

2. 化学抑制作用

在瓦斯燃烧爆炸反应过程中,将产生活性 HCO、CH 等自由基。自由基具有很高的化学活性,这是因为对应原子团的电子壳层不完整。这些原子团的性能接近外层电子数与该原子团相同的原子。由于自由基的化学不饱和性,在自由基参与下进行的反应过程,其活化能具有原子反应活化能的数量级。自由基反应速率与原子反应速率基本相等。HCO 自由基的外层电子数与 P 原子接近,CH 自由基的外层电子数与 N 原子接近,故 HCO 自由基的性能类似于 P 原子,CH 自由基的性能类似于 N 原子。因此,N、P 可以在瓦斯爆炸过程中代替活性基团 HCO、CH,生成稳定产物,从而大大减慢自由基增长。

另外,磷酸二氢铵在燃烧火焰中吸热分解产生的游离氨能与火焰燃烧反应中产生的 OH 自由基反应,减少并终止燃烧反应产生的自由基,降低燃烧反应速率,当火焰中游离氨浓度足够高,与火焰接触面积足够大时,自由基终止速率大于燃烧反应的生成速率,瓦斯爆炸链式燃烧反应被终止,导致火焰熄灭。其具体的抑爆机理为:当 ABC 干粉粉粒与火焰中产生的自由基接触时,自由基能瞬时吸附在粉粒表面,并发生如下反应:

$$M(干粉) + OH(自由基) \longrightarrow MOH$$
$$MOH + H(自由基) \longrightarrow M + H_2O$$

这样,借助干粉的作用,消耗了燃烧反应中的自由基($OH \cdot$ 和 $H \cdot$),使其数量急剧减少而导致燃烧反应中断,使火焰熄灭。

铁基化合物的抑爆阻火机理为,超细复合干粉抑爆阻火剂除了具有普通干粉的抑爆作用外,它所含的有机铁分子在较低温度下可以气化(不需要 ABC 干粉气化时所需的高温),气相分解时可释放出铁原子。铁与氧气反应生成 FeO_2,FeO_2 进一步与氧原子结合生成 FeO。FeO 是一种极其活泼的介质,能够和 $Fe(OH)_2$、FeOH 进入一种催化性循环从而能够促使氢原子再结合生成氢气,氢气与氧气反应生成水。其反应方程式如下:

$$FeOH + H \cdot \longrightarrow FeO + H_2$$
$$FeO + H_2O \longrightarrow Fe(OH)_2$$
$$Fe(OH)_2 + H \cdot \longrightarrow FeOH + H_2O$$
$$H \cdot + H \cdot \longrightarrow H_2$$
$$2H_2 + O_2 \longrightarrow 2H_2O$$

这样,借助于有机铁为主的超细复合干粉的作用,消耗周围的氧气,同时燃烧反应中也会大量消耗自由基($OH \cdot$ 和 $H \cdot$),使其数量急剧减少而导致燃烧反应中断,使火焰熄灭。

此外,由于超细复合干粉具有的比表面积为普通 ABC 干粉的 10 倍左右,故更容易在瓦斯爆炸时吸热,放出更多的铁原子,发挥更强的抑爆阻火作用。

3. 协同作用

复合干粉抑爆阻火剂的抑爆机理大致与 ABC 干粉相同,但其成分不同而使其抑爆率优于 ABC 干粉。由热重实验可知,铁基化合物在 128～230℃温度区间吸热、气化、分解,铁基化合物在进入瓦斯爆炸火焰后,能快速发挥冷却和化学抑制作用;而 ABC 干粉在 108～740℃温度区间吸热、气化及分解,热解温度过高,这就要求吸热特别快,粉体在火焰中停留时间长,这在抑制瓦斯爆炸火焰中特别不利,导致单一 ABC 干粉初期的抑爆效果不太理想。因此,铁基化合物在抑爆早期发生作用,但由于气态铁原子及其化合物发生冷凝,后期铁基化合物作用不太明显,这时 ABC 干粉起主要作用,两者取长补短,发挥协同抑爆作用。

3.5　小　　结

为了给瓦斯抽放管网抑爆减灾技术与装备提出技术与理论支持,本章建立了铁基化合物复合粉体制备及表征技术,开展了基于铁基化合物超细复合粉体抑制管道瓦斯实验,探讨了基于铁基化合物超细复合粉体的协同抑爆机理,揭示了合成条件-理化特性-抑爆特性之间的科学机制。主要内容和结论如下。

(1) 选用合适的实验平台评价粉体的瓦斯爆炸抑制性能。通过总结国内外研究现状发现,干粉抑制瓦斯爆炸的效果与实验平台有关。因操作方便,现有报道多采用标准 20L 球形爆炸罐作为评价平台,然而这种平台不能考虑火焰与流体力学失稳、热-扩散失稳、压力波反射及管道壁面间相互作用对火焰传播及爆炸超压发展的作用。故不同于传统小长径比的 20L 球形爆炸罐,选用大长径比的带障碍物管道作为评价粉体抑爆性能的实验平台,实验结果更接近煤矿巷道和低浓度瓦斯输送管道现场需求。

(2) 制备了两种具有协同抑爆效应的复合材料粉体,并采用多种手段对它们进行表征。粉体的抑爆效果与粉体的物理化学性质紧密相关,与普通粉体相比,超细粉体具有一系列优异的物理、化学、表界面性质,极大增强了材料的抑爆性能。而复合材料是由两种或两种以上不同性质的材料,通过物理或化学的方法,在宏观上组成具有新性能的材料。各种材料在性能上互相取长补短,产生协同效应,使复合材料的综合性能优于原组成材料而满足各种不同的要求。实验结果表明,尿素粉体、改性赤泥粉体、铁基化合物粉体及 ABC 干粉的吸热量分别为 1966J/g、1224J/g、1108J/g 和 842.70J/g,复合粉体的单位质量吸热量则介于各单一粉体吸热量之间；相对于其他几种粉体，铁基化合物的热分解初始温度（128℃）及终止温度（230℃）都较低，更容易气化分解；铁基化合物粉体为丝状结构，形状不规则，比表面积大。采用热重分析、差示扫描量热仪以及扫描电镜详细分析超细复合材料的热分解特性、吸热特性及结构特性，建立合成条件-理化特性-抑爆特性之间的科学联系。

（3）开展了抑爆实验，优选适合于瓦斯爆炸抑制的超细复合粉体。通过爆炸实验，获得了瓦斯爆炸火焰在超细粉体作用下的火焰传播特征、火焰位置、火焰传播速度和压力峰值，筛选出铁基化合物和 ABC 超细复合粉体。实验结果表明，抑爆效果与粉体类型、粉体浓度及复合粉体的组成有关，存在最佳粉体浓度使得抑爆效果最佳；最佳粉体为 ABC 干粉与铁基化合物质量配比为 95∶5 的复合粉体，使得最大超压下降 75.11%，最大火焰传播速度下降 72.33%。实验结果为第 5 章基于超细复合干粉瓦斯抽放管网抑爆减灾技术及装备提供技术数据。

（4）探讨了复合粉体抑制瓦斯爆炸火焰的机理。对于可燃气体火灾或爆炸，ABC 干粉主要灭火机理是分解吸热；铁基化合物首先通过气化吸热，然后分解成含铁的自由基组分，这些组分与燃烧自由基（OH· 和 H·）等发生销毁反应，终止燃烧链。铁基化合物的物性决定了它的抑爆效果。首先，从热重分析结果可知，铁基化合物在 230℃能完全气化分解，而 ABC 干粉在 250℃时仅分解 15%；其次，从差示扫描量热仪结果可以看出，单位质量铁基化合物吸热效果比 ABC 干粉好；再次，从粉体的扫描电镜结果可知，铁基化合物为丝网状结构，比表面积较 ABC 干粉大，有利于铁基化合物与瓦斯火焰之间的热交换，针对瓦斯爆炸这种高速过程（毫秒级）来说，粉体与火焰间热交换时间非常短，因此铁基化合物的结构对于抑爆显得更为重要。最后，铁基化合物发挥早期抑爆作用，弥补 ABC 干粉热解温度高的缺点，ABC 干粉后期抑爆作用，弥补铁基化合物后期冷凝失效的缺点，两者取长补短，发挥协同抑爆作用。

第4章　基于含添加剂细水雾的瓦斯抑爆实验与机理研究

细水雾具有高热容、易蒸发等特性,其主要通过汽化稀释、冷却降温等效应降低化学反应速率,达到抑制爆炸的效果,成为清洁、高效的可燃气体抑爆剂研究热点之一。为了进一步提高细水雾的抑爆效率,开展含添加剂细水雾作用下瓦斯爆炸传播规律与机理研究,并针对性地研制全方位保障抽放系统安全运行的成套装备与技术,对煤矿瓦斯抽采和瓦斯输送安全具有重要的科学意义和应用价值。

4.1　细水雾喷嘴设计、雾场参数优化与添加剂优选

细水雾的雾场参数在很大程度上决定了其吸收热量并汽化的能力,同时,其对火焰流场结构的影响也很大。因此,为了拓展含添加剂细水雾在抽放管道抑爆方面的应用,本章设计一种直通式旋流中低压雾化喷嘴,之后对喷嘴的雾场参数进行优化,并研究添加剂对细水雾雾场参数的影响,最终得到优选的雾场参数、添加剂种类与浓度,为含添加剂细水雾抑制瓦斯爆炸研究提供技术支持。

4.1.1　细水雾喷嘴设计

1. 细水雾喷嘴初步设计

现有的细水雾产生方法及细水雾发生装置的结构品种繁多,有压力喷嘴、气动喷嘴、静电雾化喷嘴、振动喷嘴等,但综合考虑其可行性、经济性、适用性,本章采用压力式旋流雾化喷嘴。该压力式旋流雾化喷嘴由涡流器和直流通道组成,其特点是体积小、重量轻、结构简单。喷嘴设计参数有螺旋通道半径(R)、螺旋通道的形状(三角形、矩形、菱形)、螺旋线数和升角。本章所设计的直通式旋流中低压液体雾化喷嘴包括喷嘴主体和螺杆(图4-1)。液体经圆形进液通道通过喷嘴入口分流进入螺杆上的螺旋槽中,沿切线方向流入旋流室进行旋转,其旋转流在喷嘴的锥形通道内高速旋转,然后经喷孔喷出旋转雾化,形成雾炬。所设计的直通式旋流中低压雾化喷嘴,喷嘴主体的外侧设有外接螺纹,通过喷嘴主体的外接螺纹,喷嘴与喷嘴座连接,组成单个喷嘴。在实际应用中,只需根据所需保护的面积设置合理的细水雾喷嘴数量即可。

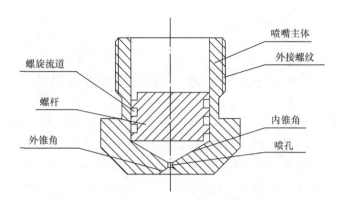

图 4-1　直通式旋流中低压液体雾化喷嘴示意图

2. 喷嘴结构参数优化

本章通过采用 Fluent 模拟细水雾喷嘴设计参数(螺杆长度 L、螺旋升角 α、喷嘴出口切向速度 V、喷嘴出口轴向速度 U、喷嘴通径 D、旋流室内锥角 β)对流体在喷嘴内部流场的影响进行模拟,获得合理的喷嘴结构设计参数。

1) 螺杆结构尺寸对雾化特性的影响

液体在喷嘴内部的运动受到螺杆结构尺寸的直接影响,因此要对螺杆结构尺寸参数进行优化,包括螺杆长度、螺旋槽头数、螺旋升角、螺旋槽形状。

从图 4-2～图 4-5 喷嘴出口速度的分布可以看出,随着螺杆长度的增加,喷嘴出口轴向速度分布先变大再变小,速度最大值相差不大,但 L 为 9mm 时明显优于6mm 和 12mm 时。

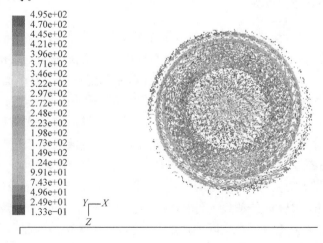

图 4-2　$L=9$mm 时速度矢量图

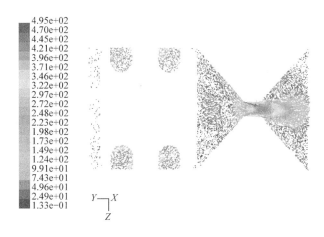

图 4-3　$L=9\mathrm{mm}$ 时喷嘴中心单元速度图

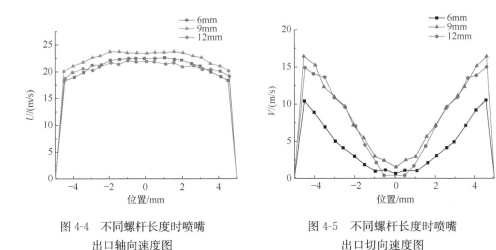

图 4-4　不同螺杆长度时喷嘴
出口轴向速度图

图 4-5　不同螺杆长度时喷嘴
出口切向速度图

从图 4-6～图 4-9 可以看出，2 头和 1 头喷嘴出口速度在靠近边缘部分比 3 头喷嘴稍大，但 2 头整体轴向速度和平坦度稍好于 3 头；几种喷嘴出口单元流体的切向速度相近，但 2 头喷嘴的中间和边缘部分切向速度明显大于其他头数的喷嘴。综合考虑，螺旋槽头数为 2 时喷嘴的雾化效果较好。

从图 4-10～图 4-12 可以看出，螺旋升角对出口速度分布影响较大，当螺旋升角为 8°时出口轴向速度较大且分布比较平坦，中心单元与边缘处的速度基本相同；当螺旋升角为 5°和 11°时，出口轴向速度分布表现为明显的马鞍形分布；当螺旋升角为 8°时喷嘴旋流速度最大，说明喷嘴出口产生的旋流度也大。综合考虑，螺旋升角为 8°左右时喷嘴的雾化效果较好。如图 4-12 所示，螺旋升角为 8°时喷嘴压力损失较小，说明水雾可以喷得更远，范围更广，效果更好。

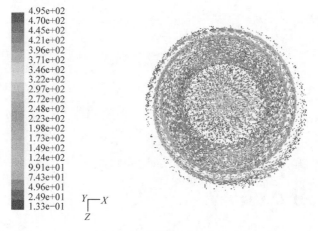

图 4-6　2 头喷嘴速度矢量图

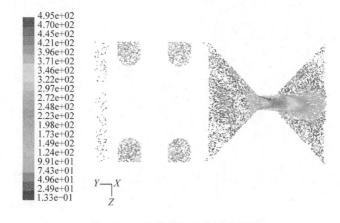

图 4-7　2 头喷嘴中心单元速度图

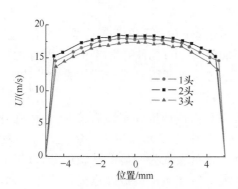

图 4-8　不同螺旋槽头数时喷嘴出口
　　　　轴向速度图

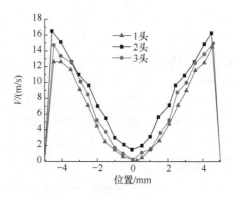

图 4-9　不同螺旋槽头数时喷嘴出口
　　　　切向速度图

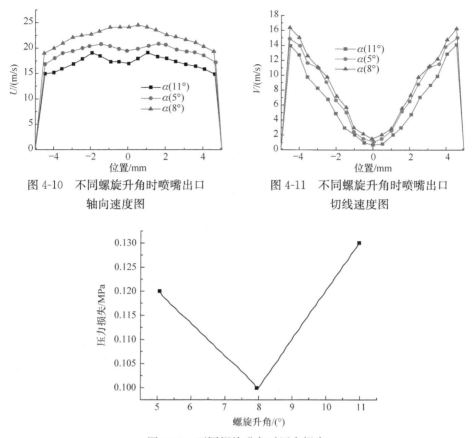

图 4-10　不同螺旋升角时喷嘴出口
轴向速度图

图 4-11　不同螺旋升角时喷嘴出口
切线速度图

图 4-12　不同螺旋升角时压力损失

　　从图 4-13～图 4-15 可以看出,螺旋槽形状为圆弧形的出口速度相对较大,螺旋槽形状为三角形和矩形的出口速度大体相当,矩形的速度略大于三角形的速度;圆弧形喷嘴的旋流速度远远大于其他形状;圆弧形的压力损失最小,能量损失也最小。综合考虑,螺旋槽形状为圆弧形时喷嘴雾化效果较好。

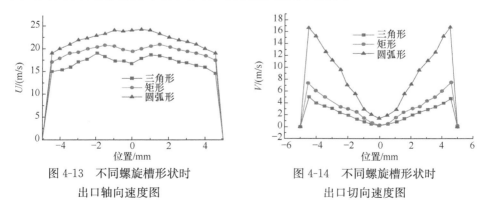

图 4-13　不同螺旋槽形状时
出口轴向速度图

图 4-14　不同螺旋槽形状时
出口切向速度图

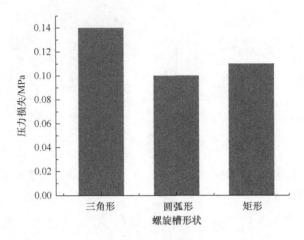

图 4-15　不同螺旋槽形状时压力损失

　　综上,用于常温水雾化的单流体中低压直通旋流雾化喷嘴,最佳的螺杆长度为 9mm 左右;最佳的螺旋升角为 8°左右;最佳的螺旋槽头数为 2;最合理的螺旋槽形状为圆弧形。

　　2）喷嘴通径对流动特性的影响

　　从图 4-16～图 4-19 可以看出,随着喷嘴通径的增大,喷嘴出口的轴向速度明显降低,它们的切向速度相差不大。综合考虑,10mm 通径的喷嘴雾化效果较好。

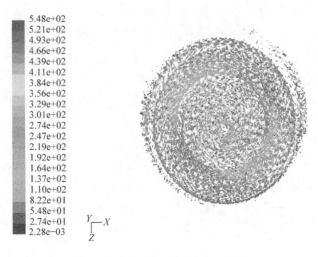

图 4-16　$D=10$mm 时速度矢量图

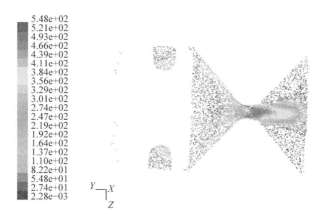

图 4-17　$D=10$mm 时喷嘴中心单元速度图

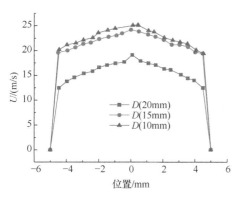

图 4-18　不同通径时喷嘴出口
轴向速度图

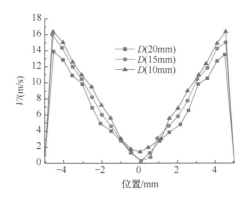

图 4-19　不同通径时喷嘴出口
切向速度图

3）旋流室内锥角对喷嘴流动特性的影响

从图 4-20～图 4-23 可以看出，旋流室内锥角为 90°时出口速度相对较大，旋流室内锥角为 100°和 120°时的出口速度分别大体相当；较大的旋流室内锥角有更好的整流效果，但是外部雾化效果较差，因此旋流室内锥角不应过大，模拟结果表明较好的旋流室内锥角为 90°。

4）喷嘴雾化角对流体特性的影响

从图 4-24～图 4-29 可以看出，喷嘴雾化角随螺杆长度和螺旋升角的增大先增大后减少，随螺旋槽头数的增加也呈先增大后减小的趋势，随旋流室内锥角的增大呈直线下降的趋势；同时，螺旋槽形状对雾化角有重大影响，其中三角形的雾化角最小，圆弧形的雾化角最大；而雾化压力的变化对雾化角影响较小。

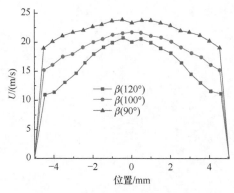

图 4-20　不同内锥角时喷嘴出口轴向速度

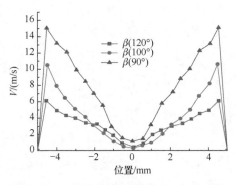

图 4-21　不同内锥角时喷嘴出口切向速度

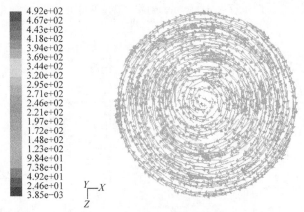

图 4-22　旋流室截面速度矢量图

（$\beta=90°$）

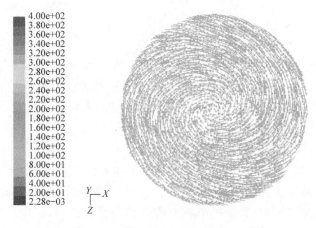

图 4-23　旋流室截面速度矢量图

（$\beta=120°$）

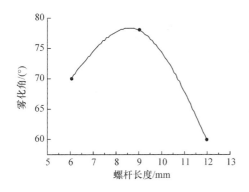

图 4-24　螺杆长度对雾化角的影响

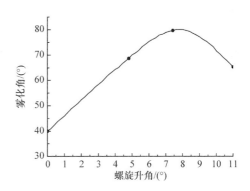

图 4-25　螺旋升角对雾化角的影响

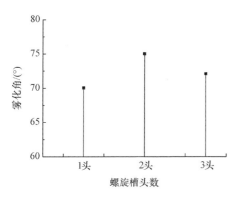

图 4-26　螺旋槽头数对雾化角的影响

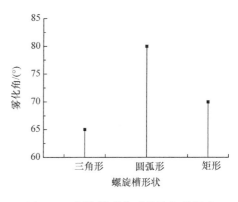

图 4-27　螺旋槽形状对雾化角的影响

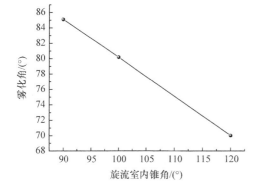

图 4-28　旋流室内锥角对雾化角的影响

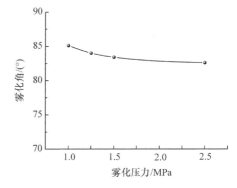

图 4-29　雾化压力对雾化角的影响

5）喷嘴的阻力特性及影响因素分析

图 4-30 为流体经过喷嘴的不同部位时所产生的压力损失。其中 1-2 段为喷

嘴入口段,2-3 段为喷嘴螺旋槽,3-4 段为喷嘴旋流室,4-5 为喷嘴孔。由图可见,喷嘴所产生的阻力主要来自于螺旋槽和旋流室。切向槽的数量和结构直接影响喷嘴的性能,从图中可以看到,同是槽数为 2 头的喷嘴,螺旋升角为 8°的喷嘴的压力损失小于螺旋升角为 5°和 11°的喷嘴。

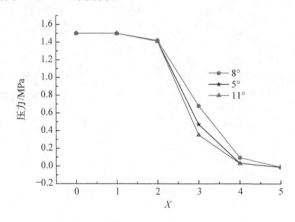

图 4-30　喷嘴不同区段的压力损失

3. 优选喷嘴结构尺寸的取值范围

综上,经过对中低压单流体直通式旋流雾化喷嘴的内部流场模拟研究,得到的喷嘴内部结构的优化结果如表 4-1 所示。

表 4-1　直通式旋流雾化喷嘴结构尺寸的取值范围

参数	喷嘴通径/mm	喷孔直径/mm	旋流通道面积/mm²	进口压力/Pa
取值范围	10~20	1~1.8	1~2	0.8~1.8

4.1.2　细水雾雾场表征参数

与抑制火焰相关的细水雾雾场特性参数主要有雾化锥角、雾动量、雾通量、雾滴粒径分布等。

1. 雾化锥角

以喷口为原点的雾化流扩张角称为雾化锥角。雾化锥角影响了细水雾离开喷嘴的速度和方向,决定了雾滴的空间分布范围,另外,它还决定了细水雾的初始速度和动量。

2. 雾动量

细水雾的雾动量大小决定了其运动距离以及对火焰的穿透能力。对于质量流量和滴径大小相当的细水雾,速度高则具有相对较大的动量。有较大动量的细水雾在碰到障碍物表面后往往反射弹回继续以紊流方式穿越空间,能延长细水雾的生存时间。

细水雾雾动量的大小取决于喷嘴雾化锥角与细水雾的产生方式,雾化锥角较大的喷嘴产生的雾动量反而较小。欲增大雾动量需要提高压力和减小雾化锥角。提高压力就要增加成本,减小雾化锥角就是减小单个喷头的保护面积,这两个措施都意味着要提高安装成本。

3. 雾通量

细水雾的雾通量又称体积通量,是指单位时间内单位面积上通过的细水雾液滴的总体积,该参数决定了细水雾能够吸收的热量以及汽化的多少,对细水雾与火焰的相互作用过程有着重要的影响。

4. 雾滴粒径分布

雾滴粒径分布通常用包含两个参数的函数来表示,一个是平均粒径,另一个是粒径分布范围。雾化形成的小液滴虽然粒径大小不一,但其分布却有一定的规律性,可以用平均粒径或累积体积分数来表征。平均粒径有多种表示方式,如直径平均、面积平均、体积平均、体积面积平均(索特平均)等,其通用的公式为

$$D_{pq} = \Big[\sum n_k D_k^m / \sum n_k D_k^n \Big]^{\frac{1}{m-n}} \tag{4-1}$$

其中,n_k 表示对应于粒径 D_k 的粒子数。当 $p=1,2,3$ 而 $q=0$ 时,平均粒径 D_{10}、D_{20}、D_{30} 分别代表直径平均、面积平均和体积平均;而当 $p=3,q=2$ 时,D_{32} 代表索特平均粒径(SMD)。

不同的粒径表示方法有不同的用途,在研究细水雾与火焰相互作用的理论模型中,经常使用的是其体积平均粒径(VMD)。累积体积分数是小于某个直径的所有液滴的体积占全部液滴体积的百分数,如 $D_{v0.5}$ 表示水雾累积体积分数为 50% 时的液滴平均粒径,正好对应体积平均粒径,它比单一的平均粒径能更好地表示细水雾的粒子特性;索特平均粒径(SMD)常用于质传递和反应分析。通常按照喷雾中雾滴粒径的大小,将细水雾分为 3 级,如表 4-2 所示。

表 4-2　水雾粒径的分级标准

分级	标准
Ⅰ级水雾	$D_{v0.1} = 100\mu m$(水雾累积体积分数为 10% 时,最大雾滴粒径 $\leqslant 100\mu m$)
	$D_{v0.9} = 200\mu m$(水雾累积体积分数为 90% 时,最大雾滴粒径 $\leqslant 200\mu m$)

分级	标准
Ⅱ级水雾	$D_{v0.1}=200\mu m$(水雾累积体积分数为10%时,最大雾滴粒径≤$200\mu m$)
	$D_{v0.9}=400\mu m$(水雾累积体积分数为90%时,最大雾滴粒径≤$400\mu m$)
Ⅲ级水雾	$D_{v0.1}=400\mu m$(水雾累积体积分数为10%时,最大雾滴粒径≥$400\mu m$)
	$D_{v0.9}=1000\mu m$(水雾累积体积分数为90%时,最大雾滴粒径≥$1000\mu m$)

常用的粒径分布函数为对数正态(log-normal)分布和 Rosin-Rammler(或Weibull)分布的混合:

$$F(D)=\begin{cases} \dfrac{1}{\sqrt{2\pi}}\displaystyle\int_0^D \dfrac{1}{\sigma D}\exp\left[-\dfrac{[\ln(D/d_m)^2]}{2\sigma^2}\right]\mathrm{d}D, & 0<d\leqslant d_m \\ 1-\exp[-0.693(D/d_m)^\gamma], & d_m<D \end{cases} \tag{4-2}$$

其中,D 为体积平均粒径;d_m 为特征粒径;σ、γ 为经验常数,分别为 0.6 和 2.4。

一般来说,雾滴粒径越小,比表面积越大,汽化的速率越快,对火焰的吸热降温作用越显著,控火效能越高。因此,雾滴粒径及其分布规律是影响细水雾灭火控爆效能的一个重要因素。

4.1.3　细水雾雾场参数优化

为了优选出最佳喷嘴,进行组合喷嘴的开发,本书对先期设计的 408 种细水雾喷嘴的雾场参数进行测量,并对筛选出的 34 种喷嘴进行初步的灭火有效性模拟实验,以便测试含添加剂细水雾的控火效率,为优化含添加剂细水雾喷嘴设计参数提供基础数据。

1. 雾场测量

本书中雾滴直径及分布、速度和雾化角测量采用 LS2000 激光粒度仪,其粒径测量范围为 $0.5\sim1000\mu m$,速度测量范围为 $0\sim40\mathrm{m/s}$。雾化特性测量平台如图 4-31 所示,主要由供水系统、喷雾系统、测试系统组成。供水压力由离心泵提供,其压力可在 $0\sim2.0\mathrm{MPa}$ 范围内调节,测试系统包括压力测量、LS2000激光粒度仪,以及记录与处理数据的采集卡和软件,压力测量采用精密压力传感器。测点分布如图 4-32 所示。

图 4-33 为测试的典型细水雾喷嘴的雾滴粒径分布,上半部分为区间体积分数直方图,下半部分为累积体积分数直方图。由图可见雾滴粒径范围主要集中在 $50\sim300\mu m$。

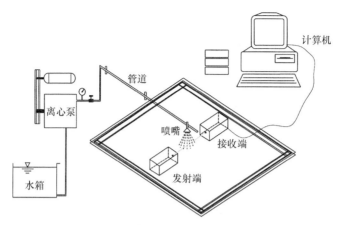

图 4-31　雾化特性测量系统示意图

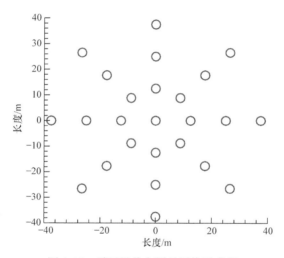

图 4-32　雾通量分布测量网络示意图

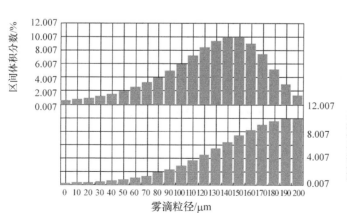

图 4-33　细水雾喷嘴的雾滴粒径分布测试图

2. 喷嘴设计参数对雾化特性的影响

图 4-34 和图 4-35 给出了四种不同设计参数喷嘴的雾化特性。喷嘴 A、B、C、D 的索特平均粒径 D_{32} 分别为 $57\mu m$、$109\mu m$、$156\mu m$、$210\mu m$，$D_{v0.99}$ 分别为 $98\mu m$、$225\mu m$、$337\mu m$、$425\mu m$，远远小于美国国家标准协会定义的 $1000\mu m$，属于细水雾灭火喷嘴。雾化角为 $17°\sim84°$，雾滴速度为 $1.5\sim9.9\mathrm{m/s}$。

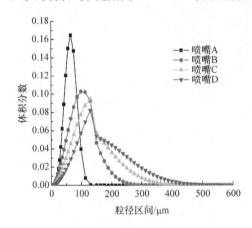
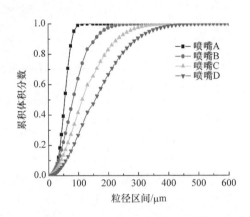

图 4-34　四种喷嘴粒径体积分数比较
（压力为 1.5MPa）

图 4-35　四种喷嘴粒径累积体积分数比较
（压力为 1.5MPa）

抑制气体火灾主要靠气相冷却与窒息作用，雾滴必须能够快速蒸发，且在火焰中有足够的停留时间，因此雾滴在克服羽流升力的情况下越小越好，雾滴的粒径分布也不宜太宽，相较之下，喷嘴 A 的粒径分布符合要求。

3. 系统压力对雾化特性的影响

图 4-36 是索特平均粒径 D_{32} 和雾滴速度随系统压力变化曲线图。实验中进行了三个压力下的雾化特性测量，从图中可以看出，压力越大，D_{32} 越小。但对于目前设计的喷嘴，当压力在 $0.9\sim1.5\mathrm{MPa}$ 范围内变化时，D_{32} 变化不大。压力从 $0.9\mathrm{MPa}$ 增加到 $1.5\mathrm{MPa}$，粒径仅变化 $10\mu m$。雾滴平均速度随着压力的增大而增大，变化范围为 $4.11\sim5.64\mathrm{m/s}$。由图 4-36 可见，雾滴平均速度与系统压力近似呈线性增大关系。

图 4-37 给出了压力对粒径体积分数的影响。从图中可以看出，在 $0.9\mathrm{MPa}$、$1.2\mathrm{MPa}$ 和 $1.5\mathrm{MPa}$ 三个压力下，粒径处于 $100\sim150\mu m$ 的粒子数目最多，体积分数约为 0.11。压力越大，其小粒径的雾滴越多，表现在体积分布曲线向粒径小的区间（图 4-37 横轴的负方向）移动。这与压力越大，D_{32} 越小的测量结论是一致的。

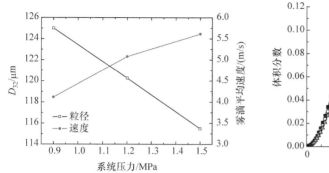

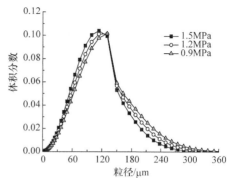

图 4-36　D_{32} 和速度随系统压力变化趋势　　　图 4-37　粒径体积分数随系统压力变化趋势

4. 雾通量对灭火效果的影响

图 4-38 和图 4-39 给出了两种喷嘴的雾通量分布图,颜色深浅表示雾通量的变化趋势,离散的数值(单位 $lm^{-2}min^{-1}$)表示雾通量大小。两者被测横截面的雾通量分布范围分别为 $0.35\sim3.38lm^{-2}min^{-1}$、$0.71\sim7.93lm^{-2}min^{-1}$。灭火实验表明,后者灭火时间为 8.55s,前者却不能灭火。从图 4-39 可以看出,整个圆形截面上很大部分区域的雾通量都大于 $1.00lm^{-2}min^{-1}$。因此,在设计细水雾喷嘴时,应尽量优化设计参数,使得作用区域上的雾通量不但足够大,而且要比较均匀。

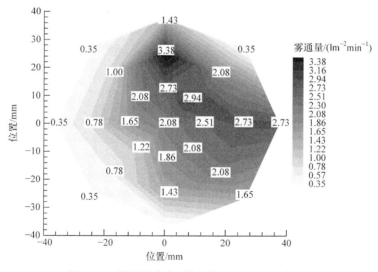

图 4-38　雾通量分布(雾流量 $Q=1350mL/min$)

5. 灭火有效性实验测试

为了测试设计细水雾喷嘴的控火效率,首先进行了细水雾灭火实验,系统如

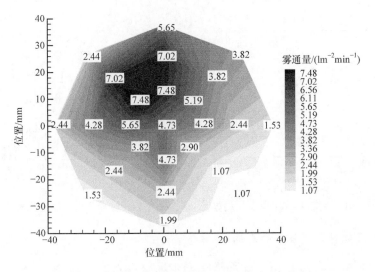

图 4-39　雾通量分布(雾流量 $Q=3600\text{mL/min}$)

图 4-40 所示,旨在优选出合适的细水雾喷嘴。在系统实验过程中,燃料盘放在受限空间地板的中心,在燃料盘中心线上方每隔 15cm 布置一个热电偶,共布置 5 对热电偶。温度数据通过数据采集卡自动处理。喷头工作压力为 1.6MPa,可通过工业水泵进行调节,喷头距离地板中心 2.9m。实验开始时,使用闪点低的酒精使煤油着火。预燃 30s,煤油火灾达到稳定燃烧阶段后,开始施加细水雾。直到所有热电偶温度都降到 50℃以下关闭供水电磁阀,并打开排烟通道,恢复初始实验条件。改变喷嘴型号,重复上述实验步骤,最后对采集到的实验数据进行处理。实验过程中记录灭火时间,灭火时间定义为细水雾施加时刻到可见火焰熄灭这段时间间隔。

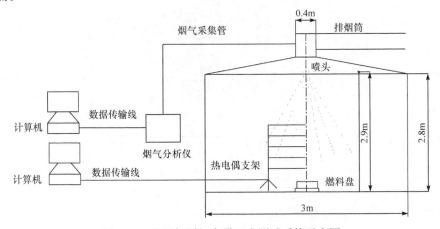

图 4-40　含添加剂细水雾灭火测试系统示意图

表 4-3 给出了部分喷嘴的灭火时间,除少数喷头不能灭火外,目前研发的喷嘴都能在 30s 内熄灭煤油池火。最终,通过模拟结果和灭火实验结果的比较,得到优化设计喷嘴的结构参数为:螺杆长度为 9mm,螺旋升角为 8°,螺旋槽头数为 2,螺旋槽形状为圆弧形,喷孔孔径为 1.2mm,喷嘴内锥角为 90°,喷嘴外锥角为 100°,喷嘴通径为 10mm;优化的雾场参数为雾滴索特平均粒径 D_{32} 为 100μm,喷嘴压力为 1.6MPa。

表 4-3　部分喷嘴的雾化特性与灭火时间

喷嘴序号	D_{32}/μm	雾滴速度/(m/s)	雾化角/(°)	雾流量/(mL/min)	灭火时间/s
1	61.87	7.58	31	3600	8.55
2	178.47	5.82	38	1350	12.77
3	160.37	4.66	33	1000	23.52
4	139	4.75	40	1480	27.67
5	112.66	8.79	38	4200	3.58
6	182.41	4.97	36	1480	16.84
7	171.6	6.61	22	1540	16.03
8	175.7	7.77	32	3150	8.61
9	80.67	8.56	49	3440	3.87

细水雾主要通过汽化稀释、冷却降温等效应降低化学反应速率,达到爆炸抑制的作用。水雾对爆炸的抑制作用来自燃烧区内增加的热量传递和质量传递,因此,较小的雾滴粒径极易由于爆炸冲击波的作用而分解,有利于热量和质量传递。也有文献表明,粒径大于 200μm 的雾滴也极易由于爆炸冲击波的作用而分解,起到破坏火焰传播稳定性的作用,表现出较好的抑爆效果。另外,今后应用于抑制可燃气体爆炸工程实践中时,可通过组合喷嘴的设计,克服不足,抑爆效果也会进一步提高。

4.1.4　添加剂对细水雾雾场参数影响

普通细水雾主要通过吸热冷却、稀释氧浓度和减少热辐射这三个物理作用进行灭火;由于外界环境的影响,细水雾往往不能充分发挥灭火性能,如瓦斯管道制约了细水雾作用的有效半径,纯粹地增加喷头数量不但浪费资源,还带来后续排水和维护管理等问题。因此,如何提高细水雾的灭火控爆效能是今后细水雾研究的重点。

1. 细水雾添加剂简介

1) 物理添加剂

物理添加剂在改变细水雾的物理特性方面可以增加水的汽化潜热、黏度、润湿力和附着力,改善细水雾的分散性或流动性,提高细水雾的有效隔氧降温能力,延长细水雾在燃烧区域的停留时间,减小水的流动阻力,加大细水雾的冷却及保护面积等。常见的物理添加剂有乳化剂、抗冻剂、增黏剂、减阻剂、氟碳表面活性剂等。

2) 化学添加剂

化学添加剂包括常用的有无机盐类添加剂,如 $LiCl$、$NaCl$、$CaCl_2$、$Ca(NO_3)_2$、$FeCl_3$、$FeCl_2$ 等。无机盐灭火添加剂多属强电解质,解离出的离子可以俘获燃烧物燃烧产生的活性自由基,中断燃烧反应链,从而提高细水雾的灭火效能。

2. 选择细水雾添加剂的要求

对于瓦斯抑爆的水系抑制剂,在选择抑爆剂时除了要考虑一般原则外,还应符合以下两点要求:

(1) 抑爆剂能够完全溶解于水中,具有较好的亲水性;

(2) 形成的抑爆剂水溶液为中性或弱酸、碱性,不会对人体有危害,也不会腐蚀管道。

3. 不同添加剂种类对细水雾雾场参数影响分析

Lewis-Nukiyama-Tanasawa(LNT)关联公式:

$$D_{vs} = A \left(\frac{\sigma}{p} \right)^{0.5} + B \left[\frac{\mu}{\sqrt{\sigma \rho}} \right]^{0.45} \left[\frac{Q}{K_N d_0 \sqrt{p/\rho}} \right]^{1.5} \qquad (4\text{-}3)$$

其中,σ 为液体表面张力,N/m;p 为操作压力,Pa;μ 为液体黏度,$Pa \cdot s$;ρ 为液体密度,kg/m^3;d_0 为喷嘴孔直径,m;Q 为液体流量,m^3/s;A、B、K_N 为经验常数。由式(4-3)可以看出,细水雾雾滴粒径与液体表面张力、液体黏度、液体密度、操作压力、喷嘴孔直径、液体流量等因素有关,其中液体表面张力、液体黏度和液体密度为与液体本性有关的物理量,这些量的大小可通过外加化学添加剂改变。因此,为了优选控爆、控燃效能好的细水雾添加剂,还需研究含不同添加剂细水雾作用下细水雾粒径分布的变化情况。

1) 无机盐对细水雾粒径分布的影响

无机盐Ⅰ对细水雾粒径分布的影响如图 4-41 所示。从图中可以看出,含无机盐Ⅰ细水雾的粒径分布曲线几乎与纯水重合,表明无机盐Ⅰ灭火添加剂对细水雾粒径分布影响不大,仅使细水雾的粒径略有增大。表面化学理论认为无机盐属于一种表面惰性物质,把其溶于水中后,可使溶液的表面张力(比表面自由能)略有增大。因此,为了使细水雾系统的表面能降低,含有该无机盐灭火添加剂的细水雾向其粒径增大的方向变化。从 LNT 关联公式的计算可以看出,含无机盐Ⅰ的细水雾和纯水相比,其粒径 D_{vs} 的增大十分有限。但是,从已有的实验结果可知,含无机盐Ⅰ的细水雾灭火效能提高的程度要远远大于其粒径增大的程度,由此可见,无机盐 I 不仅仅是通过改变细水雾的粒径分布来提高细水雾的灭火效能。

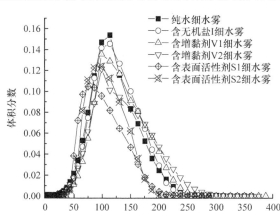

图 4-41　纯水细水雾和含无机盐 I 细水雾粒径分布

2）增黏剂对细水雾粒径分布的影响

根据 LNT 关联公式，黏度越大的液体，雾滴平均粒径越大，其动量越大，对火焰的扰动作用及其穿过火羽流的能力也越大，灭火效能就越高。因此，为了提高细水雾在火场中穿过火羽流的能力，常在水中加入增黏剂，以改善细水雾的粒径分布规律。增黏剂 V1 和增黏剂 V2 对细水雾粒径分布的影响如图 4-41 所示。

从图 4-41 可以看出，增黏剂 V1 和增黏剂 V2 可改变细水雾的粒径分布，使雾滴向着粒径增大的方向变化。含增黏剂 V1 和增黏剂 V2 的细水雾的粒径分布变化规律与纯水细水雾基本相同。含增黏剂 V1 和增黏剂 V2 的细水雾中粒径为 $75\sim125\mu m$ 的雾滴数减少，而粒径为 $225\sim350\mu m$ 的雾滴数增加。由此可见，增黏剂能够改变细水雾的粒径分布，使粒径（质量）增大，雾动量增大，细水雾穿过火羽流的粒子数目增多，增强冷却降温效果，从而降低火势蔓延的速率。

3）表面活性剂与压力对细水雾粒径分布的影响

从 LNT 关联公式可以看出，液体表面张力是影响雾滴粒径 D_{vs} 的一个主要因素，液体表面张力越小，雾滴粒径越小。在实际应用中，常在水中加入表面活性物质来改变水的表面张力，以改变细水雾雾滴粒径及其粒径分布。纯水和含表面活性剂 S1、表面活性剂 S2 的细水雾在压力为 1.6MPa 下的粒径分布规律如图 4-41 所示，索特平均粒径 D_{32} 与压力的关系如图 4-42 所示。

从图 4-41 和图 4-42 可以看出，含表面活性剂 S1 或表面活性剂 S2 的细水雾与纯水细水雾相比，粒径为 $25\sim80\mu m$ 的雾滴体积分数增加，而粒径为 $150\sim375\mu m$ 的雾滴体积分数减少，表明表面活性剂 S1 和表面活性剂 S2 均使细水雾的粒径分布区间向着粒径减小的方向变化。这与表面活性剂使溶液的表面张力（比表面自由能)降低有关,表面活性剂能使小粒径雾滴的稳定性增加,而不发生团聚;表面活性剂 S2 对粒度分布区间的影响比表面活性剂 S1 更显著,且使细水雾的粒径分布范围变得更窄。从图 4-42 还可以看出,压力对雾滴粒径产生较大影响,压力越大,D_{32} 越小,与从 LNT 关联公式得到的结论一致。

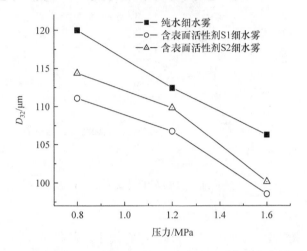

图 4-42　压力对纯水细水雾和含表面活性剂细水雾索特平均粒径的影响

但是,细水雾雾滴粒径并不是越小越好,粒径太小,雾滴易于受到火焰及环境的扰动影响。由于细水雾抑制火焰过程中存在着不同机制,要使这些机制均能发挥作用,必须把细水雾雾滴粒径控制在一个适当的范围。

3. 添加剂的确定

在选用化学添加剂的过程中需要考虑两个因素:一是化学添加剂一般具有化学腐蚀性,可能对细水雾灭火系统管路或者火场中的精密设施造成腐蚀,所以在应用化学添加剂前要充分考虑其腐蚀性并且可以加入缓蚀剂;二是化学添加剂可能产生刺激性气体,在人员较多的地方要避免加入此类添加剂。可以通过实验的途径来确定化学添加剂的浓度。

根据前面的分析,含添加剂的细水雾之所以能快速抑爆,除了物理吸热、稀释作用外,更为显著的是燃烧反应链终止作用。因此,通过权衡并参考前人对抑爆效率的研究,主要选择了 $NaHCO_3$、$FeCl_2$ 和 $MgCl_2$ 三种化合物作为添加剂分别形成相应的抑爆剂。

由于碱金属蒸气压很低,当质量分数达到 5.5% 后就基本饱和,再加上水分子对金属粒子的吸附作用,碱金属作为细水雾添加剂效果有限。因此,以 NaCl 和 $FeCl_2$ 为例,一般化学添加剂都存在一个最佳浓度,如图 4-43 和图 4-44 所示,NaCl 和 $FeCl_2$ 添加剂的最佳质量分数分别是 5% 和 0.75%,并且添加剂最佳浓度和系统压力基本没有关系。

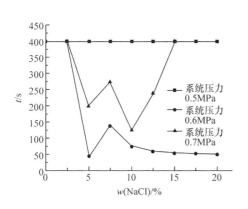 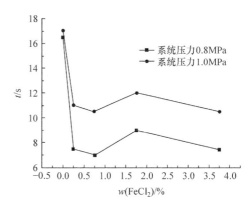

图 4-43 NaCl 添加剂的细水雾灭火时间比较　图 4-44 FeCl$_2$ 添加剂的细水雾灭火时间比较

按照三种添加剂室温下的溶解度，FeCl$_2$＞MgCl$_2$＞NaHCO$_3$，抑爆剂溶液预先配制，三种配比工况具体见表 4-4。

表 4-4 实验工况

编号	添加剂	系统压力/MPa	添加剂质量分数/%
工况 1	纯水	1.6	—
工况 2	NaHCO$_3$	1.6	3.5、5、7.5
工况 3	FeCl$_2$	1.6	0.2、0.4、0.8
工况 4	MgCl$_2$	1.6	1、2.5、5

4. 含添加剂细水雾溶液的配制

实验用的 FeCl$_2$、MgCl$_2$ 和 NaHCO$_3$ 试剂均为分析纯含量≥99.8%。用来配制抑爆剂水溶液纯水的水温经测定约为 20℃，FeCl$_2$、MgCl$_2$ 和 NaHCO$_3$ 三种物质在 20℃水中的溶解度见表 4-5。

表 4-5 20℃时试剂的溶解度表

化合物	FeCl$_2$	MgCl$_2$	NaHCO$_3$
溶解度/(g/100mL)	62.5	54.6	9.6

把灭火添加剂首先溶解于适量水中，在溶解难溶添加剂时可适当加热，等全部成分溶解后，静止 10min，过滤除去不溶性杂质，即得到添加剂母液。实验时，先把添加剂母液按照添加剂使用量与水进行混合，得到所需的含灭火添加剂有效浓度的细水雾用水。具体制备工艺流程如图 4-45 所示。

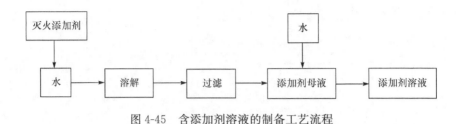

图 4-45　含添加剂溶液的制备工艺流程

4.2　细水雾瓦斯抑爆实验

　　本书建立的细水雾抑制瓦斯爆炸实验系统如图 4-46 所示,该系统主要包括三个组成部分:抑制瓦斯爆炸实验平台、细水雾发生系统和数据采集系统。本研究通过对比分析有无细水雾作用下对瓦斯在管道内发生爆炸的抑制情况,包括压力衰减、火焰传播速度和火焰结构特征的变化等,研究细水雾抑制瓦斯爆炸的规律。

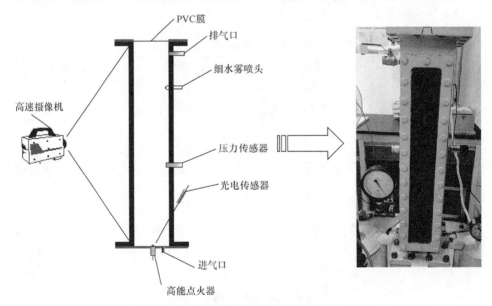

图 4-46　细水雾抑制瓦斯爆炸实验系统装置原理图

4.2.1　实验系统的组成及功能

　　实验系统主要由实验腔体、配气系统、细水雾系统、高频脉冲点火系统、高速摄像系统、信号采集与控制系统等 6 部分构成。

　　实验腔体为 120mm×120mm×840mm 的有机玻璃管,有效容积为 12.096L。

出口端用一钢板封闭,通过法兰螺钉固定。为了保证实验的安全性,钢板正中设置了一个直径为 40mm 的泄爆孔,由 20mm 厚的 PVC 薄膜密封,爆炸时破裂达到泄压的作用。

点火电极设置在右端封闭钢板的中部,点火电极端部间距 5mm。点火系统为高频脉冲点火,由点火控制器和高热能点火器组成,输出电压为 6kV,点火能量为 2.5J。信号采集与控制系统由红外电传感器、高频压力传感器和数据采集卡组成。采用的 MD-HF 型高频压力传感器,量程为 $-1 \sim 1$ bar,响应时间为 0.2ms,综合精度为 0.25%,安于管道顶部中心线距右端 11cm 处。红外光电传感器型号为 RL-1 型,安装于爆炸管道外部,光电探头正对点火电极,用于捕捉爆炸起始时间。采用的 USB-1608FS Plus 型数据采集卡,最大采样率为 400kS/s,通过 LabVIEW 软件采集红外光数据和压力数据。火焰传播过程采用的 High Speed Star 4G 型高速摄像机以 2000 帧/s 的速度进行拍摄,像素为 1024×1024,用于捕捉爆炸火焰的形状与火焰前锋的位置。细水雾雾滴索特平均粒径 D_{32} 为 $20 \sim 40 \mu m$,喷嘴压力为 0.4MPa,喷雾时间分别为 1s、2s、3s,细水雾质量浓度分别为 $51.26 g/m^3$、$153.77 g/m^3$ 和 $256.28 g/m^3$。

所有实验均采用预喷模式,即通入甲烷体积分数为 9.5% 的甲烷-空气预混气体后,同时关闭进气阀和排气阀,打开电磁阀控制开关开始喷雾,到设定的喷雾时间后电磁阀关闭,喷雾结束。以上过程完成后启动高能点火器开关,同时高速摄像机开始记录爆炸火焰图像,数据采集系统记录超压数据。

4.2.2 细水雾对管道瓦斯爆炸超压的影响

由图 4-47 可看出爆炸超压呈现先增大后减小和双峰特征,这是由于甲烷体积分数为 9.5% 的甲烷-空气预混气体被点燃后,快速放出大量热量使管道内温度迅速升高,爆炸管道内短时间积聚了大量的热量,这些热量使管道内的气体快速膨胀,在受限空间内快速膨胀的气体导致管道内压力上升,产生的冲击波向前传播冲破出口端的 PVC 薄膜后形成第一超压峰值。部分气体从小圆孔排出使超压下降,然而由于管道内反应仍在进行,超压继续升高直至达到平衡形成最大超压,而随着气体从小圆孔不断地排出,超压逐渐降低。随着喷雾时间的增加,即细水雾质量浓度的增加,超压峰值明显降低,且峰值来临时间有明显延迟。

细水雾的加入使甲烷爆炸超压降低是由于细水雾的粒径较小,具有更大的比表面积,遇热可以迅速蒸发。同时水雾液滴具有较高热容,一方面使得在火焰锋面前的细水雾发挥的主要抑制作用是以潜热吸热方式吸收大量热量,从而降低了管道内温度;另一方面细水雾蒸发形成的水蒸气以显热吸热方式继续吸收火焰波对气体的热辐射。最终,气体吸收的热量减少,膨胀程度减小,导致爆炸超压峰值降低。

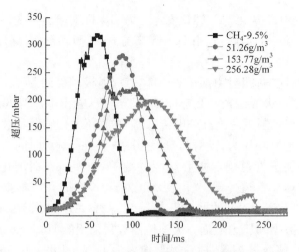

图 4-47　不同细水雾下爆炸超压抑制对比

升压速率也是一个评价爆炸危险的指标,甲烷爆炸反应放热使管内温度升高,管内气体受热膨胀导致压力上升。甲烷爆炸反应热释放速率越快,管内气体受热膨胀越快,导致超压上升速率加快。

爆炸最大压力 P_{max} 减去初始压力 P_0 除以达到最大压力的时间,即为平均升压速率:

$$V = \frac{P_{max} - P_0}{t} = \frac{\Delta P}{t} \tag{4-4}$$

如图 4-48 所示,甲烷体积分数为 9.5% 的甲烷-空气预混气体爆炸的平均升压速率为 5.75×10^5 Pa/s,加入细水雾后,平均升压速率相比不喷雾时均有不同程度的降低,在同一喷雾压力下,随着喷雾时间的延长,即细水雾质量浓度的增加,爆炸超压峰值逐渐下降,平均升压速率降低,幅度逐渐增大。

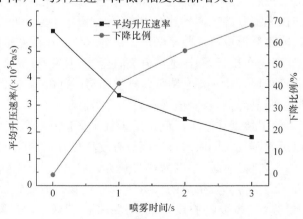

图 4-48　有无细水雾抑制瓦斯爆炸超压平均升压速率比较

4.2.3　细水雾对管道瓦斯爆炸火焰传播的影响

图 4-49 是甲烷体积分数为 9.5% 的甲烷-空气预混气体的速度和火焰位置与时间的关系曲线以及各时刻的火焰传播图像。由图 4-49(b)可看出,甲烷-空气预混气体被点燃后形成"半球形"火焰向上传播,火焰面积逐渐增大,管内温度升高,反应速率加快,火焰传播速度逐渐增大。随后火焰以"指形"传播,在火焰传播后期,由于管道内甲烷被消耗,浓度逐渐降低,火焰传播速度逐渐减小。火焰传播到出口端的时间为 73ms,火焰传播平均速度为 11.51m/s。

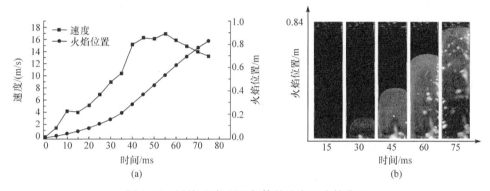

图 4-49　甲烷-空气预混气体的速度和火焰位置

图 4-50(a)是不同喷雾时间爆炸火焰位置-时间曲线,可看出在管道内喷雾后,火焰锋面传播到出口所需时间明显延长,且随着喷雾时间的增加,火焰锋面到达出口的时间也逐渐增大。另外,通过比较有无细水雾作用下的火焰图像可以看出,甲烷体积分数为 9.5% 的甲烷-空气预混气体的火焰结构呈对称指形,而在细水雾作用下,火焰结构为不完全对称型,且由图 4-50(b)可以看出,随着喷雾时间的增加,相同时刻火焰传播距离也逐渐减小。例如,细水雾质量浓度分别为

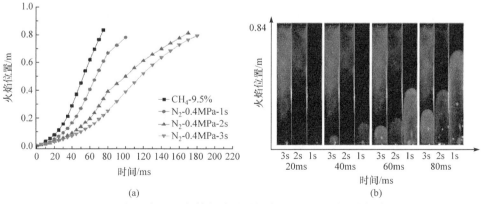

图 4-50　甲烷-空气预混气体与喷雾时间为 1s、2s、3s 时的火焰位置对比

$51.26g/m^3$、$153.77g/m^3$ 和 $256.28g/m^3$ 时，火焰传播到出口端的时间分别为 93ms、125ms、192.5ms，较不喷雾时火焰传播速度分别延长了 21.55％、41.62％、62.09％。由于细水雾会分散于整个管道，火焰在传播的过程中会持续受到细水雾的稀释和吸热作用，影响火焰结构，火焰传播速度逐步降低，因此提高细水雾的质量浓度可以有效地降低火焰传播速度。

4.3　基于含添加剂细水雾的瓦斯抑爆实验平台

含添加剂细水雾是指在细水雾中添加一些高效抑制火焰的物质，捕捉反应过程中产生的自由基，以阻断燃烧中的化学反应链。将含添加剂细水雾应用到瓦斯抑爆工程实际是抑爆领域的一项新技术。因此，本节主要对比研究了有无添加剂作用下细水雾对瓦斯爆炸火焰的抑制作用，可为含添加剂细水雾技术预防矿井瓦斯爆炸提供参考，对矿井瓦斯防爆来说具有重要的实际意义。

本书建立了含添加剂细水雾抑制瓦斯爆炸实验系统，如图 4-51 所示，该系统主要包括三个组成部分：瓦斯爆炸抑制实验平台、细水雾发生系统和数据采集系统。本书通过对比分析有无细水雾作用下对瓦斯在管道内发生爆炸的抑制情况，包括火焰温度、火焰传播速度和火焰形态特征的变化等，分析含添加剂细水雾抑制管道瓦斯爆炸的规律和机理。

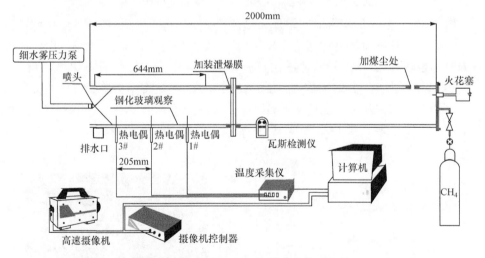

图 4-51　含添加剂细水雾抑制瓦斯爆炸实验系统装置原理图

4.3.1　实验系统的组成及功能

1. 实验系统

实验系统主要由爆炸腔体、配气系统、点火系统、细水雾发生与输送系统、图像采集系统、温度采集系统组成。

爆炸腔体由方形有机钢化玻璃制成,全长 2000mm、壁厚 10mm、截面积 168mm×168mm,管道一端固定封闭,另一端由两层 0.35mm 厚的塑料泄压薄膜活动封闭。管道壁上设置排水孔、检测孔等。

配气系统主要由瓦斯瓶和相关的进气阀门组成,瓦斯瓶中瓦斯浓度为 99.99%。

瓦斯检测仪用来检测实验瓦斯的浓度,其灵敏度为 0.01%,检测仪用 LED 显示。将瓦斯检测仪置于实验管道中,检测位置位于管道中部,这样会更加准确地检测到瓦斯浓度的变化情况,对实验调整的及时性和精确性有一定的帮助。

点火系统采用常用的火花塞点火,为了保证点火所需的点火能,实现放电火花稳定,火花塞输出端加入可调节的限流电阻,对输出电压进行调节,保证能够点燃瓦斯气体。

细水雾发生与输送系统固定于管道活动封闭端附近,如图 4-52 所示。喷头作用范围为 644mm,细水雾由压力式离心喷头产生,施加压力为 1.6MPa。由 LS-2000 分体式激光粒度仪测得的雾滴平均粒径为 100μm,喷头流量为 3.5L/min。

(a) 储水罐　　　　　　　(b) 控制面板　　　　　　　(c) 喷头及水雾

图 4-52　细水雾发生与输送系统

图像采集系统采用高速摄像系统拍摄瓦斯爆炸火焰图像。高速摄像系统由服务器、高速摄像机、图片采集控制盒、显示器、数据线、数据采集软件等组成,部分实物如图 4-53 所示。高速摄像机镜头的垂直焦距为 1.75m,拍摄速度可以达到 2000 帧/s,曝光时间设置为 1/40000s。

温度采集系统由热电偶、温度采集仪、计算机和温度检测软件等组成。实验在距离点火处 1300mm、1505mm、1670mm 布置了 3 根镍铬-镍硅 K 型热电偶,热电偶反应时间为 0.1s。

2. 实验工况及过程

实验选取甲烷体积分数为 9.5% 的甲烷-空气预混气体作为实验用气,在实验管道出口端通入标况下的细水雾。测试具体流程如下。

(a) 显示器

(b) 高速摄像机

(c) 服务器

图 4-53　高速摄像系统

（1）调试实验设备，试运行数据采集系统和图像采集系统。

（2）对实验管道的中部用厚度为 0.3mm 的 PVC 薄膜塑料进行密封，通过密封垫片和螺钉、法兰将薄膜塑料压紧，关闭排气口阀门，经过空气压缩机向管内通空气检测管道系统的密闭性。

（3）调整高速摄像机镜头的位置保证爆炸管道位于其采图范围内，对镜头清晰度和亮度进行调节，并提前进行抓拍。进入预定开始阶段。

（4）预先配制甲烷体积分数为 9.5％的甲烷-空气预混气体。待达到实验要求的预混气体浓度后，关闭质量流量计电源，断开管道与气瓶的连接管，同时关闭排气阀门。

（5）静置 2min 后，打开水泵开启细水雾喷头以及管道排水口，进行抑爆实验，采集爆炸数据。

所有实验均采用预喷模式，即通入甲烷体积分数为 9.5％的甲烷-空气预混气体后，同时关闭进气阀和排气阀，打开电磁阀控制开关开始喷雾。以上过程完成后启动点火器开关，同时高速摄像机开始记录爆炸火焰图像，数据采集系统记录超压数据。

3. 点火器延迟时间的确定

连接好实验系统后，经过调试发现，在通过计算机触发点火器和高速摄像机后，并不是在高速摄像机拍摄的第一帧图片中就出现电火花，点火器点火和高速摄像机开始拍摄之间存在一个时间差，这一段时间即为实验系统的点火器延迟时间。

在没有通入瓦斯气体的情况下，分别以 500 帧/s 和 250 帧/s 的拍摄速度进行空点火实验。在 500 帧/s 时进行了五次实验，五组照片中分别在第 11 帧、10 帧、10 帧、9 帧、10 帧出现火花，而在 250 帧/s 时进行的五次实验，五组照片中均在第 5 帧时出现火花。因此，可以认为点火器的延迟时间为 20ms。

4. 瓦斯爆炸传播相关参数的计算方法

1）火焰传播速度

瓦斯爆炸火焰传播速度是瓦斯爆炸的重要参数，也是比较细水雾抑制瓦斯爆炸效果的重要参考数据。根据高速摄像机拍摄的火焰传播图片计算瓦斯爆炸火焰速度,图 4-54 为瓦斯爆炸火焰图片,通过式(4-5)计算瓦斯爆炸火焰速度:

$$v = \frac{\Delta L}{t_i - t_{i-1}} \tag{4-5}$$

其中,ΔL 为相邻两个火焰前锋距离,m;t_i 为传播火焰的第 i 个前锋时刻,ms;t_{i-1} 为传播火焰的第 $i-1$ 个前锋时刻,ms。

图 4-54　高速摄像机图片采集

2) 火焰温度

瓦斯爆炸火焰温度是瓦斯爆炸测量中重要的参数。实验温度的采集主要是利用热电偶采集瓦斯爆炸过程中不同测点温度的平均变化情况,以对比细水雾情况下与无细水雾情况下的温度差异,借此为细水雾的抑制效果提供参数基础。火焰的平均温度采用数学平均法计算:

$$T_{\text{ave}} = \frac{\int_{H_i}^{H_r} T\mathrm{d}y}{H_r - H_i} \tag{4-6}$$

$$\int_{H_i}^{H_r} T\mathrm{d}y = \frac{1}{2}\Big[\sum_{j=k+1}^{L} T_j(h_{j+1} - h_j) + (T_{k+1} + T_{\text{ref}})(h_{k+1} - H_i)\Big] \tag{4-7}$$

其中,H_r 为雾区末端;H_i 为雾区开始端;h_j 为热电偶距雾区末端的长度;T_j 为各热电偶的读数;T_{ref} 为瓦斯火焰与雾区开始端的温度;T_k 为瓦斯火焰与雾区开始端第一个热电偶的温度值,此实验中为 1 号热电偶温度值;T_{k+1} 为瓦斯火焰与雾区开始端到雾区的第一个热电偶温度值,此实验中为 2 号热电偶温度值;L 为热电偶数。

3) 爆炸火焰图像特性

图像的灰度级共 256 级,0 代表黑色,255 代表白色,图像灰度越趋近于 0,说明火焰越暗,温度越低,对外辐射就越弱;反之,火焰亮度和温度越高,对外辐射越强。为了更直观地观察瓦斯爆炸火焰图像特性,可利用 MATLAB 软件将高速摄像机拍摄的火焰图片转化为灰度图,对图片像素反映的火焰辐射场温度进行定量的分析,如图 4-55 所示,可以看出,瓦斯不同浓度下火焰传播图片有明显的差别。

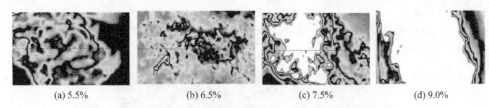

(a) 5.5%　　　　　(b) 6.5%　　　　　(c) 7.5%　　　　　(d) 9.0%

图 4-55　瓦斯不同浓度下气体火焰高速摄影处理图

4.3.2　含添加剂细水雾瓦斯抑爆实验及结果分析

1. 爆炸火焰传播速度分析

从图 4-56 分析得出,三种添加剂不同质量分数下表现出的抑制效果有所差异,但火焰传播的平均速度和最大速度均显著降低。例如,质量分数为 3.5%、5%、7.5% 的 $NaHCO_3$ 水溶液产生的水雾对瓦斯爆炸火焰的抑制作用明显,速度分别从 200cm 处的 13.8m/s 下降到 1.58m/s、1.08m/s、1.025m/s;质量分数为 0.2%、0.4%、0.8% 的 $FeCl_2$ 水溶液表现出不同的抑制效果,添加剂质量分数越高表现出来的抑制效果越好,在 200cm 处速度分别下降到 2.75m/s、1.67m/s、0m/s;质量分数为 0.8% 的 $FeCl_2$ 水溶液对爆炸火焰的抑制效果最好,火焰传播速度下降最明显;质量分数为 1%、2.5%、5% 的 $MgCl_2$ 水溶液对瓦斯爆炸火焰的抑制效果也不尽相同,在 200cm 处速度分别下降到 2.4m/s、0.6m/s、0m/s,其中质量分数为 2.5% 的 $MgCl_2$ 水溶液的抑制效果最明显,速度下降幅度最大。实验结果表明并不是添加剂质量分数越高抑制效果就越明显,各添加剂均应有一最佳的浓度,需要继续探索研究。

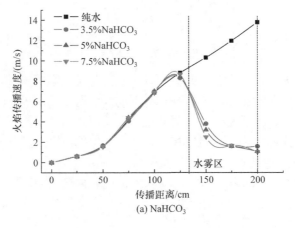

(a) $NaHCO_3$

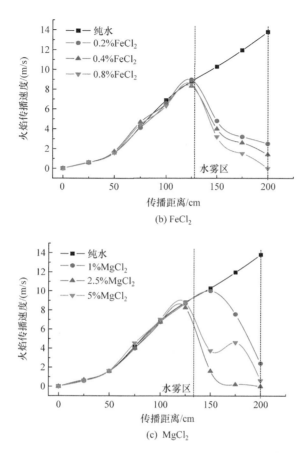

(b) FeCl₂

(c) MgCl₂

图 4-56　含添加剂细水雾作用下的火焰传播速度

2. 瓦斯爆炸火焰温度分析

利用 MATLAB 数字图像处理指令 improfile 可以得到图片的剖面像素分布，针对火焰图片，可以间接定性地分析火焰温度场分布情况，为描述火焰特性提供更加可靠的参考和依据。图 4-57～图 4-60 为火焰图片中轴剖面火焰温度场像素分布，纵坐标为像素值，横坐标为火焰在水雾区位置。

可以看出，与无添加剂细水雾的抑制效果相比，由于添加剂的置换吸热作用，含有不同添加剂能降低火焰体温度和辐射，三种含添加剂细水雾对瓦斯爆炸均起到了较好的抑制作用；但由于添加剂分解吸热量的不同，三种含添加剂细水雾的降温效果有所区别。

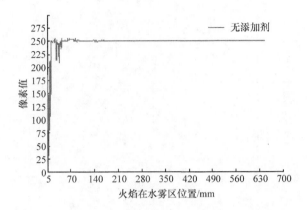

图 4-57　无添加剂细水雾作用下瓦斯爆炸火焰图片像素

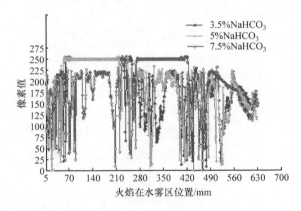

图 4-58　含不同质量分数的 NaHCO₃ 细水雾作用下瓦斯爆炸火焰图片像素

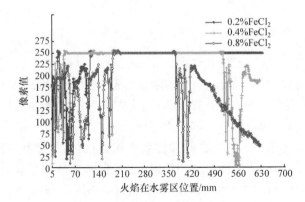

图 4-59　含不同质量分数的 FeCl₂ 细水雾作用下瓦斯爆炸火焰图片像素

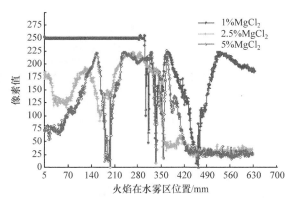

图 4-60　含不同质量分数的 $MgCl_2$ 细水雾作用下瓦斯爆炸火焰图片像素

　　例如,含 $NaHCO_3$ 细水雾作用下瓦斯爆炸火焰图片剖面像素值无明显的差别,三种细水雾对辐射体温度的抑制效果基本一样,曲线变化趋势基本一致;含 $FeCl_2$ 细水雾作用下瓦斯爆炸火焰图片剖面像素值有一定的差别,三种细水雾下的曲线前段相差不大,说明温度在前段基本一致,含添加剂细水雾抑制瓦斯爆炸火焰需要一定的时间,质量分数为 0.8% 的 $FeCl_2$ 水溶液产生的细水雾对抑制辐射体温度的上升起到了明显的效果,相比之下其他两种质量分数的 $FeCl_2$ 水溶液产生的细水雾在雾场后段抑制效果不是很明显;含 $MgCl_2$ 细水雾作用下,质量分数为 2.5% 和 5% 的 $MgCl_2$ 水溶液产生的细水雾对抑制辐射体温度的上升都起到了很好的效果,而质量分数为 1% 的 $MgCl_2$ 水溶液产生的细水雾抑制效果不是太明显。

　　3. 火焰传播图像分析

　　图 4-61～图 4-63 是在含添加剂细水雾与无添加剂细水雾作用下瓦斯爆炸火焰传播的水雾区最剧烈段截图。其中火焰开始出现衰减的时刻为火焰抑制时间,(a)、(b)、(c)为不同质量分数的添加剂条件下在某一抑制时刻的火焰图片。

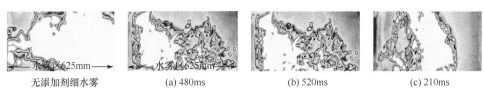

无添加剂细水雾　　　　(a) 480ms　　　　　(b) 520ms　　　　　(c) 210ms

图 4-61　含 $NaHCO_3$ 细水雾与无添加剂细水雾作用下瓦斯爆炸火焰图片比较图

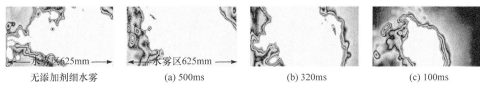

无添加剂细水雾　　　　(a) 500ms　　　　　(b) 320ms　　　　　(c) 100ms

图 4-62　含 $FeCl_2$ 细水雾与无添加剂细水雾作用下瓦斯爆炸火焰图片比较图

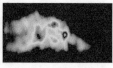

无添加剂细水雾　　　　　(a) 354ms　　　　　　(b) 170ms　　　　　　(c) 200ms

图 4-63　含 $MgCl_2$ 细水雾与无添加剂细水雾作用下瓦斯爆炸火焰对比图

与无添加剂细水雾抑制火焰图片相比,在含添加剂细水雾作用下,火焰面积、辐射强度、火焰传播距离和抑制时间均缩小或减小。

如图 4-61 所示,在含 $NaHCO_3$ 细水雾作用下,瓦斯爆炸火焰图片(a)和(b)差别不是太大,火焰面积、辐射强度、火焰传播距离和火焰抑制时间无明显差别,火焰传播距离基本上无变化,仍为 625mm,而图片(c)火焰面积缩小、辐射减弱、火焰传播距离缩短,火焰传播距离缩短了 132mm。

如图 4-62 所示,在含 $FeCl_2$ 细水雾作用下,瓦斯爆炸火焰图片(a)、(b)、(c)的火焰面积逐渐缩小,表明火焰辐射强度逐渐降低。其中图片(c)与前两种情况的差别比较明显,其火焰面积、辐射强度、火焰传播距离和抑制时间均减小或降低,其中火焰传播距离缩短了 179mm。

如图 4-63 所示,在含 $MgCl_2$ 细水雾作用下瓦斯爆炸火焰距离较无添加剂细水雾的情况分别缩短了 0mm、242mm、181mm,图 4-63(b)表现火焰辐射强度最弱。

4.3.3　含添加剂细水雾瓦斯抑爆有效性分析

为了进一步定量分析各种含添加剂细水雾的有效性,这里可用有效性系数 H。实验将含不同添加剂细水雾下的火焰抑制时间定义为 t_i^j,无添加剂下瓦斯爆炸在雾区的抑制时间定义为 t_0,H 可以用 t_0 与抑制时间 t_i^j 的比值表示,如表 4-6 所示,H 值越大,有效性越好。从而,可定量得出含各种不同质量分数添加剂细水雾的抑制能力,为充分利用添加剂提供参考。

$$H = t_0 / t_i^j \tag{4-8}$$

其中,H 为有效性系数;t_0 为无添加剂下的传播时间;t_i^j 为各个工况下火焰传播时间;i 代表添加剂的种类;j 代表添加剂质量分数。

由表 4-6 可知,不同添加剂不同质量分数的抑制有效性从大到小依次为 $FeCl_2$(0.8%)>$MgCl_2$(2.5%)>$MgCl_2$(5%)>$NaHCO_3$(7.5%)>$FeCl_2$(0.4%)>$MgCl_2$(1%)>$NaHCO_3$(5%)>$FeCl_2$(0.2%)>$NaHCO_3$(3.5%)。

表 4-6　有效性系数 H

添加剂	添加剂浓度	速度到达时间	有效性系数 H
纯水	—	t_0	1
NaHCO$_3$	3.5%、5%、7.5%	t_1^0, t_1^1, t_1^2	1.15, 1.25, 2.88
FeCl$_2$	0.2%、0.4%、0.8%	t_2^0, t_2^1, t_2^2	1.2, 1.88, 6
MgCl$_2$	1%、2.5%、5%	t_3^0, t_3^1, t_3^2	1.69, 3.53, 3

由此可知,添加剂溶解度和置换吸热作用大小的不同,使得添加剂抑制效果有很大的区别。

4.4　基于含添加剂细水雾的瓦斯抑爆机理分析

4.4.1　含添加剂细水雾灭火的物理作用

1. 气相冷却

在相同的水量条件下,细水雾的表面积大,约为水滴的 100 倍。当细水雾直接喷射或被卷吸进入火焰内部时,其吸收热量快,迅速汽化,体积扩大约 1700 倍,较大的汽化潜热降低燃烧区的温度,从而降低燃烧反应速率,这种热容效应也会抑制燃烧反应的进行。

2. 稀释作用

细水雾雾滴吸热蒸发后,水蒸气将沿着与火焰中氧气输运方向相反的方向扩散,从而稀释瓦斯预混气点火源周围 O_2 的浓度,使得燃烧反应没有足够的 O_2 维持而得到抑制;另外易分解成分分解产生的气态物质会分散到火区周围,也有一定的稀释氧气的作用。

3. 热辐射的减弱

细水雾及蒸汽吸收了部分热辐射,降低了对未燃燃料的热反馈,减少了激发反应区化学反应所需要的热量。

4. 火焰的拉伸

火焰受到细水雾雾滴的扰动,增强了火焰的不稳定性,使火焰锋面从光滑变褶皱,进一步影响质量扩散速率和热扩散速率,致使火焰的燃烧速率受到影响。

5. 分解吸热降温

含添加剂细水雾在遇到高温火焰时,由于其雾滴半径很小,其饱和蒸汽压很大,雾滴会很快蒸发,盐类添加剂析出成为固体,其中的易分解成分会迅速发生分解,在分解过程中,从火焰中吸收大量的热,从而使火焰的温度降低,抑制燃烧的继续进行。

4.4.2　含添加剂细水雾抑爆的化学反应机理

含有化学添加剂的细水雾之所以能迅速抑制爆炸火焰,除了上述的物理抑制作用之外,更为显著的是化学抑制作用,但其中涉及的化学反应非常复杂,目前还在继续研究中。

近代链式反应理论认为,燃烧是一种游离基的链式反应,含化学添加剂细水雾可防止高温环境的产生,从而防止瓦斯链式反应中高活性的氧基、氢基和羟基等的产生,从物理方面抑制瓦斯爆炸的传播;同时,通过添加剂在水中电离产生的阴阳离子与自由基的结合,可减少自由基参加链式反应的概率,增加自由基的消耗速率。通过增加自由基消耗速率,减慢其增长速率,瓦斯爆炸的链式反应将逐渐被削弱,进而爆炸被抑制。因此,含添加剂细水雾抑爆是异相化学和均相反应共同作用的结果。

在异相反应机制中,添加剂颗粒与自由基进行能量交换(固体颗粒的分解吸热)起到了很好的辅助降温作用,反应式如下:

$$H \cdot + OH \cdot + M =\!=\!= H_2O + M^*$$

添加剂异相化学作用能增强细水雾的物理灭火作用,添加剂与水形成的晶体颗粒能置换瓦斯燃烧产生的热量,间接地增强了细水雾冷却降温的物理灭火作用效果。

在均相反应机制中,本书选用的 $NaHCO_3$、$MgCl_2$、$FeCl_2$ 三种添加剂,能析解出阴阳离子与瓦斯爆炸产生的 $H \cdot$、$O \cdot$ 和 $OH \cdot$ 等主要自由基结合。自由基俘获剂 HI(即 $I \cdot$)在气相中参与下面的链反应:

$$HI + M^* =\!=\!= I \cdot + H \cdot + M$$
$$I \cdot + OH \cdot =\!=\!= IOH$$
$$IOH + H \cdot =\!=\!= I \cdot + H_2O$$

自由基俘获剂 $I \cdot$ 不断地与 $OH \cdot$、$H \cdot$ 结合,最终生成稳定的 H_2O,使燃烧链无法延续而终止。对于三种含添加剂细水雾溶液反应如下。

(1) 含 $NaHCO_3$ 细水雾参加的瓦斯链式反应,其中钠离子和碳酸氢根离子参与的反应如下:

$$Na^+ + OH \cdot \longrightarrow NaOH$$
$$2NaOH + 2H \cdot \longrightarrow 2Na^+ + 2H_2O$$
$$HCO_3^- + RH \longrightarrow R \cdot + H_2CO_3$$
$$H_2CO_3 + 2OH \cdot \longrightarrow CO_3^{2-} + 2H_2O$$

（2）含 $FeCl_2$ 细水雾参加的瓦斯链式反应，其中铁离子和氯离子参与的反应如下：

$$Fe^{2+} + 2OH \cdot \longrightarrow Fe(OH)_2$$
$$Fe(OH)_2 + 2H \cdot \longrightarrow Fe^{2+} + 2H_2O$$
$$Cl^- + RH \longrightarrow R \cdot + HCl$$
$$HCl + OH \cdot \longrightarrow Cl^- + H_2O$$

（3）含 $MgCl_2$ 细水雾参加的瓦斯链式反应与氯化亚铁相同，反应如下：

$$Mg^{2+} + 2OH \cdot \longrightarrow Mg(OH)_2$$
$$Mg(OH)_2 + 2H \cdot \longrightarrow Mg^{2+} + 2H_2O$$
$$Cl^- + RH \longrightarrow R^- + HCl$$
$$HCl + OH \cdot \longrightarrow Cl^- + H_2O$$

由于三种添加剂在水中均能解析出阴阳离子，并能与 $H \cdot$、$O \cdot$ 和 $OH \cdot$ 等瓦斯爆炸产生的自由基结合，非燃烧性地消耗气体燃料。基于此化学作用，实验添加剂浓度对细水雾抑制效果的优劣有直接的影响。

另外，细水雾中添加剂的阴阳离子能与自由基形成不溶于燃料的抗溶剂：$Fe(OH)_2$ 和 $Mg(OH)_2$，抗溶剂包裹于燃烧燃料的外围，阻止了辐射向未燃气体的传递热量。

4.5　小　　结

为了对瓦斯抽放管网抑爆减灾技术与装备提出技术与理论支持，本章设计并优选了抑制管道瓦斯爆炸的细水雾喷嘴结构参数，开展了有无添加剂下细水雾系统抑制管道瓦斯爆炸实验，探讨了含添加剂细水雾抑制瓦斯爆炸的机理。获得的主要结论如下。

（1）设计了一种结构新颖的中、低压旋流雾化喷嘴，研究喷嘴结构参数对雾化性能的影响，并对其结构参数进行了优化。得到优化设计喷嘴的结构参数为：螺杆长度为 9mm，螺旋升角为 8°，螺旋槽头数为 2，螺旋槽形状为圆弧形，喷孔孔径为 1.2mm，喷嘴内锥角为 90°，喷嘴外锥角为 100°，喷嘴通径为 10mm；优化的雾场参数为：雾滴索特平均粒径 D_{32} 为 $100\mu m$，喷嘴压力为 1.6MPa。

（2）研制了细水雾系统抑制管道瓦斯爆炸实验系统，得到了不同喷雾时间（即质量浓度）下细水雾抑制甲烷体积分数为 9.5% 的甲烷-空气预混气体爆炸衰减特性的变化规律。结果表明，随着细水雾喷雾时间（即质量浓度）的增加，超压峰值明显降低，峰值来临时间有明显延迟；平均升压速率相比不喷雾时均有不同程度的降低，且平均升压速率降低幅度逐渐增大；相同时刻火焰传播距离也逐渐减小。

（3）研究了添加剂对细水雾雾场参数的影响，最终优选制备了 $NaHCO_3$、

$FeCl_2$、$MgCl_2$ 三种添加剂的种类与浓度,并进行了含添加剂细水雾抑制管道瓦斯爆炸的实验研究。结果表明,添加剂能有效提高细水雾的抑爆性能;三种含添加剂细水雾抑制火焰传播的效果不尽相同,添加剂质量分数的大小直接影响添加剂的性能,但不意味着浓度越高抑制效果就越明显,各添加剂均应有一最佳的浓度。通过对比,含质量分数 0.8% 的 $FeCl_2$ 水溶液产生的细水雾抑爆效果最好。

(4) 揭示了含化学添加剂细水雾的抑爆机理,即异相化学和均相化学共同作用的结果。一方面,添加剂与水形成的晶体颗粒能置换瓦斯燃烧产生的热量,间接地增强了细水雾冷却降温的物理灭火作用效果;另一方面,由于添加剂在水中电离产生的阴阳离子与自由基结合,减少自由基参加链式反应的概率,增加了 H·、O· 和 OH· 等关键自由基的消耗率,削弱了瓦斯爆炸的链式反应,进而爆炸被快速抑制。

第5章 超细复合干粉瓦斯抽放管网抑爆减灾技术及装备

据统计,我国拥有丰富的瓦斯资源,埋深小于 2000m 煤气层地质资源量约为 36.81 万亿 m³,与我国陆上常规天然气资源量 38 万亿 m³ 基本相当。2016 年全年煤层气(煤矿瓦斯)抽采量为 173 亿 m³,利用量为 90 亿 m³,利用率为 52%。其中,井下瓦斯抽采 128 亿 m³,利用量为 48 亿 m³,利用率为 37.5%,离《煤层气(煤矿瓦斯)开发利用"十二五"规划》煤层气(煤矿瓦斯)产量达到 300 亿 m³,其中地面开发 160 亿 m³,基本全部利用,煤矿瓦斯抽采 140 亿 m³,利用率 60% 以上规划目标仍有一定差距。2016 年国家能源局又发布的《煤层气(煤矿瓦斯)开发利用"十三五"规划》指出,到 2020 年,煤层气(煤矿瓦斯)抽采量达到 240 亿 m³,其中地面煤层气产量 100 亿 m³,利用率 90% 以上;煤矿瓦斯抽采 140 亿 m³,利用率 50% 以上,煤矿瓦斯发电装机容量 280 万 kW,民用超过 168 万户。瓦斯是常规天然气最现实可靠的补充或替代能源,响应节能减排是国家战略;另外,从煤矿安全生产的角度考虑,加大煤矿瓦斯的有效抽采和合理利用,符合煤矿工业绿色开采理念。

随着煤矿开采深度的不断增加以及生产战线的扩大,瓦斯灾害将越来越严重。瓦斯抽采是煤矿瓦斯治理的关键技术,是降低开采过程中的瓦斯涌出量、防止瓦斯超限和积聚、预防瓦斯爆炸和煤与瓦斯突出事故的重要措施,同时也是开发利用瓦斯能源、保护大气环境的重要手段。瓦斯抽采的主要手段是通过管道将瓦斯输送到安全位置并利用,然而不少矿井在抽采过程中存在瓦斯浓度低于 30%,甚至抽采的瓦斯浓度在爆炸极限范围内,这给整个抽采系统带来了极大的安全隐患,极易诱发管道内瓦斯燃烧或爆炸,给矿井带来毁灭性的灾难。随瓦斯抽采量增大,瓦斯抽采管路越来越长,管网越来越复杂,潜在的危险因素也越来越多,如煤矿井下火灾、爆炸诱发抽采管网瓦斯泄漏扩散、二次灾害发生。近几年也发生过有关抽放管道瓦斯燃爆事故,例如,2015 年 10 月 26 日,潞安集团五阳煤矿井下发生抽采管道瓦斯管路燃爆事故,事故发生前,泵站高负压抽采管路抽采负压 39kPa,瓦斯浓度为 9.1%,事故发生后导致高负压抽采管全部破断,抽采系统全部瘫痪,并造成人员伤亡事故;2012 年 12 月 22 日,位于左权县寒王乡平王村的山西煤炭进出口集团宏远煤业矿井下发生瓦斯爆炸事故;2011 年 4 月 2 日,阳煤集团寺家庄煤矿瓦斯抽采管路发生爆燃事故,事故造成了抽采系统的破坏和通风机损坏。这些事故均为抽采管道内的瓦斯浓度处于爆炸界限,因放电火花引燃引爆而造成的灾害事故。

因此,为防止管道瓦斯爆炸灾害发生与扩大,减少爆炸造成的损失,需要采取抑爆措施杜绝瓦斯爆炸和抑制灾害的破坏程度,达到抑爆减灾的目的。目前,我国在防隔爆技术和措施上不断创新发展,相继研制并应用了多种防隔爆产品,如自动喷粉抑爆装置、细水雾输送抑爆装置、气水两相流输送抑爆装置、水封阻泄爆装置、防回火(风)装置、自动阻爆装置、传感器(温度、湿度、压力、流量等)、真空泵、截止阀、湿式设备(压缩机、抽采泵)等。目前,国内开展管道抑爆装置研究、具有明确技术来源、具有明确研制开发平台及检测平台的主要厂家有山西兰花汉斯瓦斯抑爆设备有限公司及四川天微电子有限责任公司,国内外主要煤矿瓦斯抑爆装置生产单位综合比较见表5-1。

表 5-1　国内外主要煤矿瓦斯抑爆装置生产单位综合比较表

参数	单位名称(简称)				
	南非 HS 系统	山西兰花汉斯	重庆煤科院	沈阳煤科院	四川天微
探测性能	探测时间 5ms	探测时间 5ms	探测时间 5ms	探测时间 5ms	探测时间小于 3ms
抑爆性能	抑爆时间 150ms	抑爆时间 150ms	抑爆时间 150ms	抑爆时间 150ms	抑爆时间小于 120ms
技术来源	南非军用技术	南非技术	自研技术	自研技术	以色列军用技术
国内应用范例	少	有限	较多	有限	较多
配套情况	核心器件进口	核心器件进口	核心器件进口	核心器件进口	核心器件自主配套
软件测试情况	无测评	无测评	无测评	无测评	军用软件测评
性价比	进口性价比低	国产化率有限,价格高	价格较高	价格较高	自主配套,平均价格能降低 20% 以上

5.1　超细复合干粉瓦斯抽放管网抑爆减灾技术原理及组成

基于超细复合干粉的管道瓦斯抑爆装备设计遵循如下原则:技术先进性、可靠性、安全性、可维护性、可扩展性、实用性等。

5.1.1　超细复合干粉瓦斯抽放管网抑爆减灾技术原理

基于超细复合干粉的瓦斯抽放管网抑爆减灾技术装备原理和整体结构示意图如图5-1和图5-2所示,当发生管道瓦斯燃烧爆炸时,传感器将燃烧与爆炸火焰转变成电信号传送给控制器,控制器经运算、处理后决定是否发出启动信号。当抑爆器启动时,瓶内的消焰剂从喷撒机构高速喷出,快速形成高浓度的消焰剂云雾,与火焰面充分接触,吸收火焰的能量,终止燃烧链,从而使火焰熄灭,终止燃烧爆炸火焰在瓦斯管道继续传播。

5.1.2　超细复合干粉瓦斯抽放管网抑爆减灾装备组成

基于超细复合干粉的瓦斯抽放管网抑爆装备主要包括传感器、控制器、抑爆器和本安电源,组成示意如图5-3所示。

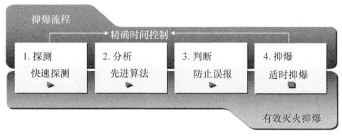

图 5-1　装置工作原理

图 5-2　装置整体结构示意图

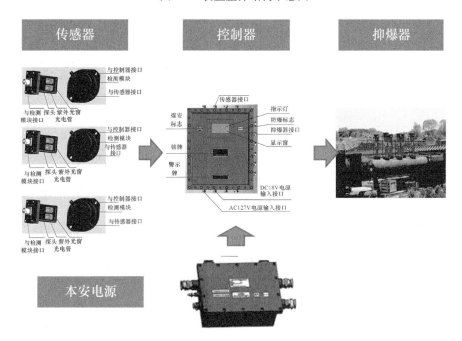

图 5-3　组成示意图

基于超细复合干粉的瓦斯抽放管网抑爆减灾技术装备主要技术指标：①火焰探测时间小于 5ms；②控制器响应时间小于 15ms；③抑爆器抑爆时间小于 120ms；④工作温度为 -25～+70℃；⑤防护等级为 IP65。

由以上技术指标可以看出，火焰探测器的响应时间和可靠性是抑爆减灾系统工作的关键，抑爆器性能主要区别于喷撒时间和抑爆剂抑爆效率。抑爆剂的实验与机理研究已经在第 3 章中做了详细描述。因此，本章主要研究瓦斯抽采管网爆炸快速探测技术，以及研制瓦斯抽放管网抑爆器和控制器。

5.2　瓦斯抽采管网爆炸快速探测技术

5.2.1　瓦斯抽采管网爆炸快速探测技术指标

煤矿管道发生瓦斯、煤尘燃烧爆炸时，管道内会产生高温、高压气体，同时释放出大量可见光、不可见光，这是传感器设计的依据之一。

我国行业标准 AQ 1079—2009《瓦斯管道输送自动喷粉抑爆装置　通用技术条件》中对火焰传感器的具体要求如下：

(1) 响应时间（由触发源作用于传感器到传感器输出可用信号的时间间隔）应不大于 5ms；

(2) 对火焰触发条件应符合表 5-2 的要求。

表 5-2　触发条件

触发条件	触发状况
四周密封环境（无火焰）	不触发
1 烛光火焰（5m 处）	触发

从 AQ 1079—2009 标准来看，标准只对探测器是否触发提出了要求，在实际情况中，就如同火灾探测器存在误报概率一样，火焰探测器也有可能产生误报的情况，即可能在无瓦斯引燃而出现火花的情况下，火焰探测器给出错误信号而触发抑爆装置。因此，兼顾火焰探测器有效性的同时，火焰探测器的可靠性是本次设计的重点考虑内容。本书设计的火焰探测器除满足 AQ 1079—2009 标准要求外，可靠性高于 AQ 1079—2009 标准规定的技术要求。

依据装置总体主要技术指标，分解后各部件技术指标如下。

响应时间：≤5ms；

工作温度：-40～+70℃；

防护等级：IP65。

5.2.2　双紫外高速火焰探测技术研究

1. 火焰探测技术对比研究

根据瓦斯爆炸的辐射光谱特征,选择抗干扰性最好的可探测光谱段,通过比较各种光学探测器的性能,设计可靠性最高的探测器。

目前,国内外市场上光学火焰探测器有单紫外火焰探测器、单红外火焰探测器、双红外火焰探测器、三红外火焰探测器、双紫外火焰探测器,其性能比较如下。

1) 单紫外火焰探测器

单紫外火焰探测器是指利用"太阳光谱盲区"的紫外波段来进行探测。"太阳光谱盲区"是指波长为 160~280nm 的中紫外波段,简称"日盲区"。"日盲"紫外探测使系统避开最强大的自然光源——太阳造成的复杂背景,使得在系统中信息处理的负担大为减轻,所以可靠性较高,加上它是光子检测手段,信噪比高,具有极微弱的信号检测能力。除此之外,在这一波段工作的火焰探测器具有极高的反应速率(3~4μs),一般用于快速探测火灾或爆炸所释放出的具有极高能量的紫外辐射。典型的单紫外火焰探测器具有 90° 的视角,可以探测距离为 20~25m、面积为 0.1m^2 的汽油火焰。但电弧焊、闪电发出的紫外辐射及 X 射线、γ 射线均会引起误报,紫外管自身的自激也会产生误报。另外,透镜上沉积的油污会使其降低对火灾的响应能力,而且水蒸气、烟雾也会使火焰信号的紫外辐射得到衰减。

2) 单红外火焰探测器

单红外火焰探测器探测火焰中特定的红外光谱。由于含碳物质燃烧时,其燃烧产物 CO_2 在 4.4μm 波长处有一受热共振辐射峰值,利用这种光谱特性,单红外火焰探测器一般设计为响应 4.4μm 的 CO_2 窄谱带上的火焰红外辐射,包括太阳光、高强度的灯光如闪光灯光,同时人工光源和来自大量高温物体的辐射,也可能会引起误动作。

同时,红外探测是利用红外辐射与物质相互作用的电学效应探测的,PbS 薄膜在 10℃ 和 100℃ 时电阻随温度的变化如图 5-4 所示,一般工作在较低的温度下(不超过 85℃),在高温下几乎不产生热电效应变化。

3) 双红外火焰探测器

为了减少和消除单红外的误报警,研制了双红外探测。此类型探测器结合了两个不同波长(火焰检测波段和背景参考波段)的红外辐射,并通过对两个波段的信号进行比较来实现对火焰的判别。

双红外火焰探测器具有较强的抗干扰能力,探测距离较远,但对受调制(一定频率振动)的黑体热源的干扰较敏感,限制了它的应用。

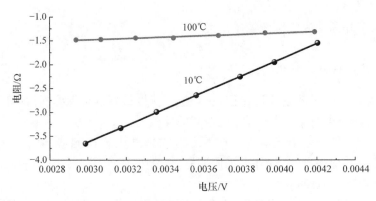

图 5-4　PbS薄膜的电阻随电压的变化

4）三红外火焰探测器

为进一步提高探测器的抗干扰能力，提高探测距离，三红外火焰探测器应运而生，它使用了三个具有极窄探测波段的红外传感器作为探测器件，一个传感器作为火焰探测，另外两个传感器分别作为背景红外辐射的探测。只有当发生的火焰与三个传感器定义好的红外波长数据相一致，探测器才报警。因其探测原理的先进性，三红外火焰探测器除对连续性的、经过调制的或具有周期变化特性的高温物体辐射抗干扰外，对其他非火焰红外辐射源（如照明光源、黑体和灰体辐射源等）都具有抗干扰能力，误报率极低，探测距离很远。

受红外管特性的限制，探测器受温度变化影响较大。

5）双紫外火焰探测器

双紫外火焰探测器采用紫外脉冲检测技术，只有紫外有效信号满足预定火灾条件时，才输出报警信号。这样的信号采集方式使得火焰探测器具有很强的抗误报警能力，能提供快速、准确和可靠的火焰探测，实现早期准确发现火情，能有效且最大限度地降低着火的危险。双紫外火焰探测器具有很好的抗干扰性能，不受日光、灯光等自然及人工光源的影响。

表 5-3 比较了单紫外、单红外、双红外、三红外和双紫外火焰探测器等光电探测器的性能，可以看出，单红外抗干扰能力差，易受环境因素的干扰光源影响，不适用于煤矿瓦斯管道火焰探测。双红外、三红外和紫红外复合探测器的可靠性都较高，受红外管温度特性的限制，不建议应用在瓦斯管道地面泵站的高温环境。紫外火焰探测技术使系统避开了最强大的自然光源——太阳光造成的复杂背景，使得在系统中信息处理的负担大为减轻，所以可靠性较高，加之它是光子检测手段，因而信噪比高，具有极微弱信号检测能力；除此之外，它还具有反应时间极快的特点。与红外火焰探测器相比，紫外火焰探测器更为可靠，且具有高灵敏、高输出、高响应速度和应用线路简单等特点。

表 5-3　不同类型火灾探测器性能对照表

探测器名称	工作方式	响应速度	探测距离	探测范围	适用火焰	适用环境	抗干扰能力	结构	造价	主要优缺点
双金属片温度探测器	定温	慢	接触	非常小	各种火焰	强	较强	简单	低廉	结构简单，不能区分过热着火、控制范围小
热电偶式 LEH1 和 LEH2	差温	慢	很近	很小	各种火焰	强	较强	简单	低廉	结构简单，可靠性差，探测范围小，只有火焰灼烧到才报警，虚警率高
单红外火焰探测器	光电检测	快	远	大	碳氢化合物	室内，不适宜高温环境	差	较简单	较低	响应速度快，探测距离远，抗干扰能力差；只适用于室内，油物和灰尘容易遮住探测器窗口，不适宜高温环境
单紫外火焰探测器	光电检测	较快	较远	较大	碳氢化合物，金属和无机物的火警	室内，适宜高、低温环境	较强	较简单	较低	响应速度极快，环境适应性强，抗干扰能力很强
双红外或三红外火焰探测器	光电检测	快	很远	很大	碳氢化合物	室内，不适宜高温环境	较强或很强	复杂	高	响应速度快，抗干扰能力较强。油物和灰尘容易遮住探测窗口，红外管受温度影响较大，影响探测性能，较高温度探测器易老化
双紫外火焰探测器	光电检测	快	远	大	碳氢化合物，金属和无机物的火警	室内、外，适宜高、低温环境	强	较复杂	高	响应快、抗干扰能力极强。油物和灰尘易遮住窗口，影响探测能力

2. 双紫外火焰探测技术

紫外传感器中的关键核心元件——紫外光电管是一种真空器件,对有焰火焰响应快速,但在特定的条件下有失效的可能性,采用单紫外传感器即存在漏报的可能性,因此采用多紫外的冗余设计可以避免漏报的发生。

火灾探测器主要通过探测物质燃烧过程中所产生的火焰来实现,因此高灵敏度火灾探测器的研制,就依赖于对火焰特性的了解。

当可燃物燃烧时,火焰辐射光谱是火焰在整个波段范围内辐射强度的分布,它是波长的函数,其分布如图 5-5 所示。

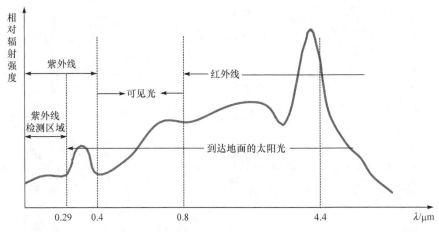

图 5-5　火焰辐射光谱图

从图 5-5 可以看出,火焰的发射光谱横跨了紫外、可见光和红外等电磁辐射波段,这些电磁辐射主要是由燃烧产物的分子在高温受激状态下释放出来的。其中处于火焰反应区之外的 H_2O、CO_2、CO、O_2 和 N_2 等,稳定燃烧产物的分子发出的电磁辐射主要位于红外波段。

在紫外波段内能够观察到火焰的光谱是 NO 的带状谱,另外还有火焰中的金属原子的发射谱。由于大气层对短波紫外线的吸收,太阳辐射照射到地球表面的紫外线只有波长大于 $0.29\mu m$ 的长波紫外线,$0.29\mu m$ 以下的短波辐射在地球表面极少。因此,在火灾探测器设计中将 $0.29\mu m$ 以下的波段作为紫外线检测区,工作在该检测区内的紫外辐射传感器对日光辐射不响应,从而避免了日光的干扰。我们选择的紫外管工作紫光谱范围是 190~280nm。

传统紫外管均采用直流电压工作方式,它通过一个高压发生器产生高压,经整流滤波、限流后给紫外管提供一个较稳定的电压。当紫外火焰探测器检测到紫外线时,能输出较均匀的信号,方便检测。但是在高温环境下易发生击穿电压偏离、灵敏度降低、自激、放电自保持、寿命缩短等问题。

1) 高温环境下双紫外管工作的稳定性和可靠性

针对高温环境下双紫外管工作的稳定性和可靠性,必须解决好:①本底稳定性问题;②紫外管工作稳定性问题。

(1) 本底稳定性问题。

本底稳定性是紫外管的重要技术参数。影响紫外管本底稳定性的因素很多,主要有气体的化学稳定性和高温稳定性、电极材料稳定性(化学和物理)、电极表面状况、溅射污辱、消电离时间等,几乎包括紫外管设计、材料、制造加工工艺等各个方面。经过对这些因素的分析,影响紫外管动态击穿电压稳定性最主要的因素是消电离时间——带电粒子的消失速率和电极材料稳定性。

(2) 紫外管工作稳定性问题。

紫外管工作稳定性决定着紫外探测系统能否稳定、可靠的工作。日本、美国等国外产品工作稳定性较好,管子的灵敏度波动小,在同一工作电压下波动值≤10%。

影响紫外管工作稳定性的因素包括电极材料及其表面状况、气体成分(化学稳定性和高温稳定性)、溅射污染、消电离时间等多方面因素。

解决紫外管工作稳定性的难点在于:

① 影响稳定性的因素多,而且这些因素互相制约、互相影响,难以确定主要影响因素。

② 同气体试验一样,试验过程复杂,难以排除偶发因素对试验结果的影响。

针对影响紫外管工作稳定性的因素,主要解决措施有:

① 选择化学性质稳定的气体,提高气体纯度,减轻稳定度差气体和杂质气体的影响;

② 采用物理化学性质稳定(逸出功稳定)的电极材料;

③ 改善电极加工工艺,彻底去除表面的细微毛刺和杂质;

④ 采用耐高温、抗溅射的电极材料,减少因溅射而改变电极材料特性(电离系数 α)的影响;

⑤ 利用老化工艺清洁电极表面,纯化工作气体。

双紫外火焰探测技术采用分段脉冲计数、统计有效强度的方式对火焰进行快速准确的检测和判断,并发出火灾报警信息,控制器可以通过检测双紫外火焰传感器的火警判断条件,来判断是否已经发生火灾。

2) 脉冲信号分析

在一段时间 T 内,通过连续检测 M 个脉冲,如果脉冲数 M 大于火警脉冲个数门限值 Fire_Num,就可判断为误报火警,输出火警信号;由于紫外光电管自身特性,在一定时间内要瞬间放电,输出脉冲,这样当火警脉冲个数门限值 Fire_Num的值设置偏小时,就可能存在紫外光电管瞬间放电而误报为火警;为了不出现上面情况,可以提高火警脉冲个数门限值 Fire_Num,避免因紫外光电管瞬间放电而误判为火警,然而又存在因小火焰输出脉冲信号偏少,而没有报警,出现漏报火警;探测器设置火警脉冲个数门限值 Fire_Num 非常重要,即使通过做试验设置一个适当值,系统依然存在漏报或误报的现象。

在一段时间 T 内,采取如下信号检测措施。细分时间段,统计有效段,在一段时间 T 内,还是通过连续检测 M 个脉冲,进行火警判断,不过把时间段 T 划分为 N 段,时间间隔为 δT,$T = N \times \delta T$;通过计算 N 段时间的脉冲数进行火警判断。假设检测第 k 时间段的脉冲数 $M[k]$($k = 1, 2, \cdots, N$),进行如下计算。

(1) 如果 $M[k] > 0$,则 $C[k] = 1$,表示在第 k 时间段内有脉冲,检测火焰存在。

(2) 计算 $\sum_{k=1}^{N} C[k]/N > A$($A \geqslant 1$,通过试验确定 A)。

① 避免瞬间放电而误判为火警,也避免瞬间干扰信号。设置一适当 A 值,紫外光电管因瞬间放电时间很短而检测到的脉冲信号,不可能满足 $\sum_{k=1}^{N} C[k]/N > A$,从而避免因紫外光电管瞬间放电而误判为火警,也避免瞬间干扰信号。

② 避免漏报小火焰现象。在时间 T 内,只要有小火焰存在,则满足 $\sum_{k=1}^{N} C[k]/N > A$,从而避免漏报小火焰存在现象。

③ 避免误报。由于有些干扰信号,很容易满足 $M[k] > 0$,从而影响条件 $\sum_{k=1}^{N} C[k]/N > A$,也会出现因干扰源而出现误报,可以修改以上两个条件,如下所示:

(i) 如果 $M[k] > B$,则 $C[k] = 1$(B 表示时间段内有效脉冲数门限值)。

(ii) 计算 $\sum_{k=1}^{N} C[k]/N > A$($A \leqslant 1$,通过试验确定 A)。

由于设置有效脉冲数门限值 B,可以滤掉以干扰源导致的脉冲信号,提高探测器抗干扰的能力。如果紫外光电管自身出现自激,会输出大量的脉冲信号,满足以上条件,也被判为报警,此为误判,实际上是紫外光电管自身出现问题,应为紫外光电管自激故障,可以修改以上的条件,如下所示:

(i) 如果 $M[k] > B$ 且 $M[k] < D$,则 $C[k] = 1$;如果 $M[k] \geqslant D$,则 $C[k] = 2$;否则 $C[k] = 0$。D 表示紫外光电管自激脉冲门限值(B、D 的值可以通过试验确定)。

(ii) 计算 $C[k] = 1$,$\sum_{k=1}^{N} C[k]/N > A_1$(通过试验确定 A_1)。

(iii) 计算 $C[k] = 2$,$\sum_{k=1}^{N} C[k]/N > A_2$(通过试验确定 A_2)。

脉冲信号满足条件(ii)可认为检测到火焰;满足条件(iii)可认为紫外光电管自激。

3) 紫外光电探测技术内部信号处理

(1) 判断火警。可将脉冲信号分析的条件作为探测器判断报警条件,若满足条件,则输出报警信号。

(2) 紫外光电管自激。可根据脉冲信号分析的条件作为探测器判断自激条件,若满足条件,则输出自激故障信号。

(3) 紫外光电管的自检。在探测器内,可以通过检测紫外光电管的运行状况,控制探测器内的紫外光源,开启紫外光源,检测脉冲,分析脉冲数据是否满足报警条件;如果没有检测到脉冲数据,在窗口透紫玻璃的脏污程度检测中也没有数据,探测器报智能模块故障,如果在窗口透紫玻璃的脏污程度检测中有数据,应报紫外自检光源故障;如果有数据不能报警,说明紫外光电管灵敏度降低,应更换紫外光电管,报紫外光电管灵敏度降低。

5.2.3　双紫外高速火焰传感器研制

1. 双紫外高速火焰传感器原理

双紫外高速火焰传感器原理框图如图 5-6 所示。从双紫外高速火焰传感器的原理框图中可以看出,PIC 微处理器是双紫外高速火焰传感器的核心部分。

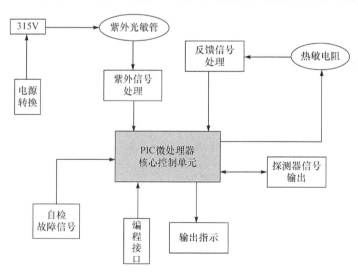

图 5-6　双紫外高速火焰传感器原理框图

2. 双紫外高速火焰传感器特性

由紫外传感器的特性可知,紫外光敏管的响应时间一般小于$3\mu s$。微处理器的系统工作时钟$FOSC=7.37MHz\times16=117.92MHz$。指令周期时钟$FCY=FOSC/4=117.92MHz/4=29.48MHz$。那么一条语句的执行时间$t=1/29.48MHz=0.034\mu s$。能检测到火焰的最长时间$T_{max}=1ms+0.034\mu s\times23\times2$。在程序中对一般火焰的判断是按照0.5ms检测一次有无火焰。那么高速火焰传感器对一般火焰的判断时间最大值$TO_{max}=0.5ms\times2+0.25ms=1.25ms$。从以上计算得出装置(系统)的火灾探测报警时间小于1.5ms,满足标准小于5ms要求。

图5-7为设计的双紫外高速火焰传感器外观结构图。

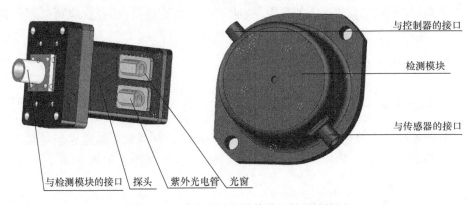

与控制器的接口

检测模块

与传感器的接口

与检测模块的接口　探头　紫外光电管　光窗

图5-7　双紫外高速火焰传感器外观结构图

3. 双紫外高速火焰传感器技术参数

(1) 额定工作电压:DC18V。

(2) 工作电流:≤100mA。

(3) 响应时间:≤0.9ms。

(4) 信号输出:无源半导体接点(串有二极管),无火焰时输出端之间的漏电阻为$9\sim12k\Omega$。有火焰时,输出压≤1.0V(灌入电流为2mA)。无火焰(截止状态)对应逻辑"0";有火焰(导通状态)对应逻辑"1"。

(5) 基本功能:可探测到5m远处1烛光火焰(火焰直径不小于1cm,高不小于5cm)。

双紫外高速火焰传感器响应时间为0.9ms,满足AQ 1079—2009标准中规定其不大于5ms的要求。

5.2.4　双紫外高速火焰传感器可靠性试验

1. 双紫外高速火焰传感器抗干扰性验证

针对双紫外火焰传感器抗外界光源以及其他干扰的能力验证,将传感器、控制器、本安电源及模拟灭火瓶连接好,将传感器置于如图 5-8 所示的防误报测试台上进行多种环境下的抗误报测试:

矿灯的直射;

距离 600mm 处的 60A 电弧光,照射 30s;

距离 400mm 处的 80W 车前大灯,照射 15min;

距离 550mm 处的 450W 热风机,照射 15min;

距离 600mm 处的 200W 红外聚光灯,照射 15min;

距离 300mm 处的照相机闪光灯照射 10 次,闪光指数大于 21;

距离 300mm 处的车内 10W 灯,红光或白光,照射 15min;

距离 300mm 处 YT-1121 型大功率电子防暴器的电弧光,照射 1min。

图 5-8　双紫外火焰传感器抗干扰测试台

2. 双紫外高速火焰传感器可靠性验证

抑爆阻火系统可靠性是指在没有外部火焰的情况下其发生误启动的可能性,其直接决定因素是火焰探测器的可靠性问题。在 AQ 1079—2009 标准中仅对火焰探测器的响应时间有要求,故需要考察火焰探测器(或火焰探测单元)、抑爆阻火系统的可靠性。

由于抑爆阻火系统的火焰探测采用高灵敏度的紫外火焰探测器,在 AQ 1079—2009 标准中规定其探测火焰时的响应时间不大于 5ms。火焰探测灵敏度高,其直接结果有可能受环境"噪声"信号影响,在没有外部火焰情况下会发出启动抑爆阻火系统的"火警"信号,显然这在实际工程应用中是不允许出现的。为了减少误报警率,本书中火焰探测采用双紫外火焰探测器,且要发出报警信号,两个紫外火焰探测器必须同时具备报警条件才能输出"火警"信号。

　　为了考察抑爆阻火系统的可靠性,本项试验分别采用单紫外火焰探测器、双紫外火焰探测器与控制器、抑爆器连接,考察并记录火焰探测单元输出"火警"信号的情况。具体试验结果如表 5-4 所示。从表中可以看出,单紫外火焰探测器有误启动现象,而双紫外火焰探测器没有误启动现象,说明采用双紫外火焰探测器具有高可靠性。

表 5-4　单/双紫外火焰探测器可靠性试验结果

序号	火焰探测单元类型	试验周期	试验情况	备注
1	单紫外火焰探测器	2011 年 11 月 18 日~ 2012 年 5 月 17 日	2012 年 3 月 23 日出现过 1 次输出"火警"信号现象	在特定的暗室内 进行有关试验
2	双紫外火焰探测器		整个试验周期内没有出现 过输出"火警"信号现象	

5.3　瓦斯抽放管网抑爆器和控制器

5.3.1　抑爆器和控制器研制依据

　　AQ 1079—2009 标准中对控制器和抑爆器的具体要求如下。

　　抑爆器应符合下列技术要求。

　　(1) 喷撒滞后时间(抑爆器接收控制信号到喷出干粉灭火剂的时间间隔)应不大于 15ms;

　　(2) 喷撒效率(抑爆器喷撒出的干粉灭火剂质量与原储存干粉灭火剂质量百分之比)应不小于 80%;

　　(3) 喷撒完成时间(抑爆器从喷出干粉灭火剂到喷出干粉灭火剂最大质量的时间)应不大于 150ms;

　　(4) 控制器响应时间(由传感器输出可用信号到控制器输出控制信号之间的时间间隔)应不大于 15ms。

5.3.2　控制器过程控制电路板原理图

　　在系统的设计中,我们采用高速器件搭建电路,并着重在电路拓扑上进行优化使系统延时最小。另外采用多重隔离措施和必要的冗余设计,提高系统的可靠性和抗干扰能力。同时系统控制电路设计有部件自动检测分析、实时监测功能;在软件设计中嵌入故障诊断电路,可进行上电自检,关键部件级故障判断;传感器故障检测,抑爆器储气压力状态实时监测,并在软件中建立专家故障诊断数据库,实现在线故障诊断。

微处理器采用 3.3V 直流电供电,选用 TL1530 电源转换芯片,效率达到 85%～90%,功耗只有 2W 左右,整套灭火系统的电源电流应不小于 1.43A。

5.3.3　抑爆反应时间理论分析

整套抑爆系统对火焰的响应时间快,内置高性能微处理计算芯片。

微处理器的系统工作时钟 FOSC＝7.37MHz×16＝117.92MHz,指令周期时钟 FCY＝FOSC/4＝117.92/4＝29.48MHz,那么一条语句的执行时间 t＝1/29.48MHz＝0.034ms,在软件中设定的是每 1ms 中断一次,在中断函数中判断一次有无火焰。整个时间中断函数共有 23 条指令,这 23 条指令中包含若有火焰后对输出的执行语句。所以能检测到火焰的最长时间 T_{max}＝1ms＋0.034ms×23×2＋t_y,式中 T_{max} 为从有火焰开始到双紫火焰外探测器输出火警信号为止这一段时间的最大值,t_y 为电路中的延迟时间,与微处理器相连接的都是高速 CMOS和 TTL 电路,其中有两级高速 CMOS 和一级 TTL 电路。这些电路的延迟时间都在微秒级以下,t_y 可以忽略不计。

故 T_{max}＝1ms＋0.034ms×23×2＝2.564ms。

结论:双紫外火焰探测器对抑爆火焰的响应时间<3ms;

对普通火的响应时间由软件设置,在 3s 内判断火灾是否满足设定条件,满足条件后输出火警信号,所以,对普通火的判断<3s。

同理可以推算出控制器火警信号分析、处理到输出灭火瓶启瓶信号的最大时间<5ms。整套灭火抑爆装置对火焰的响应和做出处理的时间<3ms＋5ms＝8ms。这完全能满足抑爆(<10ms)的时间要求。

抑爆时间,即电爆管反应时间<5ms;

灭火剂释放反应时间<5ms;

整套灭火装置见火到灭火瓶喷射时间<8ms＋5ms＋5ms＝18ms,而抑爆器有效喷射时间小于 110ms,因此满足 150ms 内完成灭火抑爆全过程的要求。

5.3.4　技术参数

1. 控制器

(1) 额定工作电压:DC18V(本安),AC127V(非安),2 路同时供电。

(2) 直流端工作电流:≤400mA。

(3) 交流端输入视在功率:≤100V·A。

(4) 响应时间:≤15ms。

(5) 功能:①指示功能包括直流输入端电源指示、火警信号指示、火焰传感器故障指示、抑爆器故障指示;②控制功能包括根据输入无源接点信号(本安)的逻辑状态(有火焰),驱动相应的脉冲电平型信号(非安)输出。

2. 抑爆器

(1) 启爆电压:DC5V。

(2) 启爆电流:≤800mA。

(3) 电爆管电阻:3.4~4.0Ω。

(4) 性能参数:喷撒效率>80%;喷撒滞后时间≤15ms;喷撒完成时间≤150ms。

3. 矿用隔爆兼本安不间断电源箱

(1) 输入电源电压等级(可选):AC660V、AC127V,50Hz。

(2) 输出:电压18V,电流≥900mA。

(3) 备用电池:供电时间≥2h。

(4) 转换时间:0s。

控制器和抑爆器的外观结构分别如图5-9和图5-10所示。

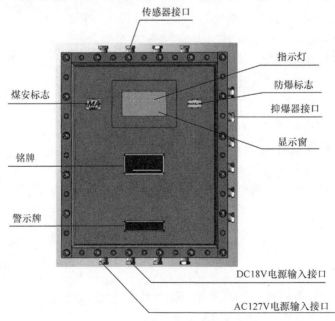

图 5-9　控制器外观结构图

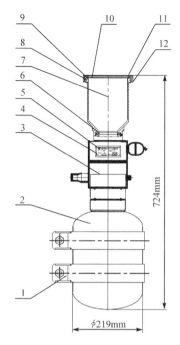

图 5-10　抑爆器外观结构

1-固定架；2-钢瓶(8L)；3-瓶头阀 DN50；4-铭牌；5-铆钉 2×3；6-垫圈；7-储粉筒；
8-螺盖；9-垫圈 1；10-膜片；11-压圈；12-盖帽

5.4　管道瓦斯抑爆系统性能检验

1. 试验条件

除环境试验或有关标准中另有规定外,试验应在下列环境条件中进行。
温度:15～35℃;
相对湿度:45%～95%;
大气压力:80～106kPa。

2. 抑爆器检测

1) 测试步骤

测试步骤如下:

(1) 称量干粉灭火剂,将装有干粉灭火剂的抑爆器安装于试验管道出口;

(2) 抑爆器处于正常工作状态,在抑爆器旁边用点火药头作为抑爆器动作时间参照点,用可调直流电源作为模拟信号,同时触发参照点火药头和抑爆器,用高

速摄像机摄录参照点火药头触发和抑爆器喷撒过程(不小于 500 幅/s 拍摄);

(3) 称量抑爆器中剩余的干粉灭火剂。

2) 结果处理

结果处理宜符合下列要求。

(1) 喷撒滞后时间:

$$t_1 = n_1 \Delta t \tag{5-1}$$

其中,t_1 为抑爆器喷撒滞后时间,s;n_1 为参照点火药头点火到抑爆器灭火剂喷出喷嘴的图像数,幅;Δt 为摄录图像的时间间隔,s。

(2) 喷撒效率:

$$\eta = \frac{m_0 - m_1}{m_0} \times 100\% \tag{5-2}$$

其中,η 为抑爆器喷撒效率,%;m_0 为抑爆器充装灭火剂质量,kg;m_1 为抑爆器剩余灭火剂质量,kg。

(3) 喷撒完成时间:

$$t_2 = n_2 \Delta t \tag{5-3}$$

其中,t_2 为喷撒完成时间,s;n_2 为干粉灭火剂从抑爆器喷嘴喷出到喷撒出最大质量干粉灭火剂完成的图像数,幅。

3) 自动喷粉抑爆装置工作正常性能试验

通电后,应检查是否有电源指示、电源欠压显示、抑爆器通断检测显示功能。

4) 自动喷粉抑爆装置工作稳定性能试验

试验应符合下列要求:

(1) 装置置于正常工作状态,先不连接抑爆器,使用模拟信号[火焰传感器处于四周密封环境(无火焰)],用数字万用表测试传感控制器件的输出;

(2) 接上抑爆器,再用上述信号触发,观察抑爆器是否被启动;

(3) 用模拟信号[火焰传感器处于 1 烛光火焰(5m 处)重复步骤(1)和(2)];

(4) 装置置于正常工作状态,工作 15d 后,重复步骤(1)、(2)和(3)。

5) 自动喷粉抑爆装置防爆性能试验

防护性能试验应按 GB 4208—2008《外壳防护等级(IP 代码)》中 IP54 的规定进行;最高表面温度试验应按 GB 3836.4—2000《爆炸性气体环境用电气设备　第 4 部分:本质安全型"i"》中 10.5 的规定进行;

火花点燃试验应按 GB 3836.4—2000 中 10.1~10.4 的规定进行;

本安参数测定应用计量合格的万用表进行测量;

应用计量合格的量具测量爬电距离、电气间隙和间距;

绝缘电阻试验应按 MT 209—1990《煤矿通信、检测、控制用电工电子产品通用技术要求》中 11.1 的规定进行;

耐压试验应按 GB 3836.4—2000 中 10.6 的规定进行。

6) 自动喷粉抑爆装置交变湿热、工作温度、储存温度试验

(1) 交变湿热。

交变湿热试验应按 GB/T 2423.4—1993《电工电子产品基本环境试验规程　试验 Db:交变温热试验方法》中试验 Db 的方法进行,在温度为(40±2)℃,相对湿度为(95±3)%条件下,持续时间为 12d。控制器和火焰传感器非包装,不通电,不进行中间测试。试验后,在 GB 4208—2008 规定的条件下保持 2h,应按 GB 3836.4—2000 和 MT 209—1990 标准相关规定的方法测试其性能。

(2) 工作温度。

① 低温工作应按 GB/T 2423.1—2001《电工电子产品环境试验　第 2 部分:试验部分　试验 A:低温》中试验 Ab 的方法进行。严酷等级:温度(25±3)℃,周期 2h。试验后,应按 GB 3836.4—2000 中 7.3 和 MT 209—1990 标准相关规定的方法测试其性能。

② 高温工作应按 GB/T 2423.2—2001《电工电子产品环境试验　第 2 部分:试验方法　试验 B:高温》中试验 Bb 的方法进行。严酷等级:温度(55±2)℃,周期 2h。试验后,应按 GB 3836.4—2000 中 7.3 和 MT 209—1990 标准相关规定的方法测试其性能。

(3) 储存温度。

① 低温储存试验应按 GB/T 2423.1—2001 中试验 Ab 方法进行,在温度为(−40±3)℃条件下,持续时间为 16h。控制器和火焰传感器非包装,不通电,不进行中间测试。试验后,应在 GB/T 2423.1—2001 中 7.1 规定的条件下保持 2h,按 GB 3836.4—2000 中 7.3 和 MT 209—1990 标准相关规定的方法测试其性能。

② 高温储存试验应按 GB/T 2423.2—2001 中试验 Bb 的方法进行,在温度为(60±2)℃条件下,持续时间为 16 h。控制器和火焰传感器非包装,不通电,不进行中间测试。试验后,应在 GB 4208—2008 规定的条件下保持 2h,按 GB/T 2423.2—2001 中 7.2、7.3、7.5 及 GB 3836.4—2000 中 7.3,MT 209—1990 标准相关规定的方法测试其性能。

7) 冲击、振动、跌落、运输试验

(1) 冲击。

冲击试验应按 GB/T 2423.5—1995《电工电子产品环境试验　第 2 部分:试验方法　试验 Ea 和导则:冲击》中试验 Ea 方法进行。峰值加速度为 500m/s^2(50g),脉冲持续时间为(6±1)ms,脉冲波形为正弦波。冲击次数三个面各三次,共九次试验后,应在 GB 4208—2008 规定的条件下,按 GB 3836.4—2000 和 MT 209—1990 标准相关规定的方法测试其性能。

（2）振动。

振动试验应按 GB/T 2423.10—1995《电工电子产品环境试验　第 2 部分：试验方法　试验 Fc 和导则：振动（正弦）》中试验 Fc 方法进行。频率范围为 10～150Hz，加速度为 50m/s²（5g），每条直线上扫频循环十次。试验时为非包装、非工作状态；试验后应在 GB 4208—2008 规定的条件下，按 GB 3836.4—2000 和 MT 209—1990 标准相关规定的方法测试其性能。

（3）跌落。

跌落试验应按 GB/T 2423.8—1995《电工电子产品环境试验　第 2 部分：试验方法试验 Ed：自由跌落》中试验 Ed 方法进行。试验台面为松木板，跌落高度为 0.5m，跌落三次。试验后，应在 GB 4208—2008 规定的条件下，按 GB 3836.4—2000 和 MT 209—1990 标准相关规定的方法测试其性能。

（4）运输。

运输试验应按 MT 209—1990 中 4.5.2 规定的方法进行。严酷等级为频率 4Hz，加速度为 30m/s²，试验时间为 2h。试验后，外观检查传感器紧固件及电缆插座不应松动、脱落。试验后，应在 GB 4208—2008 规定的条件下，按 GB 3836.4—2000 和 MT 209—1990 标准相关规定的方法测试其性能。

5.5　管道瓦斯抑爆系统抑爆实验

1. 实验条件

实验条件宜符合下列要求。

（1）干粉灭火剂用量：8～20kg/m²（ABC 干粉/铁基化合物复合粉剂）；

（2）爆炸实验管道：设计压力不小于 2MPa，管道长度不小于 60m；

（3）爆炸气体：全管道充体积分数 8.0%～10%CH_4 与空气预混气体；

（4）抑爆器后部每隔 3m 安装一个火焰传感器，共安装三个；

（5）点火源：三只 8 号工业电雷管用引火药头。

2. 抑爆剂选择

为了提高抑爆阻火系统的抑爆阻火性能，基于第 3 章实验室实验结果，本书开发了基于铁基化合物的超细复合 ABC 干粉抑爆阻火剂。ABC 干粉的主要灭火机理是分解吸热；铁基化合物首先通过气化吸热，然后分解成含铁的自由基组分，这些组分与燃烧自由基 OH/H 等发生销毁反应，终止燃烧链。铁基化合物的物性决定了它的抑爆效果。首先，从热重分析结果可知，铁基化合物在 230℃能完全气化分解，而 ABC 干粉在 250℃时仅分解 15%；其次，从差示扫描量热仪结果可以看出,单位质量铁基化合物吸热效果比 ABC 干粉好;再次,从粉体的扫描电镜结果可知,铁基化合物为丝网状结构,比表面积较 ABC 干粉大,有利于铁基化合物与瓦斯火焰之间的热交换,针对瓦斯爆炸这种高速过程(毫秒级),粉体与火焰间热交换时间非常短,因此铁基化合物的结构对于抑爆显得更为重要;最后,铁基化合物发挥早期抑爆作用,弥补 ABC 干粉热解温度高的缺点,ABC 干粉后期发挥抑爆作用,弥补铁基化合物后期冷凝失效的缺点,两者取长补短,发挥协同抑爆作用。实验研究表明,超细复合 ABC 干粉具有极高的抑爆阻火性能,最佳粉体质量配比为 95% ABC 干粉:5%铁基化合物复合粉体,最大超压下降 75.11%,最大火焰传播速度下降 72.33%。

3. 实验步骤

实验步骤符合下列要求:

(1) 在管道末端,用厚度为 0.12~0.14mm 的聚氯乙烯塑料薄膜封闭管道,构成甲烷爆炸性封闭气体,点火源安装在距管道初始端 4.5m 处;

(2) 传感器安装在距点火源 5m 处,抑爆器安装在距点火源 25m 处,点爆甲烷与空气混合物,用火焰传感器测试爆炸火焰到达位置,实验进行六次(抑爆性能实验示意图如图 5-11 所示)。

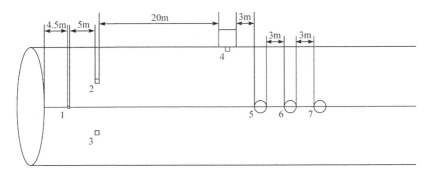

图 5-11　抑爆性能实验示意图

1-点火源;2,3-自动喷粉抑爆装置传感器;4-抑爆器;5,6,7-测试用火焰传感器

抑爆阻火系统在 AQ 1079—2009 中规定的实验管道上安装并开展抑爆阻火实验,在规定的六次实验中均没有点燃管道内的瓦斯气体,满足要求。

5.6　管道瓦斯抑爆系统防爆性能及安标取证

为了符合煤矿安全有关规定,对研制开发的抑爆阻火系统,除了进行抑爆阻火性能检测外,还需要进行防爆检测及安标取证工作,使系统达到有关规定的要求,以便在煤矿行业推广应用。

系统包括火焰探测器、控制器、抑爆器三个部分,每个部分均涉及电,故均需要分别进行防爆性能检测,通过防爆性能检测后才能取得防爆合格证、矿用产品安全标志证。同时由火焰探测器、控制器、抑爆器组成的抑爆阻火系统还需要单独取得安全标志准用证。

抑爆阻火系统防爆检测及取证工作在国家安全生产常州矿用通讯监控设备检测检验中心进行,安全标志取证工作在国家矿用产品安全标志中心进行。目前,所有检测及取证工作已完成。

1) 防爆合格证书编号

(1) GHZ5 矿用本安型火焰传感器 CCCMT12.0288;

(2) ZYBG-127Z 矿用隔爆兼本安型管道抑爆装置控制器 CCCMT12.0274;

(3) ZYB-Y1 矿用抑爆装置用抑爆器 CCCMT12.0325。

2) 矿用产品安全标志证书编号

(1) GHZ5 矿用本安型火焰传感器 MFB120196;

(2) ZYBG-127Z 矿用隔爆兼本安型管道抑爆装置控制器 MAC120485;

(3) ZYB-Y1 矿用抑爆装置用抑爆器 MJE120006;

(4) ZYBG 矿用管道抑爆装置 MAC120484。

5.7　现场工业性试验

自产品通过国家安全生产常州矿用通讯监控设备检测检验中心的检验并取得证书后,在山西、河南、安徽等地大、中型煤矿累计销售并安装 200 余套抑爆装置,装置运行状态良好。部分安装于地面瓦斯泵站的现场使用情况如图 5-12 所示。

图 5-12　抑爆装置地面泵站现场安装图

5.8　小　　结

基于超细复合干粉的瓦斯抽放管网抑爆减灾技术与装备由高速火焰探测器、控制器与抑爆器组成。本章提出了双紫外火焰探测技术,减少了误报率,提高了可靠性;开发了基于铁基化合物的超细复合 ABC 干粉抑爆阻火剂,提高了抑爆效率;研制了具有防爆合格证、矿用产品安全标志证书的瓦斯抽放管网抑爆减灾装备,具体结论如下。

(1)提出了双紫外火焰探测技术,研发了矿用本质安全型双紫外火焰探测器。该技术较 AQ 1079—2009 规范技术要求,降低了误报率,提高了可靠性。通过研究火焰探测器国内外现状,比较了单红外火焰探测器、单紫外火焰探测器、双红外火焰探测器和三红外火焰探测器的特点,分析了单红外火焰探测器抗干扰能力差,双红外火焰探测器、三红外火焰探测器和紫红外复合探测器受高温环境的限制等缺点,提出了双紫外探测技术的设计思路,研发了可靠的矿用本质安全型双紫外火焰探测器。为了降低误报警率,双紫外探测技术要求必须两个紫外火焰探测器同时具备报警条件才能输出火警信号。在特定的暗室内进行连续 6 个月的可靠性试验测试,双紫外火焰探测器没有出现过输出"火警"信号现象,而单紫外火焰探测器出现过 1 次输出"火警"信号现象。结果表明,研发的双紫外火焰探测器具有灵敏度高、抗干扰能力好、可靠性高等性能特点,能够确保抑爆阻火系统的可靠性和正常工作。双紫外火焰探测器响应时间为 2.564ms,满足 AQ 1079—2009 中规定其不大于 5ms 的要求。

(2) 研发了响应时间更快、有效喷射时间更短的矿用隔爆兼本安型管道抑爆装置控制器与抑爆器。控制器对火焰的响应时间为 0.5~1ms,抑爆器有效喷射时间小于 128ms,满足 AQ 1079—2009 规定要求。

(3) 根据实验室有关管道瓦斯抑爆阻火实验数据、国家有关机构检测检验结果,并结合煤矿井下抽放管道具体条件和 AQ 1079—2009,利用机械设计原理、煤矿电器防爆设计原理,研发了矿用管道抑爆装置,该装置集成了矿用本质安全型双紫外火焰探测器、矿用隔爆兼本安型管道抑爆装置控制器与抑爆器。

(4) 为了提高抑爆阻火系统的抑爆阻火性能,基于第 3 章实验结果,本书开发了基于铁基化合物的超细复合 ABC 干粉抑爆阻火剂。实验研究表明,超细复合 ABC 干粉具有极高的抑爆阻火性能。抑爆阻火系统在 AQ 1079—2009 中规定的试验管道上安装并开展抑爆阻火试验,在规定的 6 次试验中均没有点燃管道内的瓦斯气体,满足要求。

(5) 取得了防爆合格证、矿用产品安全标志证书。研制的抑爆阻火系统经国家安全生产常州矿用通讯监控设备检测检验中心、国家安全生产重庆矿用设备检测检验中心检验表明,紫外火焰探测器、控制器、抑爆器的各项防爆检验和型式检验结果满足有关规程、技术规范的要求,取得了防爆合格证、矿用产品安全标志证书,说明设备合格,可以在煤矿瓦斯抽放管道中安装和推广使用。

第6章 细水雾瓦斯输送管道抑爆减灾技术及装备

结合第4章含添加剂细水雾抑制瓦斯爆炸衰减特性及机理研究,根据获得的优选添加剂种类与浓度,本章将含添加剂细水雾技术应用于地面低浓度瓦斯安全输送管道保护,并研制相应的抑爆装备。

6.1 细水雾在全尺度输送管道中的雾场特征参数

6.1.1 管道中的雾场特征参数

由势流叠加原理,混合流场的势函数和流函数分别为瓦斯流场和细水雾流场的流函数和势函数的代数和,故混合流场的势函数和流函数表达式为

$$
\varphi = \varphi_{瓦} + \varphi_{细} = U_x + \frac{Q}{2\pi}\ln R + \frac{\Gamma}{2\pi}\theta + u_x x
$$
$$
\psi = \psi_{瓦} + \psi_{细} = U_y + \frac{Q}{2\pi}\theta - \frac{\Gamma}{2\pi}\ln R + u_y y
$$

(6-1)

由式(6-1)可得,瓦斯流场和细水雾流场相互作用产生的混合流场的轴向速度、径向速度、切向速度分别为

$$
\mu_z = \frac{\partial \varphi}{\partial z} = U + u_x
$$
$$
\mu_r = \frac{\partial \varphi}{\partial r} = \frac{Q}{2\pi r}
$$
$$
\mu_\theta = \frac{\partial \varphi}{r \partial \theta} = \frac{\Gamma}{2\pi r}
$$

(6-2)

由式(6-2)可知,喷嘴在0°(细水雾流向与瓦斯流向相同)安装和180°(细水雾流向与瓦斯流向相反)安装时,瓦斯流场和细水雾流场叠加而成的混合流场的径向速度、切向速度没有发生变化,而轴向速度随着喷嘴安装角度的变化而变化;当喷嘴0°安装时,混合流场轴向速度为细水雾流场速度与瓦斯流场速度之和;当喷嘴180°安装时,混合流场轴向速度为细水雾流场速度与瓦斯流场速度之差。从混合流场速度稳定性和稳定时间两方面相比,喷嘴0°安装要优于喷嘴180°安装。因此,为了获得更远的协流安全输送距离,采用喷嘴0°安装。具体如图6-1所示。

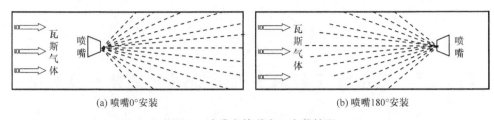

图 6-1　喷嘴在管道中心安装情况

细水雾颗粒在输送管道中的均布受到瓦斯流场入口速度、喷嘴安装角度、布置方式等多种因素的影响。细水雾的雾场特征参数由全尺度瓦斯输送管道实验平台试验确定,所选用的喷嘴为第 4 章优选出来的特制喷嘴,所选用添加剂为 $FeCl_2$ 试剂,质量分数为 0.8%。

试验验证系统主要包括低浓度瓦斯-细水雾安全输送模拟装备、喷雾系统、高压水动力站、智能风速仪、透明试验管道、高速摄像系统等。试验时由离心水泵提供压力,压力可调范围为 0~14MPa,根据第 4 章的喷嘴优选结果,系统压力设定 1.6MPa,细水雾物场分布特性试验测试系统实物如图 6-2 所示。试验段为内径 300mm 的有机透明玻璃管道,长度为 8000mm,试验时喷嘴上游压力为 1.6MPa,水的流量为 0.025kg/s,在瓦斯流场速度为 1m/s、2m/s、3m/s、4m/s、5m/s、6m/s 六种工况条件下,对细水雾与瓦斯混合特性及是否均匀布满管道进行了测试。

图 6-2　试验测试系统实物图

　　通过试验获得当喷嘴 0°安装时,细水雾颗粒的均布长度、混合流体在管道中的压降和速度变化均优于喷嘴 180°安装。

　　由高速摄像系统得到的细水雾流场均布过程见图 6-3,细水雾颗粒经压力-螺旋喷嘴射出后,在输送管道中做螺旋运动,逐渐均匀布满管道,随着时间的推移细水雾颗粒逐渐在管壁上汇集;瓦斯气体流动速度越大,细水雾颗粒布满输送管道所需时间越短。

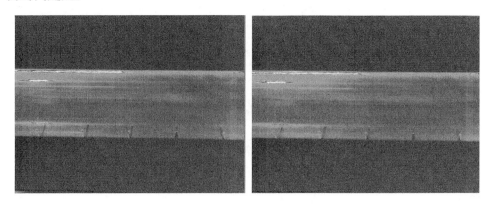

图 6-3　细水雾在管道内的雾场分布

　　结合研究结果和生产现状,在低浓度瓦斯输送管道中获得最佳的细水雾物场特性为:喷嘴 0°安装,布置位置为管道中心,输送管径为 300mm,系统所用的水泵压力为 1.6MPa。

6.1.2　瓦斯-细水雾流场的数学模型

　　在规定的实验条件下,瓦斯-细水雾混合流场在瓦斯输送管道中具有以下特征:混合流场为稳定流场,成分为瓦斯气体和细水雾颗粒;细水雾颗粒相以离散相喷射形式进入流场。瓦斯气体在输送过程中会出现速度的变动,即流场处于湍流状态。湍流的波动引起瓦斯流场与细水雾流场、细水雾颗粒与细水雾颗粒之间的能量交换,以及浓度和动量变化。

　　瓦斯-细水雾混合流体在输送管道中满足以下动力学方程。

　　连续性方程为

$$\frac{\partial \mu_z}{\partial z} + \frac{1}{r}\frac{\partial \mu_\theta}{\partial \theta} = 0$$
$$\frac{\partial \mu_z}{\partial z} + \frac{1}{r}\frac{\partial \mu_r}{\partial r} + \frac{1}{r}\frac{\partial \mu_\theta}{\partial \theta} = 0$$

(6-3)

　　N-S 方程为

$$\begin{cases}
\dfrac{u_\theta}{r}\dfrac{\partial u_\theta}{\partial \theta}+u_z\dfrac{\partial u_\theta}{\partial z}=-\dfrac{1}{r}\dfrac{\partial p}{\partial \theta}+\mu\left(\dfrac{1}{r^2}\dfrac{\partial^2 u_\theta}{\partial \theta^2}+\dfrac{\partial^2 u_\theta}{\partial z^2}-\dfrac{u_\theta}{r^2}\right)\\[3mm]
\dfrac{u_\theta}{r}\dfrac{\partial u_z}{\partial \theta}+u_z\dfrac{\partial u_z}{\partial z}=-\dfrac{\partial p}{\partial z}+\mu\left(\dfrac{1}{r^2}\dfrac{\partial^2 u_z}{\partial \theta^2}+\dfrac{\partial^2 u_z}{\partial z^2}\right)\\[3mm]
\dfrac{\partial}{\partial z}(\rho u_z u_z)+\dfrac{1}{r}\dfrac{\partial}{\partial r}(r\rho u_r u_z)+\dfrac{1}{r}\dfrac{\partial}{\partial \theta}(\rho u_\theta u_z)\\[3mm]
\quad=\dfrac{\partial}{\partial z}\left(\mu_e\dfrac{\partial u_z}{\partial z}\right)+\dfrac{1}{r}\dfrac{\partial}{\partial r}\left(\mu_e r\dfrac{\partial u_z}{\partial r}\right)+\dfrac{1}{r}\dfrac{\partial}{\partial \theta}\left(\dfrac{\mu_e}{r}\dfrac{\partial u_z}{\partial \theta}\right)-\dfrac{\partial p}{\partial z}+\dfrac{\partial}{\partial z}\left(\mu_t\dfrac{\partial u_z}{\partial z}\right)\\[3mm]
\qquad+\dfrac{1}{r}\dfrac{\partial}{\partial r}\left(r\mu_t\dfrac{\partial u_r}{\partial z}\right)+\dfrac{1}{r}\dfrac{\partial}{\partial \theta}\left(r\mu_t\dfrac{\partial u_\theta}{\partial z}\right)\\[3mm]
\dfrac{\partial}{\partial z}(\rho u_z u_r)+\dfrac{1}{r}\dfrac{\partial}{\partial r}(r\rho u_r u_r)+\dfrac{1}{r}\dfrac{\partial}{\partial \theta}(\rho u_\theta u_r)\\[3mm]
\quad=\dfrac{\partial}{\partial z}\left(\mu_e\dfrac{\partial u_r}{\partial z}\right)+\dfrac{1}{r}\dfrac{\partial}{\partial r}\left(\mu_e r\dfrac{\partial u_r}{\partial r}\right)+\dfrac{1}{r}\dfrac{\partial}{\partial \theta}\left(\dfrac{\mu_e}{r}\dfrac{\partial u_r}{\partial \theta}\right)-\dfrac{\partial p}{\partial r}+\dfrac{\partial}{\partial z}\left(\mu_t\dfrac{\partial u_z}{\partial r}\right)\\[3mm]
\qquad+\dfrac{1}{r}\dfrac{\partial}{\partial r}\left(r\mu_t\dfrac{\partial u_r}{\partial r}\right)+\dfrac{1}{r}\dfrac{\partial}{\partial \theta}\left[\mu_t\dfrac{r\partial(u_\theta/r)}{\partial r}\right]-\dfrac{2\mu_t}{r}\left(\dfrac{1}{r}\dfrac{\partial u_\theta}{\partial \theta}+\dfrac{u_r}{r}\right)+\dfrac{\rho u_\theta^2}{r}\\[3mm]
\dfrac{\partial}{\partial z}(\rho u_z u_\theta)+\dfrac{1}{r}\dfrac{\partial}{\partial r}(r\rho u_r u_\theta)+\dfrac{1}{r}\dfrac{\partial}{\partial \theta}(\rho u_\theta u_\theta)\\[3mm]
\quad=\dfrac{\partial}{\partial z}\left(\mu_e\dfrac{\partial u_\theta}{\partial z}\right)+\dfrac{1}{r}\dfrac{\partial}{\partial r}\left(\mu_e r\dfrac{\partial u_\theta}{\partial r}\right)+\dfrac{1}{r}\dfrac{\partial}{\partial \theta}\left(\dfrac{\mu_e}{r}\dfrac{\partial u_\theta}{\partial \theta}\right)-\dfrac{1}{r}\dfrac{\partial p}{\partial \theta}+\dfrac{\partial}{\partial z}\left(\mu_t\dfrac{\partial u_z}{r\partial \theta}\right)\\[3mm]
\qquad+\dfrac{1}{r}\dfrac{\partial}{\partial r}\left[r\mu_t\left(\dfrac{1}{r}\dfrac{\partial u_r}{\partial \theta}-\dfrac{u_\theta}{r}\right)\right]+\dfrac{1}{r}\dfrac{\partial}{\partial \theta}\left[\mu_t\left(\dfrac{1}{r}\dfrac{\partial u_\theta}{\partial \theta}+\dfrac{2u_r}{r}\right)\right]\\[3mm]
\qquad+\dfrac{\mu_t}{r}\left(r\dfrac{\partial(u_\theta/r)}{\partial r}+\dfrac{1}{r}\dfrac{\partial u_r}{\partial \theta}\right)-\dfrac{\rho u_r u_\theta}{r}
\end{cases} \tag{6-4}$$

其中,ρ 为混合流体密度;p 为输送管道中压力;μ_e 为有效黏性系数,其值为 $\mu_e=\mu+\mu_t$;μ_t 为湍流黏性系数;μ 为层流黏性系数。

通过 PIV 测量了细水雾液滴在实验段中纵截面处的流场如图 6-4 所示,可以获知在雾化锥体下游流场的纵截面上产生了小尺度旋涡结构,当气流速度不同时,管道内气体绕流雾化锥体形成的上、下区域交界面处产生的速度梯度不同,交界面处的剪切应力也不同。气流速度越高,绕流后剪切应力引起的气相场的湍流度越高,从而在纵截面上诱导产生的涡强度也越强,气相对液滴的剪切升力就越大,较大的剪切升力有利于延长细水雾液滴颗粒在瓦斯气相流中的悬浮时间,瓦斯-细水雾混合流场更均匀,细水雾更有利于保护瓦斯在管道内的安全输送。

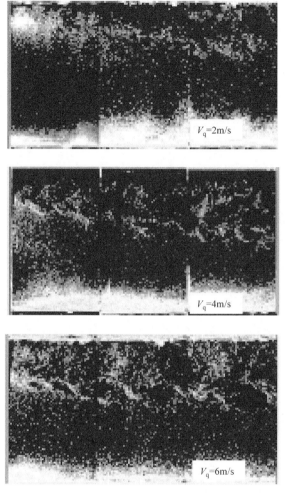

图 6-4　细水雾在不同截面处的速度分布图

6.2　管道水-气两相流下细水雾凝结沉降特性

6.2.1　细水雾颗粒沉降分析

细水雾颗粒在输送管道中受到自身重力、浮力、拖曳阻力、Saffman 升力、布朗力、附加质量力及热泳力等力的作用。同时细水雾颗粒大小不同,形状为非规则球体,因此在瓦斯气体协流下对细水雾流场做以下假设:

(1)细水雾颗粒与瓦斯流场之间不存在热交换与质量交换;

(2)忽略细水雾颗粒间的交互作用;

(3)细水雾颗粒为形状规则的球体,在运动过程中不发生破裂和变形;

（4）瓦斯流场和细水雾颗粒之间为单向耦合。

1. 重力

细水雾颗粒在瓦斯流场中运动时，受到自身重力的影响，其重力表达式为

$$P = \frac{\pi}{6} d_1^3 \rho_1 g \tag{6-5}$$

其中，d_1 为细水雾颗粒的直径，mm；ρ_1 为细水雾颗粒的密度，kg/m^3；g 为重力加速度，m/s^2。

2. 浮力

细水雾颗粒在输送管道内运动时受到瓦斯流场浮力的作用，其方向与细水雾颗粒自身重力的方向相反，其表达式为

$$F_t = \frac{\pi}{6} d_1^3 \rho_g g \tag{6-6}$$

其中，ρ_g 为瓦斯气体的密度，kg/m^3。

3. 拖曳阻力

拖曳阻力是指颗粒因周围流场速度变化而引起的附加作用力。如果瓦斯流场来流是均匀的，那么细水雾颗粒所受的阻力和瓦斯流体静止时细水雾颗粒所受的阻力相等。瓦斯流场具有一定的黏性，因此在细水雾颗粒的表面有一层黏性附面层，它在细水雾颗粒表面的剪应力和压强具有不对称性。细水雾颗粒一方面受到表面的、与瓦斯流场来流方向一致的摩擦剪应力的作用；另一方面受到与瓦斯来流方向一致的压差阻力影响。因此，细水雾颗粒在瓦斯流场中所受到的拖曳阻力由压差阻力和摩擦剪应力构成，其表达式可表示为

$$F = F_D (v_1 - v_g) \tag{6-7}$$

其中，F_D 为拖曳阻力；v_1 为细水雾颗粒的速度，m/s；v_g 为瓦斯流场的来流速度，m/s。

$$F_D = \frac{18\mu_D}{\rho_g d_1^2} \cdot \frac{C_D Re}{24} = \frac{3\mu_D C_D Re}{4\rho_g d_1^2} \tag{6-8}$$

其中，μ_D 为瓦斯流场的动力黏度，$N \cdot s/m^2$；C_D 为拖曳阻力系数；$Re = \rho v d / \mu$，其中 v、ρ、μ 分别为流体的流速、密度与黏性系数，d 为一特征长度。

4. 布朗力

细水雾颗粒的质量、体积比较小，因此在运动过程中，布朗力对细水雾颗粒的影响不可忽略。布朗力分量可通过高斯过程模拟得到，其谱密度表示为

$$S_{mij} = S_{ij} \cdot S_0 \tag{6-9}$$

其中，S_{ij} 为克罗内克 δ 函数；S_0 可由式（6-10）求得：

$$S_0 = \frac{2116\sigma\mu}{\pi^2 C_c d_1^5 \left(\dfrac{\rho_1}{\rho_g}\right)^2} \tag{6-10}$$

其中，C_c 为动量系数；σ 为 Stefan-Boltzmann 常数。

布朗力的分量值可表示为

$$F_{bl} = \xi_i \cdot \sqrt{\frac{\pi S_0}{\Delta t}} \tag{6-11}$$

其中，ξ_i 为方差为 2、期望为 0 的独立正态分布随机数。

5. 附加质量力

细水雾在瓦斯流场运动时，受到瓦斯流场加速度的影响，即附加质量力的作用，其附加质量力的表达式为

$$F_f = \frac{\rho_g}{2\rho_1} \cdot \frac{d(u_g - u_1)}{dt} \tag{6-12}$$

当 $\rho_g \geqslant \rho_1$ 时，瓦斯流场的附加质量力对细水雾颗粒的作用不可忽略，瓦斯流场由于压力梯度变化而引起的附加质量力可表示为

$$F_f = \frac{\rho_g}{\rho_1} \cdot u_1 \frac{\partial u_g}{\partial x} \tag{6-13}$$

6. 热泳力

在低浓度瓦斯输送过程中，瓦斯气体的温度与细水雾颗粒的温度并不相同，因此，细水雾颗粒受到瓦斯流场和细水雾流场温差而产生的热泳力的作用。在研究时假设细水雾颗粒为形状规则的球体，瓦斯气体为理想气体，则细水雾颗粒所受热泳力的表达式为

$$F_x = -\frac{D_{\tau g}}{T m_1} \cdot \frac{\partial T}{\partial x} \tag{6-14}$$

其中，$D_{\tau g}$ 为热泳力系数，研究时可以定义为常数。也可用 Brook-Talbot 公式得到其表达式：

$$F_x = \frac{1}{T m_1} \frac{\partial T}{\partial x} \frac{6\pi d_1 u^2 C_s (C_t Kn + k)}{\rho(2k + 1 + 2C_t Kn)(3C_m Kn + 1)} \tag{6-15}$$

其中，Kn 为克努森（Knudsen）数，可由式 $Kn = 2\lambda/(d\rho)$ 获得，λ 为瓦斯气体分子平均自由程；$k = \dfrac{k_g}{k_1}$，k_g 为气体热导率，k_1 为细水雾颗粒热导率；m_1 为细水雾颗粒质量；

T 为瓦斯流体的温度；各热容的取值（无量纲）为 $C_t=2.18, C_s=1.17, C_m=1.14$。

7. 细水雾颗粒沉降运动轨迹方程

假设细水雾颗粒主要受到重力、浮力和阻力，其他力可以忽略，则细水雾颗粒的运动轨道可由求解细水雾颗粒作用力的微分方程得到，即细水雾颗粒所受力的力平衡方程的表达式为

$$\frac{\mathrm{d}u_1}{\mathrm{d}t}=F_D(u_g-u_1)+F_x+\frac{g(\rho_1-\rho_g)}{\rho_1 d_1^2} \tag{6-16}$$

将式（6-8）和（6-14）代入式（6-16）可得

$$\frac{\mathrm{d}u_1}{\mathrm{d}t}=\frac{3\mu C_D Re}{4\rho_g d_1^2}(u_g-u_1)-\frac{D_{\tau g}}{Tm_1}\cdot\frac{\partial T}{\partial x}+\frac{g(\rho_1-\rho_g)}{\rho_1 d_1^2} \tag{6-17}$$

瓦斯在输送管道中运动时，其温度基本不发生变化，因此式（6-17）可简化为

$$\frac{\mathrm{d}u_1}{\mathrm{d}t}=\frac{3\mu C_D Re}{4\rho_g d_1^2}(u_g-u_1)+\frac{g(\rho_1-\rho_g)}{\rho_1 d_1^2} \tag{6-18}$$

6.2.2　细水雾颗粒沉降试验

为了更好地描述细水雾的沉降规律，掌握细水雾沉降特性对工程应用的影响，研究时采用理论分析与试验相结合的方法。首先，通过理论分析建立细水雾运动的理论模型，对细水雾沉降的机理在理论上进行解释；其次，通过分析喷嘴安装的最佳工况，减少试验测量所带来的人力、物力及时间的投入，再通过试验测量的方法对细水雾颗粒在输送管道中的真实沉降规律进一步分析，所用的沉降试验管道如图 6-5 所示。

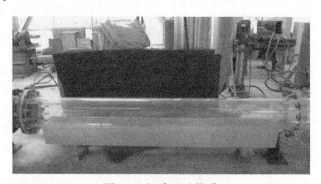

图 6-5　沉降试验管道

本试验原理是在试验管道底部均匀地开一定长度和宽度的小槽，试验段所开小槽的尺寸为 $10\mathrm{mm}\times200\mathrm{mm}$，每隔 $250\mathrm{mm}$ 开一小槽，试验管道内径为 $300\mathrm{mm}$，测试点之间的距离为 $250\mathrm{mm}$，通过一定的接收装置测量在最佳工况下某一段时间所收集到的细水雾液体体积，最终计算出细水雾颗粒在每一小段上的平均沉降率。

目前,在测定输送管道中细水雾的沉降方面还没有试验实例。为了更好地表示细水雾在输送管道中的沉降情况,在此引入细水雾沉降率(管道中细水雾在单位时间、单位面积内细水雾沉降的质量)这一概念,其表达式如(6-19)所示:

$$R_{\text{accretion}} = \sum_{p=1}^{N_{\text{particles}}} \frac{m_p}{A_{\text{face}}} \tag{6-19}$$

其中,$R_{\text{accretion}}$ 为管道内细水雾颗粒沉降率;A_{face} 为试验管道的面积;m_p 为单位时间细水雾颗粒在试验段沉降的质量。

1. 细水雾沉降量的测量

试验时,先打开空压机,调节空压机流量使其达到试验所需的流场速度,待瓦斯流场稳定后打开细水雾发生器,同时开始计时,测试时间为 5min。试验结束时快速关闭试验段两端的插板阀,同时关闭细水雾发生器和空压机,以消除试验段前后对测试结果的影响。然后,对水槽中所收集的液体体积进行测量。

在 5min 内,不同的瓦斯流场速度下每隔 250mm 长度,细水雾颗粒沉降液体体积量如表 6-1 所示。

表 6-1 不同测试点细水雾沉降液体体积(5min) （单位:mL）

速度/(m/s)	测点 1	测点 2	测点 3	测点 4	测点 5	测点 6	测点 7	测点 8	测点 9	测点 10
1	4200	500	600	380	170	65	35	20	—	—
2	4000	510	360	240	200	150	125	90	60	50
3	3500	460	370	260	210	180	150	120	95	80
4	3300	570	480	280	190	150	100	80	65	50
5	3150	600	500	310	180	140	90	75	50	30
6	2830	620	580	195	120	85	75	50	40	25

2. 测试结果整理及分析

由表 6-1 测试结果可以计算单位面积、单位时间内不同位置的细水雾颗粒沉降率,结果如表 6-2 所示,表中 0.25m 表示喷嘴后方 0.25m 处,其他位置依次类推。

表 6-2 单位时间、单位面积内不同位置细水雾颗粒沉降率

[单位:g/(s • m²)]

速度/(m/s)	0.25m	0.5m	0.75m	1m	1.25m	1.5m	1.75m	2m	2.25m	2.5m
1	792.5	94.3	113.2	71.7	32.1	12.3	6.6	3.8	1.9	—
2	754.7	96.2	67.9	45.3	37.7	28.3	23.6	17.0	11.3	7.5
3	660.4	86.8	69.8	49.1	39.6	34.0	28.3	22.6	17.9	15.1

续表

速度/(m/s)	0.25m	0.5m	0.75m	1m	1.25m	1.5m	1.75m	2m	2.25m	2.5m
4	623.8	107.5	90.6	52.8	35.8	28.3	18.9	15.1	12.3	7.5
5	595.5	113.2	94.3	58.5	34.0	26.4	17.0	14.2	9.4	5.7
6	534.9	117.0	109.4	36.8	22.6	16.0	14.2	9.4	7.5	4.7

在相同瓦斯流场速度、不同位置的情况下,细水雾颗粒沉降率如图 6-6 所示,图中横坐标为测试点距喷嘴距离,纵坐标为细水雾颗粒沉降率。

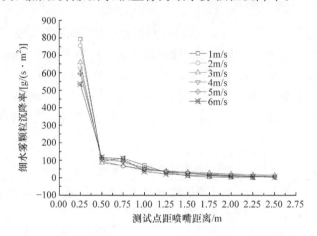

图 6-6　相同瓦斯流场速度、不同位置细水雾颗粒沉降率

由图 6-6 可知,当瓦斯流场速度为 1m/s 时,细水雾颗粒沉降率在 0.25～0.5m 处逐渐降低,而 0.5～0.75m 处细水雾颗粒沉降率逐渐升高,0.75m 以后细水雾颗粒沉降率逐渐降低,在其他瓦斯流场速度下,细水雾颗粒沉降率随着瓦斯输送距离的增加而降低;无论瓦斯流场速度如何变化,细水雾颗粒在 0.25m 处的沉降率总是最大,其原因为细水雾颗粒自喷嘴射出后直接喷射在管壁上,致使 0～0.25m 处的平均沉降率增大;随着瓦斯输送距离的增加,细水雾颗粒沉降率的降幅逐渐减小,起到长距离保护瓦斯安全输送效果。

在相同位置、不同瓦斯流场速度的情况下,细水雾颗粒的沉降效果如图 6-7 所示,图中横坐标为瓦斯流场速度,纵坐标为细水雾颗粒沉降率。

由图 6-7 可知,当瓦斯流场速度为 1～3m/s 时细水雾颗粒沉降率在 0.25m 处随着瓦斯流场速度的增大而减小,当瓦斯流场速度大于 3m/s 时,其沉降率基本未发生改变;在相同位置处(0.25m 除外),细水雾颗粒沉降率随着瓦斯流场速度的变化,大多出现先减小后增大的现象,其原因主要为,起初阶段瓦斯流场速度过小,细水雾颗粒受自身重力影响使瓦斯气体中水雾含量逐渐减小,随着瓦斯流场速度

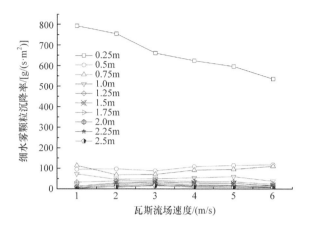

图 6-7　相同位置、不同瓦斯流场速度细水雾颗粒沉降率

的增大,细水雾受到来自瓦斯流场的扰动、附加质量力等因素影响使瓦斯流场的水雾携带能力增强,更有利于气-水协流作用,将细水雾与瓦斯气流更好地混合,并携带到更远的距离,达到更好的保护效果。

6.3　低浓度瓦斯安全输送管道抑爆装备研制

结合前面的研究成果,将含添加剂细水雾抑制瓦斯燃烧爆炸的机制应用于低浓度瓦斯安全输送管道中,设计的整个管道抑爆装备由特制喷嘴、添加试剂、水箱、混合器、水泵、流量计、压力表、若干管路、沉淀池、分离器、继电器、控制器、红外 CH_4 传感器组成。含添加剂细水雾安全输送管道抑爆装备系统如图 6-8 所示,管道内细水雾喷嘴的布置方式如图 6-9 所示(针对 10 个发电机组)。

含添加剂细水雾安全输送管道抑爆装备系统各个组成部分的作用与功能如下。

喷嘴:采用螺旋式的特制喷嘴,所获得的平均细水雾粒径大小为 $50\mu m$,在管路中与瓦斯协流的保护距离为 9m。

添加试剂:增加雾化效果,加强抑制火焰扩散和熄灭火焰的作用。

水箱:起连续向水泵和水雾喷嘴供水的作用,水箱的容积多大比较合适,尚待在实践中总结经验,目前认为水箱的容积至少应大于系统工作 1h 的用水量。为了使水箱能满足系统正常工作的要求,水箱上应安装搅拌器,应该有检修用的人孔,有往水箱中添加添加剂的加料孔,有水位计,有来自分离器的回水控制装置。

混合器:添加试剂与水的混合。

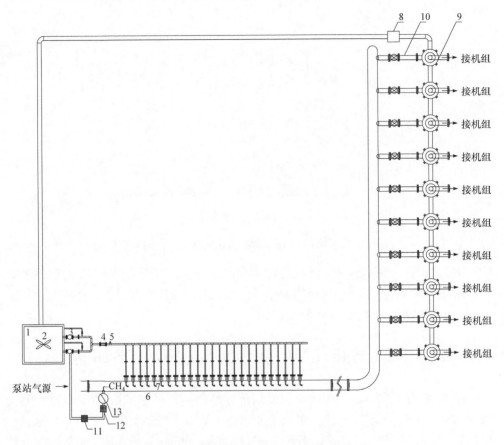

图 6-8　含添加剂细水雾安全输送管道抑爆装备系统

1-水箱;2-搅拌机;3-水泵;4-流量计;5-压力表;6-DN700 干管;7-水雾喷头;8-沉淀池;
9-分离器;10-DN300 支管;11-继电器;12-控制器;13-红外 CH_4 传感器

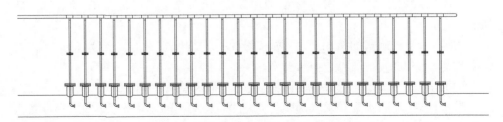

图 6-9　管道内细水雾喷嘴布置示意图

　　水泵:细水雾的产生要求系统压力源能够提供较宽范围的压力和流量,且一旦系统工况确定以后,系统的压力脉动越小越好,照此要求,本书在搭建试验平台时,选择离心泵作为系统压力源,所选离心泵的额定工况参数为:扬程 $H=1.6\text{MPa}$;流量 $Q=4\text{m}^3/\text{min}$;转速 $n=2900\text{r/min}$。

沉淀池：分离后的细水雾进入沉淀池，对水进行过滤，通过回流管路返回水箱再循环使用。

分离器：瓦斯气体进入发电机组前，对瓦斯气流中含有的细水雾进行清除和分离，分离器的除雾效率要达到 99%。

压力表：在水泵出口和喷嘴处分别加装高精度压力表，以方便随时监控和调整系统压力。

流量计：水泵出口管路加装电磁流量计，监控管道系统流量。

继电器：属于电控制器件，是当输入量的变化达到规定要求时，在电气输出电路中使被控量发生预定的阶跃变化的一种电器。它具有控制系统和被控制系统之间的互动关系，起自动调节、安全保护、转换电路的作用。

控制器：按照预定指令改变主电路或控制电路的接线和改变电路中电阻值来控制电动机的启动、调速、制动和反向的主令装置。

红外 CH_4 传感器：检测管道内流动瓦斯的浓度大小。

系统制动为手动控制和自动控制，手动控制为使管道内的瓦斯一直处于被保护状态；自动控制为通过火焰传感器或瓦斯浓度传感器获得信号后就驱动细水雾系统，达到保护管道中瓦斯的作用。

6.4　瓦斯-细水雾混合物分离技术与装置

瓦斯-细水雾混合物分离是细水雾协流瓦斯安全输送过程中最重要的环节。由于细水雾的颗粒较小，瓦斯-细水雾混合物分离不彻底，细水雾进入发电机组，将直接影响发电效率，腐蚀发动机设备，所造成的危害是不可估量的，因此，对分离技术和装置的要求非常高。为此进行了瓦斯-细水雾混合物分离技术研究和设备研发。

6.4.1　旋风分离器设计思路与原理

旋风分离器的分离效率与颗粒的运动过程密切相关，而颗粒的运动又与旋风分离器内部的流场密切相关。本书设计的常规的筒锥型旋风分离器的设计方法，是按照 Muschelknautz 模型方法，同时参照 Trefz 模型方法。

首先，用经验公式计算矩形入口旋风分离器的入口收缩系数 α：

$$\alpha = \frac{1}{\xi}\left\{1 - \sqrt{1 + 4\left[\left(\frac{\xi}{2}\right)^2 - \frac{\xi}{2}\right]\sqrt{1 - \frac{(1-\xi^2)(2\xi - \xi^2)}{1 + c_0}}}\right\} \qquad (6\text{-}20)$$

其中，$\xi = b \left/ \left(\dfrac{D_0}{2}\right)\right. = b/R$（其中的符号定义和意义，参见图 6-10）；$c_0$ 是旋风分离器入口两相流中的颗粒质量与气体质量的比值。

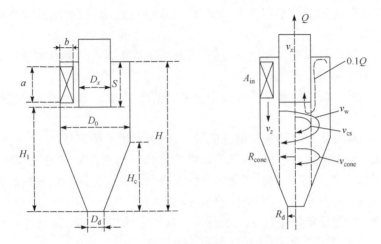

图 6-10　典型的筒锥型旋风分离器示意图

若已知 α 及 v_{in}、R_{in} 和 R，则可以计算器壁表面的切向速度 $v_{\theta w}$：

$$v_{\theta w} = \frac{v_{\text{in}} R_{\text{in}}}{\alpha R} \tag{6-21}$$

其中

$$v_{\text{in}} = \frac{Q}{A_{\text{in}}} = \frac{Q}{ab} \tag{6-22}$$

几何平均半径：

$$R_{\text{m}} = \sqrt{R_x R} \tag{6-23}$$

还需要计算器壁表面的轴向速度：

$$v_{zw} = \frac{0.9Q}{\pi(R^2 - R_{\text{m}}^2)} \tag{6-24}$$

Trefz 和 Muschelknautz 认为大约 10% 的入口气量会走旋风分离器的短环路，这部分气量沿着旋风分离器的顶板和升气管的外壁以螺旋方式进入升气管而排出（图 6-11）。这部分气量一般占入口气量的 4%～16%，平均值是 10%，其余约 90% 的入口气量沿器壁内流动并由外旋涡进入内旋涡。

6.4.2　旋风分离器的参数设计

1. 旋风分离器结构设计

在本设计中，旋风分离器在常温、低压的条件下工作，且来流为瓦斯气体与细水雾的混合物，对旋风分离器的腐蚀作用不大，若采用不锈钢材料，则基本不存在腐蚀问题。

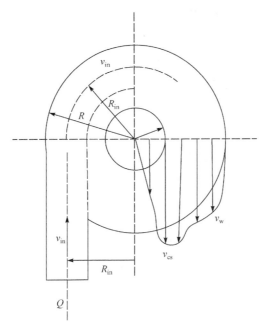

图 6-11　典型的筒锥旋风分离器俯视

来流的流量为 $Q=20\mathrm{m^3/min}$，含液量为 $0.2\mathrm{g}$（液体）$/\mathrm{m^3}$（气体），温度为 $25℃$，压力为 $1.6\mathrm{MPa}$。要求分离率在 98% 以上，且压降不超过 $1\mathrm{kPa}$。设计的旋风分离器的结构尺寸见表 6-3。

表 6-3　结构尺寸设计表

名称	公式	结果/mm
入口管道管径	D	300
分离器入口高	a	300
分离器入口宽	b	120
筒体直径	D_0	600
筒体主体高	H	1500
气液挡板直径	D_g	480
净化气体出口直径	D_x	300
气体出口伸入段长度	S	375
入口中心的径向位置	$R_{in}=D_0/2-b/2$	240

2. 旋风分离器的性能计算

本书提出的气液旋风分离器性能方法与 Muscheknauta-Dahl 提出的气固旋风

分离器计算方法相似。与气固旋风分离器不同,人们几乎无法对进入气液旋风分离器来流中的液滴直径分布进行测定,而且常常是连进入旋风分离器的液体量也不能确定。本书为此提出的方法对估算旋风分离器的切割粒径有所帮助,当然如果已知液体浓度和液滴直径的近似分布,就可计算总的分离效率。

3. 雾式环状两相流的入口液滴直径计算

与气固旋风分离器不同,除雾旋风分离器的性能与其上游管线中的流动形态密切相关。这是因为进入旋风分离器内的液滴分布要受到剪切速率和表面张力等因素的严重影响,而剪切速率本身又是上游管道直径、表观气速以及气液相的物理特性(即密度和黏度)的函数。

在雾式环状流动状态下,可以利用 Harwell 方法粗略地估算液滴平均直径。Harwell 方法适用于稳态流动以及下游流动存在各种干扰(如孔板、阀门、扩散节、弯头以及三通等)时的情况,它只是计算液滴直径的几个关联式之一。尽管如此,它是在蒸汽-气、空气-水和其他多种流体数据的基础上总结出来的,因此它是最准确和实用的关联式之一。估算液滴平均直径的 Harwell 关联式包含两项:一项与气相中液滴的体积浓度有关,另一项与气相中液滴的体积浓度无关。可是,由于与浓度项有关的一项很难预先确定,此处不包括在内。当忽略这一项时,平均直径计算值要比实际结果偏小。依据分离器粒度分析和评价方法,因为比计算值大的液滴是非常容易分离出来的,所以可选用这种计算方法。

由 Harwell 关联式计算出液滴索特平均直径(表面分布的平均值而不是体积分布的平均值)为

$$\langle x \rangle_{sa} = 1.91 D_t \frac{Re^{0.1}}{We^{0.6}} \left(\frac{\rho}{\rho_1} \right)^{0.6} \tag{6-25}$$

其中,Re 和 We 分别为雷诺数和韦伯数,它们的定义为

$$Re = \frac{\rho v_t D_t}{\mu}, \quad We = \frac{\rho v_t^2 D_t}{\sigma} \tag{6-26}$$

其中,$\langle x \rangle_{sa}$ 是液滴索特平均直径(表面分布的平均直径);D_t 是管道内径;ρ 和 ρ_1 分别是气体和液体的密度;μ 是气体黏度;v_t 为管道内气体的平均速度;σ 是相际表面张力。韦伯数可以理解为导致液滴破碎的惯性力与保持液滴团聚的表面张力的比值。在一些传质过程中,如喷雾塔,索特平均直径是需要确定的量。可是,在研究液滴的侵蚀作用和液滴本身的分离时,体积或质量的平均直径则更具实际意义。液滴的体积平均直径与索特平均直径的关系可用式(6-27)来近似表示:

$$\langle x \rangle = 1.42 \langle x \rangle_{sa} \tag{6-27}$$

前面给出了一种计算管道内雾式环状流型时液滴群的体积平均直径的方法,而且有时需要知道液滴分布,有时能估计出液滴分布,至少估算出液滴群的大小分

布。如果能估算出上游来流管线内液滴大小分布，就可模拟旋风分离器的分离性能。试验已证明，用质量平均直径 x_{med} 去除液滴直径 x 来对液滴大小分布函数[即 $F(x)$]进行归一化处理，并粗略近似，发现各种液滴分布的规律是一样的，如表 6-4 所示。

表 6-4 液滴大小分布函数[即 $F(x)$]进行归一化处理

x/x_{med}	0	0.3	0.62	1	1.5	5.9
$F(x/x_{med})$	0	0.05	0.25	0.5	0.75	1.0

在这种分布里，平均直径 $\langle x \rangle$ 几乎等于质量平均直径 x_{med}。我们注意到：

(1) 仅 5% 的液滴直径等于或小于 $x/x_{med}=0.3$；

(2) 而 10% 的液滴直径小于 $x/x_{med}=5.9$。

雾式环状两相流的入口液滴直径的计算结果如下所示。

雷诺数和韦伯数分别为

$$Re=\frac{\rho v_t D_t}{\mu}=\frac{1.017\times4.716\times0.3}{13.56\times10^{-6}}=1.061\times10^5$$

$$We=\frac{\rho v_t^2 D_t}{\sigma}=\frac{1.017\times4.716^2\times0.3}{2.000136\times10^8}=339.258$$

索特平均直径为

$$\langle x \rangle_{sa}=1.91D_t\frac{Re^{0.1}}{We^{0.6}}\left(\frac{\rho}{\rho_1}\right)^{0.6}=1.91\times0.3\times\frac{(1.061\times10^5)^{0.1}}{339.258^{0.6}}\left(\frac{1.017}{1000}\right)^{0.6}$$
$$=8.847\times10^{-4}(cm)$$

液滴的体积平均直径：

$$\langle x \rangle=1.42\langle x \rangle_{sa}=1.42\times8.847\times10^{-4}=1.256\times10^{-3}(cm)$$

4. 切割粒径的计算

与气固旋风分离器类似，首先求出式中的入口收缩系数 α。由于气液旋风分离器的入口管道一般为圆形管道，$\xi=b/(D_0/2)=b/R$ 中的宽度 b 可认为是旋风分离器入口管道内径 d_e。此外，入口浓度 c_0 定义为入口气流中液体质量与气体质量的比值。利用计算程序求解式和前面计算摩擦面积项 A_R 的公式，就可计算出内旋流内旋涡半径 R_{cs} 处的气体切向速度。液体符合的摩擦系数 f 的计算公式为

$$f=f_{air}(1+0.4c_0^{0.1}) \tag{6-28}$$

首先确定 f_{air}，把 f_{air} 绘制在以"旋风分离器雷诺数"为变量的坐标系中：

$$Re_{cyc}\frac{Re_x}{4\frac{H}{D_x}\left(\frac{D}{D_x}-1\right)}$$

其中，Re_x 为升气管雷诺数，$Re_x = (\rho v_x D_x)/\mu$，$v_x$ 是升气管中的平均轴向速度。如果 $Re_{cyc} > 400$，则 f_{air} 基本上是个常数，仅取决于器壁的相对粗糙度 k_s/R。在这些情况下可近似地得到 f_{air} 的数值，其值见表 6-5。

表 6-5 f_{air} 的数值

k_s/R	f_{air}
水力光滑	0.005
0.5×10^{-3}	0.010
3×10^{-3}	0.025

式(6-28)括号内的项为液体浓度对纯气体摩擦系数的修正值。液体浓度可忽略时摩擦系数取 1，液体浓度为 1 时摩擦系数取 1.4。当液体浓度小于 0.1 时，该修正项受浓度的影响很小，即壁面上厚的液膜并不比薄的液膜对流动的阻力大。最重要的内旋涡切割粒径或切割点直径可由前式计算得出。

切割粒径的计算结果：

$$\xi = b \Big/ \left(\frac{D_0}{2}\right) = b/R = 0.12/0.3 = 0.4$$

矩形入口旋风分离器的入口收缩系数 α：

$$\alpha = \frac{1}{\xi}\left\{1 - \sqrt{1 + 4 \times \left[\left(\frac{\xi}{2}\right)^2 - \frac{\xi}{2}\right]\sqrt{1 - \frac{(1-\xi^2)(2\xi - \xi^2)}{1+c_0}}}\right\}$$

$$= \frac{1}{0.4}\left\{1 - \sqrt{1 + 4 \times \left[\left(\frac{0.4}{2}\right)^2 - \frac{0.4}{2}\right]\sqrt{1 - \frac{(1-0.4^2)(2 \times 0.4 - 0.4^2)}{1+0.002}}}\right\} = 0.622$$

分离器入口速度：

$$v_{in} = \frac{Q}{ab} = \frac{20}{60 \times 0.3 \times 0.12} = 9.259(\text{m/s})$$

器壁表面的切向速度：

$$v_{\theta w} = \frac{v_{in}R_{in}}{\alpha R} = \frac{9.259 \times 0.24}{0.622 \times 0.3} = 11.909(\text{m/s})$$

几何平均半径：

$$R_m = \sqrt{R_x R} = \sqrt{0.15 \times 0.3} = 0.212(\text{m})$$

器壁轴向速度：

$$v_{zw} = \frac{0.9Q}{\pi(R^2 - R_m^2)} = \frac{0.9 \times 20}{60 \times 3.1416 \times (0.3^2 - 0.212^2)} = 2.119(\text{m/s})$$

分离器雷诺数：

$$Re_R = \frac{R_{in}R_m v_{zw}\rho}{H\mu} = \frac{0.24 \times 0.212 \times 2.119 \times 1.017}{1.5 \times 13.56 \times 10^{-6}} = 5.4 \times 10^3$$

相对粗糙度：

$$k_s/R = 0.046/300 = 1.533 \times 10^{-4}$$

根据相关参数获得分离器的摩擦系数为

$$f_{air} = \lambda_0 = 5.4 \times 10^{-3}$$

$$f = f_{air}(1 + 0.4c_0^{0.1}) = 5.4 \times 10^{-3} \times (1 + 0.4 \times 0.002^{0.1}) = 6.56 \times 10^{-3}$$

分离器内部总面积：

$$A_R = \pi(R^2 - R_x^2 + 2RH + 2R_xS + R_g^2)$$
$$= 3.1416 \times (0.3^2 - 0.15^2 + 2 \times 0.3 \times 1.5 + 2 \times 0.15 \times 0.375 + 0.24^2)$$
$$= 3.574(m^2)$$

内旋涡半径处的气体切向速度：

$$v_{\theta CS} = v_{\theta w} \frac{(R/R_x)}{1 + \dfrac{fA_R v_{\theta w}\sqrt{R/R_x}}{2Q}}$$

$$= 11.909 \times \frac{0.3/0.15}{1 + \dfrac{6.56 \times 10^{-3} \times 3.574 \times 11.909 \times \sqrt{0.3/0.15}}{2 \times \dfrac{20}{60}}}$$

$$= 14.958(m/s)$$

分离器切割粒径：

$$x_{50} = x_{fact}\sqrt{\frac{18\mu \times 0.9Q}{2\pi(\rho_l - \rho)v_{\theta CS}^2(H-S)}}$$

$$= 1 \times \sqrt{\frac{18 \times 13.56 \times 10^{-6} \times 0.9 \times \dfrac{20}{60}}{2 \times 3.1416 \times (1000 - 1.017) \times 14.958^2 \times (1.5 - 0.375)}}$$

$$= 6.808(\mu m)$$

5. 确定临界质量浓度

与气固旋风分离器类似，气液旋风分离器入口气流所夹带的湍流悬浮液体量主要受来流中液滴的体积平均直径$\langle x \rangle$、入口壁区域切割粒径x_{50in}的影响，其次受入口液体本身浓度c_0的影响。对气液旋风分离器，Muschelknautz 和 Dahl 于1994 年给出的临界负载浓度公式为

$$c_{0L} = 0.0078\left(\frac{x_{50in}}{\langle x \rangle}\right)(10c_{0K})^k, \quad 0.01 < c_{0K} < 0.5 \tag{6-29}$$

其中，c_{0K}为来流中单位质量气体中处于悬浮状态的液体质量，$k = 0.07 - 0.16\ln c_{0K}$。然后入口壁区域切割粒径$x_{50in}$的引入使分析变得更加复杂。进而，计

算表明，x_{50in}大约比式(6-29)算出的分离器切割粒径 x_{50} 大 25%。因此，用 x_{50} 代替 x_{50in}，将式(6-29)改写为

$$c_{0L} = 0.0078\left(\frac{x_{50}}{\langle x \rangle}\right)(10c_{0K})^k, \quad 0.01 < c_{0K} < 0.5 \tag{6-30}$$

正如前面提到的，c_{0K} 为来流中单位质量气体中处于悬浮状态的液体质量。这样，由于一部分液体在进入旋风分离器时已在分离器壁面位置，使得 c_{0K} 将小于进入旋风分离器气流中的液体含量。此外，在大多数实际情况下，c_{0K} 不能确定出来，因为对正在运行的装置进行测量或依据流体流动进行预测是非常困难和不切实际的。如果用总的来流液体浓度 c_0 代替式(6-30)中的处于悬浮状态的液体质量 c_{0K}，则会导致计算出的总分离效率偏于保守。这是因为实际的临界浓度确实小于利用总的入口液体浓度 c_0 所计算出的浓度，而且旋风分离器进口的液体浓度超过 c_{0L} 部分的液体在分离器入口就会很快被捕集。当液体浓度超过临界值时，估算的被捕集液体量偏于保守，这样就可以用总的液体浓度 c_0 代入式(6-30)。此时，如果入口液体浓度超过 0.5，将式(6-30)中的 c_{0K} 取为 0.5。

如果 $c_0 < c_{0L}$，则可以忽略质量浓度效应的影响；如果 $c_0 > c_{0L}$，则存在临界质量浓度效应，这时分离器实际上变成两级分离器：液体一进入分离器后立即有一部分被分离出来，其余的液体则在进入分离器后进行离心分离。

临界质量浓度的计算结果：

$$k = 0.07 - 0.16\ln c_{0K} = 0.07 - 0.16 \times \ln 0.002 = 1.064$$

$$c_{0L} = 0.0078\left(\frac{x_{50}}{\langle x \rangle}\right)(10c_{0K})^k = 0.0078 \times \left(\frac{6.808}{1256.294}\right) \times (10 \times 0.002)^{1.064}$$

$$= 6.581 \times 10^{-7} < c_0$$

6. $c_{0L} < c_0$ 时的总分离效率

与气固旋风分离器的情况类似，当液体浓度超过临界质量浓度时，气液旋风分离器的总效率也就包括沉降和分离两部分。前者没有分离出的一部分液体被后者分离出来，那么总效率变为

$$n = \left(1 - \frac{c_{0L}}{c_0}\right) + \left(\frac{c_{0L}}{c_0}\right)\sum_{i=1}^{N}(\eta_i \times \Delta MF_i) \tag{6-31}$$

其中，ΔMF_i 是第 i 个组分的质量分数；η_i 为将前文计算出的 x_{50} 代入式(6-31)后求出的第 i 个组分的分级效率。

总分离效率：

$$\eta = \left(1 - \frac{c_{0L}}{c_0}\right) + \left(\frac{c_{0L}}{c_0}\right) \times \frac{1}{\left(\frac{x_{50}}{x}\right)^m}$$

$$=\left(1-\frac{6.581\times10^{-7}}{0.002}\right)+\left(\frac{6.581\times10^{-7}}{0.002}\right)\times\frac{1}{1+\left(\frac{6.808}{50}\right)^{3}}=0.999999$$

根据上述计算与分析，进行了旋风分离器的设计与加工，具体设计装置如图 6-12 所示。

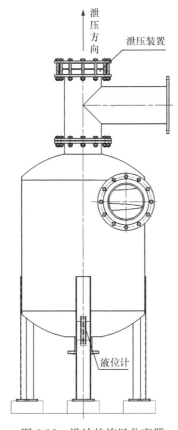

图 6-12　设计的旋风分离器

6.4.3　瓦斯-细水雾分离效果实验测试

1. 实验方案设计

为了验证自制的旋风分离器的分离效果，根据 6.4.2 节对旋风除分离器设计，对其性能进行测试。受实验条件的限制，本实验为模拟实验，细水雾的发生方法是利用压力泵将含添加剂的水通过特制喷嘴喷射出细水雾，所用的喷嘴为第 4 章优选的结果，其雾化效果完全达到实验要求，而且工艺简单，操作方便，最终是为了适应现场的应用需要。

　　本实验的测试装置由四大部分组成：自制的旋风分离器、细水雾发生系统、风机、为实验提供各相流动介质的动力系统部分及测试系统。总体实验方案如图 6-13 所示。

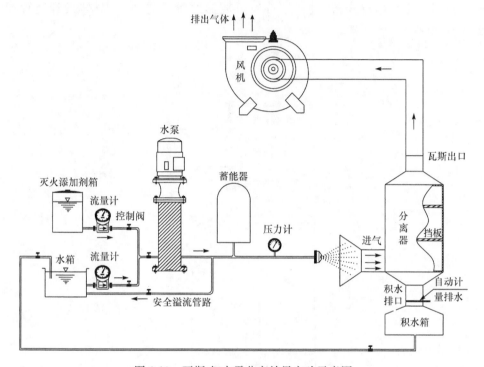

图 6-13　瓦斯-细水雾分离效果实验示意图

　　由图 6-13 可知，事先将配制好的添加试剂置于添加剂箱内，水雾通过高压泵将含添加剂的溶液送至喷头，经由喷头雾化成颗粒细小的水雾。在本实验中，用风机来模拟瓦斯抽放输送过程，抽的气流中含有水雾，这些由细水雾与瓦斯组成的混合物旋入分离器，经分离器进行分离，瓦斯从风机排出，分离的细水雾从下部的轴向出口排出，达到彻底分离的目的。

2. 实验流程及设备

　　实验流程是采用高压泵加压水，水的压力和流量由水泵出口处安装的一个阀门调节，压力和流量值由压力表和流量计直接读出。同时安设有添加剂水箱，添加试剂根据抑爆实验结果配制。由于实验条件的限制，瓦斯气体用空气来替代，在自制分离器的另一端安设有风机，通过风机将细水雾与空气形成混合物。经细水雾充分雾化并与空气介质充分接触后，进入模拟实验管段内，即旋风分离器。空气与细水雾混合物经分离器进行分离，在轴向不同出口处分别分离出细水雾和空气。

细水雾积存在分离器内并定期通过计量装置自动排出,通过储水罐返回储水箱循环利用,而空气直接排空。以上各部分工作正常,则能准确测量分离器分离细水雾的效率,完成分离效果的测试过程。图 6-14 是分离器与风机相连接的实物照片。

图 6-14　旋风分离器性能测试实验

由于本实验为模拟实验,在实验室很难直接模拟管道中细水雾进入分离器状况,为了达到实验目的,增加入口管道直径,达到增加进入分离器内细水雾的流量的目的。

3. 实验条件与工况

实验时应能全部或部分地模拟旋风分离器在低浓度瓦斯细水雾输送时的工况。分离器工况参数主要包括以下几个方面的内容:细水雾粒径、压力、入口流量、除细水雾效果等。实验时,通过喷嘴的组合及调节压力和流量,使分离器满足最佳除细水雾效果的工况条件。部分实验工况数据见表 6-6。

表 6-6　实验工况数据表

编号	喷头型号	压力/MPa	细水雾粒径/μm	入口流量/(m³/min)
工况 1	NO1	1	110.1	1.1
工况 2	NO1	1.2	99.8	1.35
工况 3	NO1	1.4	85.6	1.65
工况 4	NO1	1.6	78.5	1.74
工况 5	NO1	1.8	60.8	1.80

为了保证低浓度瓦斯在发电过程中的绝对安全,在低浓度瓦斯输送过程中添加了细水雾,细水雾可起到阻燃及灭火作用,其效果主要取决于细水雾的雾化参数及细水雾中添加剂的性能,而细水雾发生的关键部位又是水雾喷嘴,其对阻燃和灭火性能有很大影响。本书所用的细水雾喷头是具有自主研制的专利权 NO1 特制

喷嘴,此特制喷嘴由喷嘴、带螺旋流道的螺杆、喷孔和外喷角等部分组成。液体经圆形进液通道进入螺杆表面的螺旋槽,沿螺旋方向旋转进入下部的雾化内锥形通道形成实心锥体,然后经喷孔呈较大雾化角喷出旋转雾化流。

4. 测试结果及分析

在所设定的实验工况下,实验条件为:一个大气压;室内环境温度为 15～18℃;无风的条件下对自制的旋风分离器的分离效果进行测试,测试的基本参数及结果如表 6-7 所示。

表 6-7　测试的基本参数及结果

序号	喷头型号	压力/MPa	实验时间/min	细水雾入口流量/(L/min)	细水雾残留量/L	排水口积水量/L	除水效率/%	风机出口干湿度/(℃/℃)
1	NO1	1	5	0.9	0.75	3.55	94.67	18/10.6
2	NO1	1.2	5	1.0	0.6	4.25	97.27	17.2/11.4
3	NO1	1.4	5	1.2	0.4	5.45	97.32	16.6/12.2
4	NO1	1.6	5	1.4	0.2	6.75	99.26	15.4/12.8
5	NO1	1.8	5	1.6	0.2	7.55	96.80	14.6/13.2

从表 6-7 可以看出,自制的分离器除细水雾效果都比较理想,但在不同的系统压力下存在很大的差异,体现在:系统压力较小,进入分离器内的细水雾流量达不到要求,也就是细水雾没法达到阻燃或灭火状态的最佳水雾参数,根据第 4 章对细水雾阻燃灭火实验可知,在一定容积中含有添加剂细水雾的浓度为 3% 以上时,瓦斯才无法被点燃。

当系统压力大于 1.6MPa 时,实验的细水雾残留量几乎没有,同时考虑到量计的误差和细水雾残留在分离器内部,则细水雾除水效率应大于 99.26%,分析表 6-7 不难发现,只要系统压力大于 1.6MPa,细水雾除水效果都比较好。压力越大,细水雾粒径越小,则细水雾与瓦斯分离的难度就越大,对分离设备的精度要求就越高,而且压力越大,对喷嘴的寿命影响就越大。故在满足现场应用的条件下,选用压力为 1.6MPa 比较合适。

同时,在风机出口处的干湿度可反映出口气流与进口气流的含湿量差异,从表 6-7 可以得出,系统压力越大,干度与湿度差越接近于零,说明压力越大,细小的水雾颗粒由于风流作用雾化程度越高,这将不利于细水雾与瓦斯的分离,并对发电机组有一定的影响,故系统压力并不是越高越好。

6.5　低浓度瓦斯安全输送管道抑爆装备系统集成

低浓度瓦斯安全输送管道抑爆装备系统由水雾发生子系统、瓦斯浓度检测与喷雾控制子系统、除细水雾子系统、抑制瓦斯燃烧/爆炸添加剂组成。

（1）水雾发生子系统将含添加剂的水通过喷头变成细水雾，并送入低浓度瓦斯输送管道，使浓度为 5%～20% 的瓦斯气体失爆，实现低浓度瓦斯的安全输送。该子系统由水箱、搅拌器、水泵、流量计、压力表、连接管路、管路附件、喷头等部件组成。水箱盛装含添加剂的水溶液；水泵将水溶液加压后在主管路中通过喷头喷射形成细水雾；施放连接管道中安设多个喷头，并与输气干管相连接。

（2）瓦斯浓度检测与喷雾控制子系统将检测管道瓦斯浓度，并通过信号采集与处理，实现对水泵的开停控制。即当瓦斯浓度在 5%～20% 范围内，水雾发生子系统正常运行；当瓦斯浓度＞20% 时，水雾发生子系统停止运行，节约运行费用。该子系统由瓦斯浓度传感器、继电器、瓦斯浓度信号接收与处理器等组成。瓦斯浓度传感器检测输气干管中的瓦斯浓度；瓦斯浓度由信号处理器接收，并根据设定的值控制水泵主供电线路中的继电器，从而实现细水雾发生子系统的自动开停。

（3）除细水雾子系统安装于整套安全保护系统终端，将管道内的水雾除掉，使瓦斯气体以干燥的形式送入发电机组，提高机组发电效率。该子系统由若干个旋流分离器组成。瓦斯抽放泵站气源通入输送干管后，由于施加了含添加剂细水雾而使瓦斯气中携带较多细水雾，从而形成气液两相流。为了不影响发电机组的燃烧效率，必须在进入发电机组前，把气液两相流中的细水雾除去。

（4）抑制瓦斯燃烧/爆炸添加剂添加于水中，随细水雾作用于管道瓦斯气中，发挥抑制瓦斯燃烧/爆炸的物理、化学作用，实现低浓度瓦斯输送的安全保护。

水雾发生子系统、瓦斯浓度检测与喷雾控制子系统、除细水雾子系统等三个子系统相互关联，自动实现含添加剂细水雾添加、瓦斯浓度检测、细水雾发生控制、除细水雾等一系列功能。

根据总瓦斯气量、发电机组的功率，通常情况下应将干管中的瓦斯气分成若干分支，每个分支上安装一个旋流分离器，除细水雾后的瓦斯气体再通向该支管路上的发电机组。旋流分离器外形接口图根据最终用户实际情况确定。

要使系统达到最佳除细水雾效果，在细水雾发生系统中加入流量计、水泵出口调节阀门和压力表，使细水雾发生系统喷出的水雾粒径尽可能小（＜100μm），使水雾和通风干管中风流达到最佳雾气比。

6.5.1　水雾发生子系统设计

1. 系统概述

水雾发生子系统由水箱、搅拌器、水泵、流量计、压力表、供水连接管路、管路附件、喷头、加入细水雾的主管路等部件组成。水箱盛装含添加剂的水溶液;水泵将水溶液加压后在主管路中通过喷头喷射形成细水雾;施放连接管道中安设多个喷头,并与输气干管相连接。

　　在该子系统的设计计算过程中,含添加剂细水雾在输气干管中的加入量是整个系统能否安全、正常、合理工作的关键,根据基础研究工作,含添加剂细水雾在输气干管中的体积分数应不低于 1‰~3‰,从而根据输气干管中输气量的大小,可确定输气干管中应安装的喷嘴数量及水泵应提供的相应流量。

　　2. 喷嘴

　　(1) 喷嘴结构尺寸的确定。

　　细水雾喷嘴是产生细水雾的核心部件,经大量的基础研究工作,在含添加剂细水雾低浓度瓦斯安全输送保护系统中,选用直通式旋流雾化喷嘴,通过数值模拟和实验验证,确定喷嘴的结构尺寸。需要注意的是:①喷嘴应严格按照尺寸和技术要求进行精加工;②加工后的喷嘴应逐个通过冷态实验进行筛选。

　　(2) 喷嘴的性能参数。

　　工作压力:1.5~2MPa;

　　流量:3~4L/min;

　　产生水雾粒径:50~200μm。

　　(3) 喷嘴的组装图。

　　喷嘴的组装如图 4-1 所示。

　　3. 主管路

　　主管路管段的管径原则上与整个瓦斯电厂的供气主管路直径保持一致,其长度根据加装的喷嘴数量确定。每个喷嘴都安装在管子的中心处,喷嘴之间的间距应大于主管路的直径。

　　4. 供水管网

　　(1) 细水雾喷嘴供水管网的设计。

　　喷嘴供水管网应保证对每个喷嘴都能安全、可靠地供水,并便于安装、维修。不同管段的管径,可参照 GB 50084—2017《自动喷水灭火系统设计规范》或其他相关设计规范确定。

　　(2) 细水雾喷嘴供水管网的阻力计算。

　　在细水雾喷嘴供水管网中,因为管路附件较多,所以阻力损失较大,设计过程中应对管网阻力进行估算,并尽量使水泵到喷嘴之间的阻力小于 0.1MPa。

　　管路附件的阻力可按当量长度计算,也就是将水流经过弯管、丁字管等附件处的局部压力换算为直管阻力,其当量值可参照 GB 50084—2017 选取。

　　具体的阻力计算,可采用管道比阻与流速系数的概念,将相应的局部当量加入

相应管段的管段长度,即比阻法:

$$h = kLQ^2 \tag{6-32}$$

其中,h 为管道的阻力损失,MPa;Q 为通过该管的流量,L/s;L 为管段的计算长度,m;k 为管段的比阻,s^2/L^2。

5. 水箱

水箱在本子系统中起连续向水泵和水雾喷嘴供水的作用,水箱的容积究竟确定为多大比较合适,尚待在实践中摸索经验,目前认为水箱的容积至少应大于系统 1h 的用水量。为了使水箱能满足系统正常工作的要求,水箱上应安装搅拌器,应该有检修用的人孔,有往水箱中添加添加剂的加料孔,有水位计,有来自分离器的回水控制装置。

6.5.2　除细水雾子系统设计

除细水雾子系统的设计过程参照 6.5.1 节。

6.5.3　瓦斯浓度检测与喷雾控制子系统

1. 子系统原理

瓦斯浓度检测与喷雾控制子系统为低浓度瓦斯安全输送保护系统的子系统,由传感器、控制器、继电器等三部分组成,彼此相辅相成,缺一不可。

管道中的瓦斯气体送达传感器,传感器实时显示瓦斯浓度,同时将瓦斯浓度以 200~2000Hz 频率信号形式输出给控制器。当瓦斯浓度低于 20% 时,继电器动触点与静触点(常开触点)吸合,水泵正常工作,开始喷水;当瓦斯浓度高于 20% 时,继电器动触点与另一静触点(常闭触点)吸合,水泵停止工作。其总体原理如图 6-15 所示。

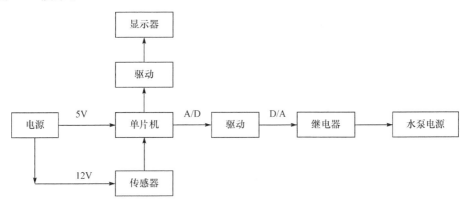

图 6-15　瓦斯浓度检测与喷雾控制子系统总体原理图

在瓦斯浓度检测与喷雾控制子系统组成中,控制器是由河南理工大学自主研发的产品,采用 5V 直流电源供电,负责频率信号的采集、处理,并输出脉冲信号控制继电器开合。控制器内部为自行设计的电子线路板,由 STC12C5410AD 单片机、电阻、电容、数码管等元器件构成。

传感器采用 12V 直流电源供电,传感器输出信号为频率信号,最低频率为 200Hz,最高频率为 2000Hz。

继电器为电磁式继电器,由 220V 电源供电,被控制器输出脉冲信号所控制,当瓦斯浓度低于 20% 时,控制器输出高电平,继电器处于通电状态,水泵运行并喷水;当瓦斯浓度高于 20% 时,控制器输出低电平,继电器处于断电状态,水泵停止工作。继电器采用 220V 普通交流电源供电,额定电流为 60A。本产品将三个继电器放置于继电器箱内并且并联起来。

2. 子系统电控图

子系统电器元件列表:

(1) STC12C5410AD 单片机:1 个。

(2) 共阴极数码管:3 个。

(3) 7407 TTL 集电极开路六正相驱动芯片:2 个。

(4) 7406 TTL 集电极开路六反相驱动芯片:1 个。

(5) 4 口复位开关:1 个。

(6) 5VDC 继电器,可选型号:JOC-3F(T73),1 个。

(7) 220VAC、60A 继电器,可选型号:JW1FFSN-AC220V,3 个。

(8) 12MHz 晶振:1 个。

(9) 30pF 电容:2 个。

(10) 10μF 电容:1 个。

(11) 发光二极管灯:红色 2 个,绿色 1 个。

(12) PNPs8550 三极管:1 个。

(13) IN4148 或 IN4002 二极管:1 个。

(14) 400Ω 排阻:1 个。

(15) 1kΩ(也可用 400Ω 代替)电阻:6 个;10kΩ 电阻:1 个。

(16) 5V-1A 变压器:1 个;12V-1A 变压器:1 个(配插头)。

(17) 4 孔插座:1 个。

(18) STC12C5410AD 单片机烧写器:1 个。

6.6 工业性试验与效果分析

通过设备设计和大型试验,积累了技术和应用的经验,并对装置进行了应用。

为了验证装置改进后的工业性能,先后在张家口宣东瓦斯热电有限公司风井电站、宁夏安泰新能源股份有限公司石嘴山电站等地进行了现场工业性试验,抽放站至发电机主厂房瓦斯管道布置安装细水雾安全保护输送。经过一段时间的运行,装置的整体运行可靠,性能良好,且没有对发电机组的正常运行造成影响,获得了用户的好评。

截至 2014 年 10 月,宁夏安泰新能源股份有限公司石嘴山电站的 4 台瓦斯发电机组顺利实现并网发电,如图 6-16 所示。在安全保护作用下利用煤矿瓦斯发电,可以回收大量优质能源,是一项节能环保工程。该工程达产后年发电量约为 7344 万 kW·h,年节约标准煤约 24161.9t,减排 CO_2 约 60223.5t,具有良好的经济效益和社会效益。

图 6-16　瓦斯发电机组及细水雾保护装置

该工艺系统和装置在张家口宣东瓦斯热电有限公司风井电站应用,保障了地面管路的瓦斯安全输送,并增加了发电机组,日发电量由 1.3 万 kW·h 提高到 1.9 万 kW·h;2012 年该公司瓦斯发电 3750.0 万 kW·h,同比增加 500.2 万 kW·h。获得良好的经济效益后,加大了对井下的瓦斯抽采,实现了矿井安全和经济的双重效益。

当前世界能源结构中所利用的化石能源主要是煤炭,其次是石油和天然气。根据国际上通行的能源预测,石油将在今后 40 年时间内枯竭,天然气将在今后 60 年内用光,煤炭也只能用 220 年。因此,人类必须节约使用有限的能源资源。我国虽然资源丰富,能源资源总量居世界第三位,但由于人口众多,人均能源资源相对匮乏,目前已成为世界上第二大能源消费国。因此,促进能源的合理和有效利用,对我国经济发展和环境保护具有深远的战略意义。

甲烷是一种优质的清洁能源,$1m^3$ 甲烷的燃烧值相当于 1.33kg 标准煤。近些年我国煤矿瓦斯抽采量迅速上升,2000 年煤矿瓦斯抽采量为 10.4 亿 m^3,到 2018 年煤矿瓦斯抽采量已达到 183.6 亿 m^3。国内约 80% 的瓦斯是采用卸压抽和采空区抽瓦斯的方法获得的,抽出瓦斯的浓度较低,55%以上的抽采瓦斯浓度低于30%。

通过煤矿低浓度瓦斯与细水雾混合安全输送装置的保护,可以安全、顺利地利用低浓度瓦斯进行发电,显著提高低浓度瓦斯的安全利用率,具有可观的社会、经济效益。

低浓度瓦斯的甲烷浓度范围为 3%～30%,按照 10%计算,1m³ 空气中含有 0.1m³ 甲烷,可以发电 0.3kW·h,以 2011 年为例,抽采的低浓度瓦斯甲烷量 $52 \times 80\% \times 55\% = 22.88$(亿 m³),那么可发电约 6.9 亿 kW·h,存在着巨大的经济效益。

6.7 小　结

基于细水雾在瓦斯输送管道内的凝结沉降特性,本章研制了适合于地面低浓度瓦斯输送管道的含添加剂细水雾抑爆技术及相应装备,并开展了工业性试验,获得了良好的抑爆减灾效果。研究获得的主要结论如下。

(1) 基于对细水雾在管内凝结沉降特性的研究,确定了输送管道中喷嘴的安装角度,当细水雾喷嘴安装角度为 0°,且在管路中心位置布置时,更有利于细水雾与瓦斯的协流作用,使得细水雾与瓦斯气流更均匀地混合,并能携带到更远的距离,达到更好的保护效果。

(2) 在相同的瓦斯流场速度下,管径越小,细水雾的均布距离越大,同时导致混合流场的压降增大;综合细水雾的均布、混合流场的压降和工程实际情况,确定了在低浓度瓦斯输送时应采用管径为 300mm 的输送管道。

(3) 将含添加剂细水雾抑制瓦斯燃烧爆炸的机制应用于低浓度瓦斯安全输送管道中,确定了输送管道抑爆装置系统,整个管道抑爆装备由特制喷嘴、添加试剂、水箱、混合器、水泵、流量计、压力表、若干管路、沉淀池、分离器、继电器、控制器、红外 CH_4 传感器组成。

(4) 设计了旋风分离器的结构、尺寸和加工装置,并在试验中进行测试旋风分离器的除雾效果,当系统压力大于 1.6MPa 时,分离器后段管道内的细水雾残留量几乎没有,除细水雾效率达到 99.53%。

(5) 进行了工业性试验,在张家口宣东瓦斯热电有限公司风井电站、宁夏安泰新能源股份有限公司石嘴山电站等地进行了现场工业性试验。经过一段时间的运行,装置的整体运行可靠,性能良好,且没有对发电机组的正常运行造成影响,获得了良好的应用效果。

第7章　细水雾的工作面上隅角瓦斯抑爆技术及装备

在开采过程中,随着工作面的向前推进,采空区悬顶面积不断增大,老顶的初次来压和周期来压使老顶失稳,坚硬的石英砂岩在冒落过程中相互摩擦,大部分机械能转化为热能,岩石的接触表面在很短时间内升到很高的温度,当采空区瓦斯-空气混合物遇到高温的热表面时,只要岩石表面温度足够高,存在的时间足够长,则靠近热源的瓦斯气体将会被引燃或引爆。

煤矿井下发生的瓦斯燃烧或爆炸现象非常复杂,目前防治措施和手段极为缺乏。分析近些年来发生的瓦斯燃烧爆炸事故,其具有一定的共性:①积聚一定瓦斯浓度;②氧气充足;③具备一定的点火能量。对于前两个条件,井下比较容易达到,但事故的点火能量从何而来一直以来成为人们关注焦点。分析复杂采面的实际情况,其可能是由以下几方面引起的:①采空区残煤自燃引燃瓦斯;②顶板岩石垮落与坚硬物体撞击产生火花引燃瓦斯;③顶板岩石垮落之间相互撞击、摩擦引燃瓦斯;④顶板岩石垮落相互撞击、摩擦释放能量使岩石表面产生高温引燃瓦斯;⑤顶板岩层因矿压作用发生断裂产生火花引燃瓦斯;⑥锚杆、锚索拉断产生火花引燃瓦斯;⑦支架之间的碰撞引燃瓦斯等。根据相关的研究表明,岩石垮落相互撞击和摩擦引燃瓦斯事故的概率最大,也是采空区瓦斯燃烧事故的主要点火源。

总结前人的经验和实际工程案例,发现工作面瓦斯燃烧特点如下:

(1)采空区具有充足的瓦斯来源,像一个巨大的瓦斯罐,在浅部采空区氧气又充足,沿采空区工作面瓦斯一旦燃烧,采空区瓦斯就会源源不断地补充过来。

(2)瓦斯具有流动性,着火点随瓦斯的飘移而移动。工作面安装有液压支架,灭火空间有限,着火点随瓦斯的飘移来回进出支架,反复多次,不易彻底灭火。

(3)靠近采空区瓦斯燃烧后,容易引起周围可燃物和煤体燃烧,扩大事故范围。

(4)在灭火初期过程中,多采用高压冲水,这样会在局部形成一个负压区,一旦停止冲水,采空区里的高浓度瓦斯迅速向负压区补充,容易出现火球和瓦斯爆燃现象,危害极大。

细水雾由于具有清洁、高效、用量少等抑爆优势,特别适合长时间对采空区的连续保护。因此,本章研制了基于细水雾技术的工作面上隅角瓦斯爆炸抑制相关装备。

7.1　上隅角流场特性及瓦斯燃爆危险区域辨识

我国大多数采煤工作面采用"U"形通风方式,进风巷道的新鲜风流入工作面后,有一部分风量进入采空区形成漏风,携带采空区的瓦斯由上隅角涌出;同时上隅角区域通风不良,风流出现涡流状态,容易造成瓦斯积聚,导致上隅角附近瓦斯浓度超限,非常容易引起瓦斯燃烧或爆炸,严重影响工作面的安全生产,这是采面上隅角瓦斯治理的难点之一。但由于井下的复杂性,可以通过 Fluent 进行模拟以获得上隅角附近瓦斯浓度分布特征,以便确定上隅角瓦斯的危险区域。模型的边界条件是进风量为 $800m^3/min$,回风量为 $850m^3/min$,根据工作面不同的漏风量、不同瓦斯来源浓度,模拟结果如图 7-1 所示。

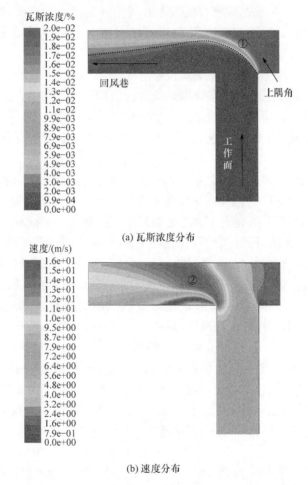

图 7-1　风速 0.5m/s,瓦斯浓度 2% 时上隅角瓦斯浓度和速度分布特性

　　在采空区后方瓦斯随着漏风不断地涌现到上隅角,在上隅角的一定范围内形成高浓度瓦斯积聚的危险区域,形成的危险区域具体分布如图 7-1 中标注①所示。同时从图 7-1(b)速度分布图也可以获知,上隅角处的风量小、风速小且均低于周

围的巷道,而风速最大在标注②的位置周围,也反映了低风速区域的瓦斯不易扩散,容易积聚而形成高浓度瓦斯积聚区域,也将成为瓦斯燃烧爆炸的危险区域。

根据上隅角瓦斯浓度分布特性,获知上隅角瓦斯容易积聚的危险区域,根据危险区域的分布特性,可以确定细水雾喷嘴的安装位置和释放方向,释放的细水雾平均粒径为 $70\mu m$。通过数值模拟,获得了上隅角细水雾随着风流的流动、分布与扩散范围,具体如图 7-2 所示,释放的含添加剂细水雾保护了高浓度瓦斯危险区域内瓦斯的流动和扩散。

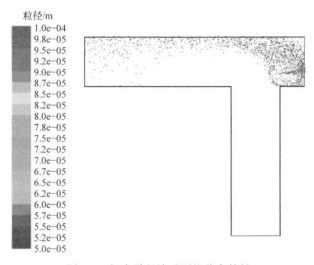

图 7-2　细水雾释放后颗粒分布特性

有无细水雾条件下瓦斯浓度分布规律如图 7-3 所示,根据模拟结果可知,释放细水雾后,在细水的扰动和护送下,工作面上隅角的瓦斯浓度分布受到了一定的影

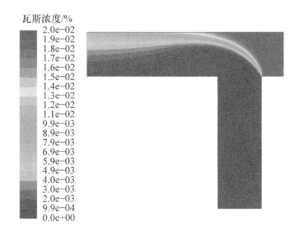

(a) 无细水雾

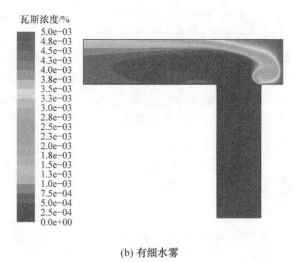

瓦斯浓度/%

(b) 有细水雾

图 7-3　释放细水雾前后瓦斯浓度分布特性(速度 1m/s,浓度 0.5%)

响,低浓度区域向采空区方向移动,释放的细水雾改变了瓦斯浓度的分布,且在监测范围内的上隅角瓦斯浓度出现了不同程度的降低,扰动了瓦斯正常流动和积聚特性,使瓦斯形成涡流,抑制瓦斯直接流向上隅角。

7.2　上隅角瓦斯燃爆中尺度实验

由图 7-1 可知,危险区域随采空区瓦斯涌出量的大小呈现动态变化,为了预防该危险区域可能发生的瓦斯燃烧或爆炸现象,建立了危险区域含添加剂细水雾保护技术措施,并开展相关的试验研究,搭建了细水雾抑制上隅角瓦斯燃烧的中尺度实验方法和实验平台,具体如图 7-4 所示。实验系统组成为:上隅角燃烧室、燃料流量的精确供给系统、细水雾产生系统、测试仪器及设备、工作参数记录系统、烟气排放系统和灭火器。工作面上隅角瓦斯燃烧平台实验框架的钢结构尺寸为1.5m×1.5m×1.0m。为了便于观察,腔室空间的两个面装上钢化玻璃。两面玻璃中的侧面玻璃是完全固定的,上面的玻璃可以自由移动,以便于改变瓦斯释放口与摄像头的位置以及调节热电偶到合适的位置。实验腔室内玻璃与钢结构以及钢板与框架之间的连接处采用固体胶密封,以保证良好的密封性,隔绝外界环境,防止新鲜空气流入。腔室分两部分:前半部分是模拟宽度为 0.3m 的回采工作面,后半部分是模拟宽度为 1.2mm 的采空区。其中在模拟工作面的侧面安设了进气口、出气口,采空区堆积了大量的碎石和块煤,形成一个模拟的多孔介质体。

实验时在腔室内设置一个瓦斯气体释放口,在距离释放口的中心 0.06m 处布置一根热电偶,并沿着中心线向上每隔 0.08m 布置一根热电偶,各个热电偶依次

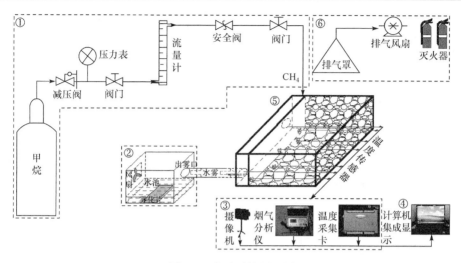

图 7-4　实验系统原理图

①燃料流量的精确供给系统；②细水雾产生系统；③测试仪器及设备；
④工作参数记录系统；⑤上隅角燃烧室；⑥烟气排放系统

编为 1、2、3。瓦斯浓度为 90%，燃料流量为 100mL/min，雾化量为 50mL/s，水雾风速恒定为 0.2m/s，释放的细水雾粒径为 70μm。

实验目的：测试有无含添加剂细水雾下的点火条件；测试瓦斯燃烧后释放细水雾对瓦斯火焰的熄灭效果、温度变化和氧气变化情况。

实验过程：分为两个阶段，即自由燃烧和释放细水雾，自由燃烧阶段中各个热电偶监控的温度随着时间推移而不断上升，如图 7-5 所示。而在释放细水雾阶段，

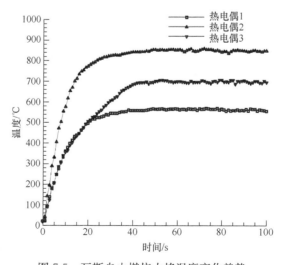

图 7-5　瓦斯自由燃烧火焰温度变化趋势

当瓦斯燃烧达到稳定的温度后释放细水雾,各个测点的温度均出现了急剧下降,具体变化过程如图 7-6 所示。

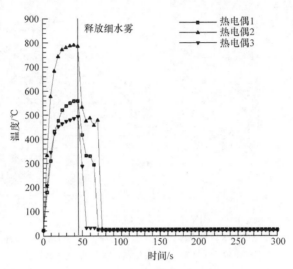

图 7-6　释放细水雾后的火焰温度变化趋势

在实验中,自由燃烧阶段温度都在以不同的速度上升,由于火焰的燃烧特性,其中热电偶 2 增加的速度最快,热电偶 1 增加的速度最慢;释放细水雾后,燃烧室内的流场扰动加剧,火焰出现瞬间偏向细水雾流动方向,各热电偶温度也跟着出现大幅度降低的现象,最大降幅达到 91%,随着大量的细水雾被火羽流卷吸进入火焰区顶部高温烟气层,遇热迅速蒸发吸热,有效地抑制和降低了热电偶 3 所在区域的温度;同时细水雾以及水蒸气吸收了部分热辐射,降低了火焰周围区域的热反馈,从而降低了火焰周围空气的温度,降低了火焰二次氧化所需氧气温度,氧气温度的降低使燃烧反应速率和强度也降低,燃烧反应速率和强度降低导致火焰高度在一定程度上随着降低;而烟气流中的温度也在不断降低,烟气流中的温度具体变化过程如图 7-7 所示。

如图 7-8 所示,燃烧室内随着细水雾量的增加,氧气浓度下降速率增大(见线条 2),之后又缓慢变化,这主要由于燃烧火焰本身消耗氧气,同时细水雾具有置换燃烧室的空气作用,当细水雾的量达到一定时,遇高温火焰快速吸热蒸发,体积膨胀 1700 倍,抑制了氧气的补给,使火焰周围氧气浓度快速下降,达到窒息火焰的效果。由于细水雾的释放需要一定的空气作动力,释放 65s 后,氧气浓度下降速率变缓,下降幅度有限,最终为 16.4%。

在实验过程中,当燃烧瓦斯被细水雾熄灭时,燃烧室内的湿度达到了 96%,在此条件下对比了有无细水雾条件下点火器点燃瓦斯能力,点火器采用直流高压进行电火花点火。在细水雾氛围中,点火器多次无法点燃瓦斯,有几次仅出现闪燃现

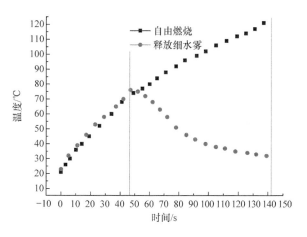

图 7-7　烟气流中的温度变化趋势对比实验

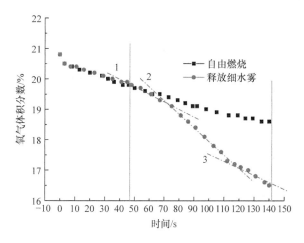

图 7-8　释放细水雾后氧气体积分数变化对比实验

象,说明细水雾的快速冷却、吸热功能使得电火花周围的混合气体温度无法升高到临界着火点,以致无法点燃瓦斯。因此,细水雾的释放对火花引燃瓦斯影响是很大的,随湿度增高,点燃瓦斯概率大大降低。分析原因是释放细水雾后引起混气环境湿度增大时,采面岩石摩擦产生火花的热量难以积聚,无法激活周围混合气体而引燃瓦斯。

　　总体而言,在上隅角释放细水雾后,燃烧室内火焰温度、烟气流中的温度都出现明显下降,燃烧火焰也因为细水雾的作用由大变小直到熄灭,体现了细水雾在复杂环境下具有独特地抑制瓦斯燃烧或爆炸的作用。当然,在相同的火焰功率下,雾通量越大,抑燃抑爆效果越明显。

7.3　上隅角瓦斯抑爆系统研制

　　根据前述的研究结果,针对上隅角瓦斯容易异常区域,研制了工作面上隅角含添加剂细水雾抑燃抑爆系统,结合第 4 章的研究结果,在细水雾中添加了质量分数为 0.8% 的 $FeCl_2$ 试剂,整个系统如图 7-9 所示。

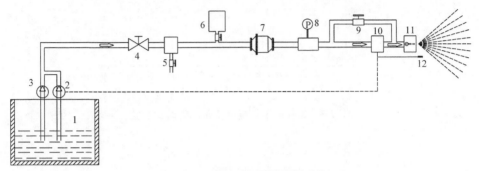

图 7-9　上隅角瓦斯抑燃抑爆系统

1-封闭水箱;2-备用水泵;3-主水泵;4-截止阀;5-泄压溢流阀;6-添加剂;7-混合过滤器;8-压力表;
9-手动控制阀;10-自动启动阀门;11-喷嘴;12-瓦斯探测探头

　　系统由封闭水箱、备用水泵、主水泵、截止阀、泄压溢流阀、添加剂、混合过滤器、压力表、手动控制阀、自动启动阀门、喷嘴、瓦斯探测探头和若干管路组成。细水雾的释放方式为自动释放和手动释放,自动释放是通过瓦斯探测器辨识上隅角的瓦斯浓度来启动阀门 10 获得细水雾,而手动释放是根据上隅角的实际情况人为手动地打开阀门释放细水雾,释放方式灵活简易。

　　在井下使用过程中,水箱为封闭式水箱,水箱容积为 100L,能够持续释放的细水雾时间为 60min,细水雾粒径为 $70\mu m$,流量为 30mL/s,流速为 1m/s,喷嘴方向对着上隅角漏风方向,采用 4 个喷嘴环形释放,与上隅角水平线形成角度为 15°,细水雾释放方位具体如图 7-10 所示。

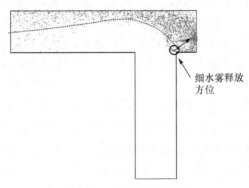

细水雾释放
方位

图 7-10　细水雾释放方位

7.4　工业性试验效果与分析

1. 工业性试验情况

采煤工作面上隅角既为通风涡流区又是采空区瓦斯集中涌出区，是采面最容易造成局部瓦斯积聚的部位，通过模拟也获得了工作面上隅角瓦斯浓度分布状态和危险区域，如图 7-1 所示。2009 年 9 月以来，应用细水雾抑爆技术分别在河南平煤八矿、山西阳煤寺家庄矿等矿井进行了含细水雾处理上隅角瓦斯异常的工业性试验。

河南平煤八矿、山西阳煤寺家庄矿均为煤与瓦斯突出矿井，煤层瓦斯含量高，瓦斯涌出量大，虽然这两个矿井均采用了瓦斯治理措施（本煤层预抽、尾巷排放瓦斯等措施），但是工作面瓦斯涌出量仍然较大，上隅角瓦斯浓度高达 2.0%，迫不得已，采取引排瓦斯和吊挂风障的方法进行处理，但是效果也不明显，同时吊挂风障造成工作区域通道的堵塞和通行不便。因此，在采煤工作面上隅角处安装了细水雾释放系统，采取释放细水雾扰动和冲淡稀释方式处理上隅角瓦斯异常问题，抑制可能出现的点火能量，提高在细水雾氛围下的瓦斯点燃能量，杜绝出现瓦斯闪燃、燃烧或局部爆炸的现象，取得了明显效果。

2. 试验效果分析

试验时，在上隅角范围内沿切顶线和回风巷上帮煤壁瓦斯浓度最高、超限最严重的区域布置测点共 5 个，具体如图 7-11 所示，测点间距为 2.5m，分别测定释放细水雾前后的瓦斯浓度，对比分析细水雾抑制瓦斯浓度的效果。

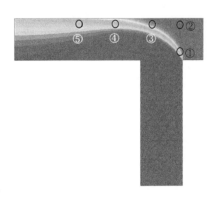

图 7-11　测点布置情况

在试验过程中,各个测点的浓度大小及变化情况如表 7-1 所示,由于释放细水雾的喷嘴有 4 个,喷嘴呈环形布置在管路上,在强大的细水雾扰动和稀释下,各个测点的瓦斯浓度分布状态发生较大改变,使得测点周围的瓦斯浓度出现波动下降,并在高瓦斯区域形成了含添加剂细水雾氛围,达到安全护送高浓度瓦斯安全扩散的目的。另外,尽管有个别测点的瓦斯浓度仍大于 0.75%,但从降低的幅度而言已经取得较好的效果,同时根据 7.2 节的实验结果可知,在高浓度的瓦斯区域内,形成了细水雾淹没式的覆盖,岩石或锚索之间的碰撞很难将瓦斯点燃或引燃,使得工作面未出现因上隅角瓦斯超限问题而停工停产的情况,直至该工作面开采结束。试验参数测定见表 7-1。

表 7-1　工作面上隅角瓦斯浓度变化试验测试结果

试验地点	试验条件	瓦斯浓度/%				
		测点①	测点②	测点③	测点④	测点⑤
河南平煤八矿	无细水雾	1.63	1.91	1.27	0.75	0.43
	释放细水雾	0.68	0.96	0.70	0.55	0.36
山西阳煤寺家庄矿	无细水雾	1.06	1.47	1.02	0.81	0.60
	释放细水雾	0.72	0.95	0.87	0.56	0.52

通过对表 7-1 的分析,观测点整体的变化趋势如图 7-12 所示。

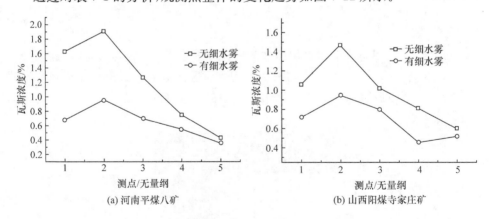

(a) 河南平煤八矿　　　　　　　　(b) 山西阳煤寺家庄矿

图 7-12　上隅角释放细水雾瓦斯浓度分布变化情况

试验测试结果表明,将细水雾释放系统安置于工作面上隅角后,安置位置在采煤工作面上出口处,对准上隅角瓦斯容易积聚的危险区域,细水雾的扰动和吹散作用稀释了上隅角 7.5m 范围内的瓦斯,使得瓦斯浓度出现不同程度的降低,尤其是释放口位置的瓦斯浓度降低幅度最大,最大降幅达 58.2%,解决了上隅角瓦斯异常问题。同时细水雾随着风流不断扩散,湿润物质表面,减小坚硬物体摩擦点火概率,也可减少粉尘,优化回风巷道作业环境,满足了安全生产要求,取得了巨大的经济效益。

另外,安装细水雾系统后,根据需要,当瓦斯浓度达到一定的浓度值时,自动释放细水雾,上隅角的流场控制准确,设备运转安全可靠,所以该细水雾系统是防治和处理上隅角瓦斯积聚、瓦斯燃烧或爆炸的简便而实用的新装备。

3. 细水雾抑制上隅角瓦斯积聚和燃烧的技术要点

结合细水雾抑制工作面瓦斯燃烧的特征、影响因素实验结果,以及抑制机理分析可知,在实际应用过程中,应使用管路输送的方式向指定区域施加细水雾,在铺设管路时,管路要有一定的倾斜角度,避免在局部出现细水雾液化成水而堵塞管路,从而降低管路输运细水雾的量。具体技术要点如下:

(1) 可以把管路铺设到采空区,向采空区输送细水雾可预湿采空区的岩石,避免顶板垮落撞击产生的火花而引燃采空区内的瓦斯,达到杜绝意外点火源引起瓦斯燃烧爆炸事故的目的;另外,细水雾对飘移所到之处有一定的冷却降温作用,并将周围热能转化为其他势能,使气流温度乃至整个采空区或危险区域的温度降低,达到降低点火能量的目的。

(2) 可以把管路悬挂在支架顶部,向顶板附近喷射细水雾,通过提高输送细水雾的动力,使喷出的细水雾可以起到一定的导流作用,避免出现瓦斯积聚的现象。

(3) 在预先施加细水雾时,要先估算可能形成火区的面积和体积,根据细水雾的流量,计算形成质量浓度为 0.162g/L 的雾场所要施加细水雾的量和时间;然后根据漏风大小计算间隔施加细水雾的时间。

(4) 在工作面局部瓦斯超限时,用细水雾喷嘴直接对着局部区域施加细水雾,在含有细水雾的气流导流作用下,局部区域超限的瓦斯气体中汇入细水雾,降低局部区域的瓦斯浓度,使其达到或低于瓦斯安全输送的标准,对危险区域起到保护作用。

(5) 在工作面出现明火时,一要增大细水雾的发生量,增加空气中的雾滴质量分数;二要着重对明火区域施加细水雾,并使其快速喷到明火区域,增大其蒸发速率,使火焰功率快速降低,对明火区域形成包围的态势。

7.5　小　　结

基于瓦斯在工作面上隅角的分布特征,本章研制了适合于工作面上隅角的瓦斯抑爆技术及装备,并通过工业性试验研究,优选了细水雾的安装位置与释放工艺参数。获得的主要结论如下:

(1) 通过数值模拟上隅角瓦斯浓度分布特征,获得了上隅角瓦斯积聚的危险区域,根据瓦斯危险区域分布确定了含添加剂细水雾释放位置、方式和方位。

(2) 设计了细水雾抑制上隅角瓦斯燃烧测试平台,对比了自由燃烧与释放细水雾氛围下的火焰温度变化、烟气流的温度变化和氧气浓度变化,以及有无细水雾条件下点火器点燃瓦斯能力,可知在含添加剂细水雾氛围中点火器多次无法点燃瓦斯-空气混合气,反映了细水雾氛围可以提高瓦斯的点火能量,达到细水雾保护上隅角瓦斯安全运移作用。

(3) 通过上隅角细水雾抑制瓦斯特性的工业性试验研究,优选了细水雾的释放方式和方法,确定了合理的安装位置和工作参数。现场试验证明,在细水雾的作用下改变了上隅角瓦斯的流场和分布特性,在一定程度上扰动和稀释了高浓度瓦斯区域,使得瓦斯浓度出现不同程度的降低,最大降幅达到 58.2%,取得了良好的治理采面上隅角瓦斯超限的效果。同时含添加剂细水雾由于具有防-控-灭作用,以及安全、高效、轻便、环保的技术特点,为煤矿井下治理局部瓦斯治理开辟了一条新途径。

第 8 章 煤矿井下瓦斯爆炸防爆门泄压减灾系统及装备

在矿难中,一部分人是因为爆炸的冲击波致死,但更多的人是因为瓦斯爆炸带来了大量的有毒有害气体,如 CO 等,使人窒息而死。因而发生事故后的通风排毒显得尤为重要,而现实情况是瓦斯爆炸后,由于矿井防爆门发生严重变形或被高压抛出,井下气流与地面空气发生风流短路,CO 等有毒气体无法有效排出而引起大量人员伤亡。因此,发生瓦斯爆炸后,如何最大限度地发挥防爆门的安全作用便显得十分重要。

当矿井发生瓦斯爆炸事故后,有三个方面的问题需要解决:①卸压,将瓦斯爆炸的冲击波压力释放,从而防止损坏通风机;②排毒,将瓦斯爆炸产生的 CO 等有毒气体尽快排除;③反风,主要是将救援人员送入井下进行救援工作。《煤矿安全规程》(2016 版)第一百五十八条规定:装有通风机的井口必须封闭严密;装有主要通风机的出风井口应安装防爆门。第一百五十九条规定:生产矿井主要通风机必须装有反风设施,并能在 10min 内改变巷道中的风流方向;当风流方向改变后,主要通风机的供给风量不应小于正常供风量的 40%。第一百六十一条规定:主要通风机停止运行期间,必须打开井口防爆门和有关风门,利用自然风压通风。

防爆门作为一种可以防止瓦斯、煤尘爆炸时毁坏主要通风机的安全设备,在主要通风机停运时打开,起到了防止井下硐室及主要回风道瓦斯积聚的作用。目前防爆门的结构和现状主要存在如下问题:①抽出式通风机正常工作时,防爆门漏风问题使通风系统的效率降低,增加电耗;②发生瓦斯爆炸时,防爆门由于结冰等阻力太大,开启困难,无法卸压致使通风机损坏;③发生瓦斯爆炸时,防爆门被强大的冲击波抛出,或开启后无法关闭,致使风流短路,井下有毒气体排出困难,增大井下伤亡人数;④反风时,防爆门关闭困难,同样致使风流短路,影响井下救援工作。

因此,仅有瓦斯抑爆技术及装备是不够的,煤矿防爆门作为系统防灾减灾的重要装置,对减小事故灾害、降低事故扩大范围亦至关重要。煤矿井下瓦斯爆炸防爆泄压减灾系统及装备,与基于细水雾的工作面上隅角瓦斯抑爆技术及装备、基于超细复合干粉的瓦斯抽放管网抑爆减灾技术及装备,一起形成煤矿瓦斯爆炸过程中的抑爆、控爆和减灾机制,构建多点-线-面一体化的瓦斯爆炸防控体系模式,实现矿井安全生产、绿色开采、节能环保的技术目标。

防爆门的整体结构将影响防爆门的减灾功能,本章针对现有煤矿井下瓦斯爆炸防爆泄压减灾系统及装备的不足,提出煤矿风井防爆门快速复位及锁扣技术,对防爆门的结构、防爆门快速复位、开启结构、密封结构、电控系统设计及系统整体可靠性进行分析,并研究防爆门整体系统的集成制造和开展相关试验。

8.1　防爆门整体功能研制

8.1.1　整体要求

根据《煤矿安全规程》(2016 版)有关要求,新设计的防爆门应满足以下要求:

(1) 井下产生的冲击波能够将其冲开,以释放能量;

(2) 防爆门距井筒距离应小于主要通风机距井筒距离 10m 以上;

(3) 断面不小于井筒或风硐断面;

(4) 防爆门必须密封严密,保证井筒漏风率不超过 15%,反风时,防爆门不被冲开。

根据现场实际需要,新设计的防爆门还应满足以下具体要求:

(1) 当发生瓦斯爆炸后,无论爆炸的破坏力度有多大,保证备用系统不遭到破坏,并能快速密封风井;

(2) 当发生二次爆炸或多次爆炸时,为保证风井及时泄压和恢复通风,备用防爆门上的活动门应能够自动打开与复位,防爆门快速启闭结构应能在 3~5min 内完成快速复位动作;

(3) 防爆门的密封设计应能保证系统的可靠密封,保证密封后的漏风量不超过 15%;

(4) 对新设计的防爆门系统,当将备用防爆门运送到相应工作位置后,无论是在正压还是在负压下,都能保证其可靠工作。

8.1.2　系统方案选择

根据前面论述的防爆门的设计目标、工作要求以及其他一些制约因素,作者研究团队结合创新学的理论,采取集思广益的方式,多人提出多种方案,进行讨论后再完善,再讨论,再完善,最终形成三种主要可行方案,这三种方案各有优缺点。下面分别加以介绍。

(1) 方案一:作者研究团队通过走访、调研,在了解现有防爆门安全隐患的基础上,选择了在现有风井防爆门的基础上改进风井盖结构的方案,即改变现有风井防爆门的结构,将其设计为花瓣式的结构,以便防爆门在矿井灾变时期受到气流冲击能正常打开而不被损坏,需要反风时能靠自重快速复位。但该方案后来被否定,原因是:在矿井灾变时期,特别是瓦斯或瓦斯与煤尘爆炸当量不可估计时,防爆门抗冲击强度无法准确确定。设计的花瓣式结构的防爆门,在受到气流冲击后发生变形,也完全有可能在矿井灾变时期遭到毁灭性破坏,这样便无法正常打开与复位。

(2) 方案二:此方案考虑不改变现有风井防爆门的结构,另增加一套独立的备用防爆门。在矿井灾变时期原有防爆门遭到破坏,此时备用防爆门可以通过独立移动(包括人工、电动),将风井盖严,保证矿井的正常通风。但该方案中备用防爆门的结构形式和原有防爆门区别不大,虽然能起到预期的效果,但没有考虑在矿井灾变时期的二次或多次爆炸问题,如果发生二次爆炸,备用防爆门再次被损坏,安全隐患依然存在,故需要对该方案进一步改进。

(3) 方案三:此方案选择在备用防爆门的基础上增加活动门,即改变备用防爆门的结构,将备用防爆设计成对开的活动门,这样在矿井灾变时期原有矿井风井防爆门遭到破坏时,启动备用防爆门可以将风井盖严。一旦发生二次或多次爆炸,备用防爆门上的活动门能实现自动打开与复位。

综合考虑防爆门现场的使用情况和灾变时瓦斯爆炸的规律,在通常情况下,当发生瓦斯或煤尘爆炸时,第一次的威力是最大的,原有防爆门可能受到致命的危害,当以后发生二次或多次爆炸时,气流对防爆门的冲击力会逐渐减小,因此,发生第一次爆炸时被摧毁的是原有矿井风井的防爆门,之后备用防爆门即可产生作用。当发生二次或多次爆炸时,备用防爆门上的活动门能实现自动打开与复位,保证矿井在灾变时期的正常通风。因此,通过对比分析,充分考虑矿井灾变时期的各个因素,以及如何利用原有防爆门、降低成本、提高灵活性等方面的原因,最终选择第三种设计方案。

8.1.3　防爆门整体设计方案分析

作者研究团队对三种构造方案进行对比分析,一致认为方案三更具优势,此方案使得备用防爆门在爆炸后能快速启动、准确复位,并在通风机反风前能紧锁,同时又解决了二次或多次爆炸对防爆门的再次或多次冲击的问题,能满足矿井灾变时期通风的要求。以下对系统整体结构及其原理加以分析。

1. 防爆门系统组成

图 8-1 是防爆门系统总图,由于防爆门系统是由很多组装件装配而成的,整体结构体积大、吨位重,既有混凝土施工工程,又有钢结构制作工程。必须将各工程分成若干子系统,特别是钢结构制作;必须按照各子系统功能分配成模块单元,以便设计、制造、运输和现场安装,如图 8-1 所示。

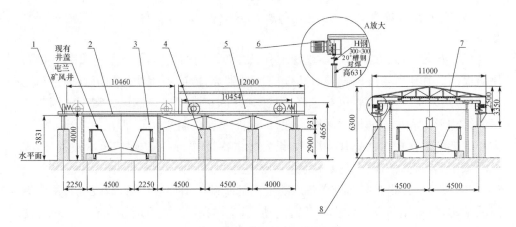

图 8-1　防爆门系统总图(单位:mm)

1-电控装置;2-导轨支架;3-混凝土方箱;4-混凝土支腿;5-滑车底盘装置;6-滑车横梁行走装置;

7-罩棚;8-滑车密封装置

2. 防爆门子系统功能

防爆门各部分的功能分别如下所示。

(1)电控部分。电控部分有两个驱动横梁行走的驱动电机,主要用于控制底盘的行走、制动、限位,另外还有四个用于驱动电推杆锁紧装置的电机,当需要反风工作时,井盖承受正压作用,可由电动机驱动锁紧装置的锁紧推杆动作,插入井盖锁紧孔内,确保井盖不被吹开。

(2)方箱部分。方箱部分是用混凝土构筑一个 8.1m×8.1m×4m 的围墙,用于将原风井盖四周封闭,同时也起到支撑备用防爆门的作用。

(3)导轨部分。导轨位于导轨支架上,总长为 22.6m,分成两段,其主要作用是对底盘滑车轮系的行走进行导向。

(4)导轨支架部分。导轨支架主要由混凝土支架、支腿、东西梁和两个横梁组成,其主要作用是固定导轨和支撑底盘滑车的重量。

(5)底盘部分。底盘部分是整个系统的关键部件之一,它是由 4 个 2000mm×9230mm、厚度为 280mm 的小底盘组装而成,其主要作用是固定备用门盖和滑车行走机构。

(6)门盖部分。风井门盖是一种双开门式的结构,两扇门可以绕各自的转动轴自由转动,转动角度范围是 0°~90°,其作用是在风井需要密封时,将井口罩盖,当瓦斯气流发生二次或多次爆炸时,此门盖能自动打开,并且在爆炸过后通过自动复位装置使其复位。

(7)密封部分。密封部分主要包括底盘密封装置、风井盖前后端密封、风井盖侧面密封几个部分,每一部分由于结构不同,采用的密封形式也不同,这些密封结构的主要作用是尽量减少漏风。

(8) 横梁部分。横梁部分又称横梁行走装置,主要由行走轮和方梁组成,其主要作用是固定电机行走装置,拖动底盘移动行走。

(9) 锁紧部分。锁紧部分采用一种连杆锁紧装置,仅用于反风正压工作状态,当需要反风工作时,操纵电控指令,锁紧推杆动作,插入井盖锁紧孔内,确保井盖不被吹开。

(10) 罩棚部分。罩棚部分是钢结构件,由三脚架、支撑架和支腿等组成,它仅用于防爆门备用状态下保护底盘、门盖、电控系统等部件,防止因雨淋日晒而损坏。

8.2 防爆门快速复位结构研究

8.2.1 快速复位系统设计方案

根据防爆门系统整体设计方案要求,新型防爆门必须在原防爆门因瓦斯爆炸被冲击破坏后,矿井进行反风时,能迅速将备用防爆门准确移动到位,并且能可靠地固定、锁紧。这就要求新型防爆门除具有原有风井盖的基本功能之外,还必须能满足快速复位的特别要求,同时防爆门的设计既要考虑对原风井盖的罩盖、密封、固定,还要考虑到防爆门移动、对接和锁紧。因此,对整体系统而言,必须设计防爆门的快速复位系统。

根据前面论述的防爆门快速复位系统的设计目标、工作要求,作者研究团队和现场技术人员提出三种方案,下面分别加以介绍。

(1) 方案一:吊装复位系统。该方案的设计思路是,备用防爆门平时处于备用状态,放置在风井旁边,一旦煤矿井下发生火灾或煤尘与瓦斯爆炸,原有风井防爆门被破坏后,迅速用汽车吊机将备用防爆门吊装到原风井之上。这种设计方案比较简单,复位系统没有其他的机械装置,在需要备用防爆门复位时,只需要调动一台汽车吊机即可,从生产成本上来说,是比较理想的选择,但是该方案也存在一定的问题,如汽车起吊备用门时需要人工装车,卸载时也需要人工卸载,这个过程即使在人员准备充足的情况下也将耗费一定的时间,有时在 10min 之内很难完成反风操作,因此会延误反风时间,影响井下救援工作。另外,在卸载防爆门时,由于原风井盖已经损坏,操作人员在风井周围工作,存在一定的安全隐患。

(2) 方案二:倾斜滑道复位系统。此方案考虑在原风井一旁布置一个倾斜滑道,将备用防爆门系统固定在滑道顶部,当原风井盖由于井下灾变被冲击破坏而需要启用备用防爆门系统时,将位于滑道顶部的备用防爆门系统解锁并滑至原风井盖上方即可。该方案与方案一比较,增加了一套滑道系统,备用防爆门在安装过程中节省了大量的操作时间,但是备用防爆门系统体积较大,重量较重,在滑道上运行时可能产生变形等问题,将造成备用防爆门在安装过程中不能可靠定位,不能可靠密封,造成反风时风流短路等问题。

(3)方案三:水平导轨牵引系统。该方案是考虑将备用防爆门置于原风井盖一旁的两根水平导轨上,并且可以在电机驱动下沿水平导轨移动,当原风井盖由于井下灾变被冲击破坏而需要启用备用防爆门系统时,复位系统的电控部分驱动横梁行走机构,将备用防爆门系统推至原风井盖上方,同时电推杆锁紧装置将其锁紧,在反风时确保井盖不被吹开。此方案中防爆门的移动是电机驱动,能使防爆门从备用状态快速移动到指定位置,实现对原风井盖的罩盖。据测算,防爆门从开始到移动至指定位置只需33.3s,能够保证在规定时间内实现反风,同时,大大减少人工操作,消除安全隐患。

通过对比分析,充分考虑矿井灾变时期的各个因素,以及如何快速、安全地将备用防爆门运送到指定位置并实现对原风井的罩盖,同时考虑尽量减少人工操作、提高灵活性及防爆门运动过程中不变形等方面的原因,最终选择第三种方案。

8.2.2　快速复位系统构成

经过多方案论证筛选,设计快速复位系统时采用拖式移动原理,即在快速复位系统工作时,电控装置能将防爆门从备用状态向工作状态快速移动,实现对原有风井盖的密封罩盖,从而达到负压抽风保护的作用;若需正压反风,则将防爆门进行锁紧即可。快速复位系统的整体构成如图 8-2 所示。

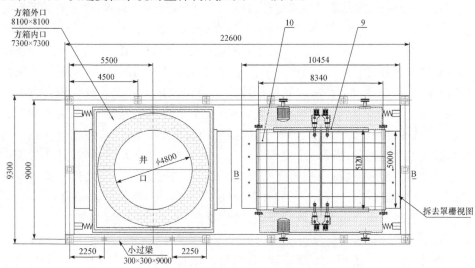

图 8-2　快速复位系统总图(单位:mm)

9-连杆锁紧装置;10-门盖及轴承装置

8.2.3　运行机构分析

防爆门运行机构的主要作用是,当备用防爆门需要快速复位时,需要有一套装置将备用防爆门移动到相应位置对原风井进行罩盖,称此装置为防爆门的运行机构。目前,工程上常见的运行机构可分为有轨运行机构和无轨运行机构两种。前者依靠刚性车轮沿着铺设的轨道运行,有轨运行范围比较固定,便于从电网上配电,一般采用电机驱动;后者是指流动性大的轮式或履带式运行机构,可在普通路面上行驶,一般采用内燃机驱动。本书设计备用防爆门的运动情况是运动范围不大,且运动范围比较固定,因此设计采用有轨运行机构,机构的驱动装置采用电机驱动,该运动机构包括导轨、导轨支架、驱动电机、制动装置和行程开关等几部分,整体系统如图 8-3 所示。

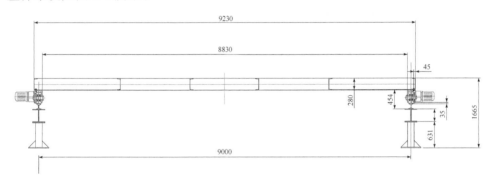

图 8-3　运行机构总图(单位:mm)

1. 导轨支架结构

导轨支架的主要作用是固定导轨和支撑底盘滑车的重量,考虑到制造、安装和维修的方便,将导轨支架进行模块化设计,设计成组件,各部分在机械厂焊接组装,运送到现场后再和其他组件进行拼接。导轨支架的组装结构如图 8-4 所示。

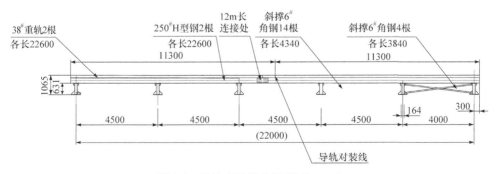

图 8-4　导轨支架组件图(单位:mm)

2. 运行机构计算

1)运行阻力的计算

行走机构在运行过程中所受到的阻力称为静阻力 $F_{静}$,主要包括摩擦阻力和坡道阻力两种,即

$$F_{静}＝F_{摩}＋F_{坡} \tag{8-1}$$

其中,$F_{摩}$ 为滑车底盘运行摩擦阻力,N;$F_{坡}$ 为在坡道上运行时由底盘自重分力引起的阻力,N。

(1) 运行摩擦阻力计算式为

$$F_{摩}＝G_{hz}[(2f＋\mu d)/D]K_{附} \tag{8-2}$$

其中,G_{hz} 为滑车底盘及罩棚自重,为 28660N;f 为滚动摩擦系数,查表 8-1 取值为 0.6;d 为轴承内径,mm;μ 为轴承摩擦系数,查表 8-2 取值为 0.015;$K_{附}$ 为附加摩擦阻力系数,一般圆柱踏面车轮用于刚性支腿时取 1.5,用于挠性支腿时取 1.3,本次设计属刚性支腿,取 1.5;D 为车轮直径,mm,已计算,取 300。

将数据代入式(8-2)中可计算出滑车运行摩擦阻力:

$$F_{摩}＝G_{hz}[(2f＋\mu d)/D]K_{附}＝28660×[(2×0.6＋0.015×70)/300]×1.5$$
$$＝322.425(N)$$

表 8-1　圆顶钢轨与车轮间滚动摩擦系数 f

车轮直径/mm	300,500	630,710	800	900,1000
摩擦系数 f	0.6	0.8	1.0	1.2

表 8-2　轴承摩擦系数 μ

类别及形式	滑动轴承		滚动轴承	
	开式	稀油润滑	滚珠或滚柱	锥形滚子式
摩擦系数 μ	0.1	0.08	0.015	0.02

(2) 坡道阻力按计算式为

$$F_{坡}＝K_{坡}G_{hz} \tag{8-3}$$

其中,$K_{坡}$ 为坡度阻力系数,轨道设在钢筋混凝土或金属梁上时取 0.001,设在碎石或枕木上取 0.002,本次设计防爆门系统的导轨是设在金属梁上,故取 0.001。

将数据代入式(8-3)可得

$$F_{坡}＝K_{坡}G_{hz}＝0.001×28660＝28.66(N)$$

2)电动机的选择

在选用电动机之前,应先确定滑车运行机构按重复短时工作制决定的接电持续率 JC 值,惯量增加率与折算的每小时启动次数相乘的乘积 CZ,稳态负载平均

系数 G。通常行走小车取 $JC=25$，$CZ=450$，$G=0.8$。按照满载运行选取电动机功率：

$$N_J=\frac{F_{静}\,v}{1000\eta m} \tag{8-4}$$

其中，v 为滑车运行速度，取 20m/min；η 为机构传动效率，取 0.9；m 为电动机台数，取 2。

$$F_{静}=F_{摩}+F_{坡}=322.425+28.66=351.085(\mathrm{N})$$

将数据代入式(8-4)可得

$$N_J=\frac{F_{静}\,v}{1000\eta m}=\frac{351.085\times0.33}{1000\times0.9\times2}=0.64(\mathrm{kW}) \tag{8-5}$$

考虑到电动机启动时惯性影响的增大系数，选择电动机的功率要有一定的裕量，因为本次设计的防爆门系统在室外工作，取惯性影响系数为 1.2，那么初选电动机的功率为

$$N=K_d N_J=1.2\times0.64=0.768(\mathrm{kW})$$

另根据 JC、CZ 和 G 的取值，选取电动机型号为 $ZDY_1 22\text{-}4$，转速为 1380r/min。

由于此次设计的行走机构所承受的载荷是固定载荷，不会有大的变化，加上在初选电动机时，选择的电动机有 20% 的裕量，本设计防爆门行走机构电动机的过载校验可以不予考虑。

8.3　防爆门快速开启结构研究

8.3.1　整体结构

当矿井发生灾变时，由于原风井防爆门被冲击破坏或被抛出，这时备用防爆门启动，由滑车行走机构将备用防爆门推至相应位置，保证矿井正常反风时能将风井罩盖以防止漏风。与此同时，在井下救援工作进行过程中，井下瓦斯或煤尘可能会发生二次爆炸，这时，如果备用防爆门不能快速开启，同样也会影响井下救援工作的开展，甚至造成更严重的后果。因此，本次设计防爆门系统时，为了保证备用防爆门移动到位后，在发生二次灾变时能顺利打开，特别设计了备用防爆门的快速开启结构，当其工作时，可在转动 0°～90° 范围内快速打开防爆门并释放气体，具体机构如图 8-5 所示。

防爆门快速开启机构主要由风井盖门扇、风井盖转轴装置和配重等几部分组成，这种机构可在矿井发生二次灾变时能快速开启，从而保护主通风机。

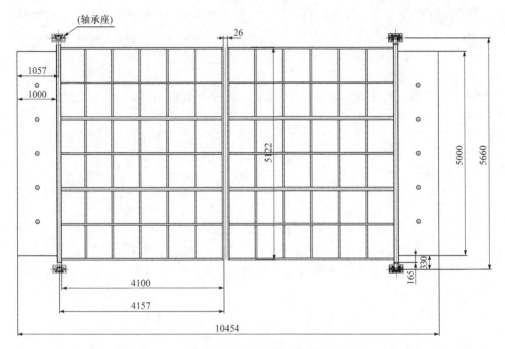

图 8-5　防爆门快速开启机构总图(单位:mm)

8.3.2　工作原理

本次设计将防爆门设计成两个单扇门对开结构,每个单扇门按照杠杆原理进行配重,这样,每一扇门在受到较小的冲击力作用下就能快速绕各自的转轴转动开启,有效防止二次灾变破坏防爆门结构,其结构原理如图 8-6 所示。

1. 配重计算

1) 受力平衡分析

设计的备用防爆门在井下发生爆炸后能快速复位,在到达指定位置后能代替原风井防爆门工作,其安全工作的前提是在矿井发生二次灾变时能快速开启,这就要求防爆门应有合理的配重,否则由于防爆门自身的重力及转动摩擦阻力的影响,防爆门很难打开,会使得主通风机受到严重破坏。当发生瓦斯爆炸时防爆门能被推开的平衡条件如下:

$$F \geqslant F_0 \tag{8-6}$$

$$F_0 = G_单 \times 9.8 + f_合 - \Delta W \times 9.8 \tag{8-7}$$

$$F = S_回 \Delta P_1 \tag{8-8}$$

其中,F 为冲击波对防爆门的推力,kN;F_0 为开启防爆门所需的力,kN;$S_回$ 为回风

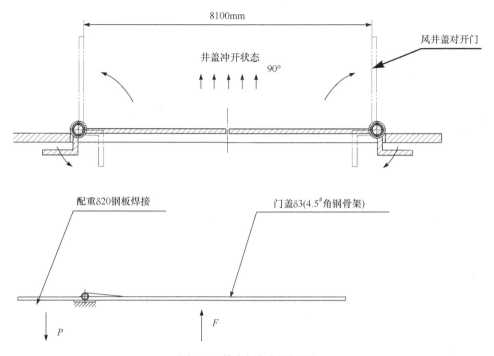

图 8-6　单扇门杠杆原理图

井的巷道截面积,m^2;$G_单$ 为单扇防爆门自重,kg;$f_合$ 为摩擦合力,N;ΔW 为防爆门配重,kg;ΔP_1 为爆炸对防爆门产生的压强,Pa。

以防爆门刚要打开,同时风机将要受到破坏这一状态为临界状态。设风机受到破坏的许可压力为(P),即 $\Delta P_r = (P)$,那么就有

$$F = KS(P) \qquad\qquad (8\text{-}9)$$

其中,K 为与巷道有关的冲击波衰减系数,根据煤矿巷道的实际情况,取 $K = 1.3$;S 为巷道截面积,m^2。

将式(8-9)代入式(8-6)得

$$KS(P) \geqslant F_0 \qquad\qquad (8\text{-}10)$$

实践经验告诉我们,防爆门重量不能太轻。由于风机有反风的要求,如果重量太轻,风机反风时打开防爆门,造成风路短路,故反风的状态决定防爆门重量的下限,这个下限还要保证在反风情况下发生爆炸时,防爆门仍然能工作,保护风机。如果采用较轻的防爆门,并在反风时用外力压死防爆门,但若在反风时发生爆炸,这种结构的防爆门不能及时打开,也就不能保护风机。根据反风时防爆门受力平衡条件得

$$F_0 \geqslant F' \qquad\qquad (8\text{-}11)$$

$$F' = h_{max} S \qquad\qquad (8\text{-}12)$$

$$F_0 = h_{max} S n_{下} \tag{8-13}$$

其中，F' 为反风时防爆门的推力，kN；$n_{下}$ 为下限安全系数，一般取 1.5～2；h_{max} 为矿井最大风阻，kN/m²。

2）基础数据测算

（1）单扇门自重 $G_{单}$。

防爆井盖为双扇门对开的钢结构的组合体，每扇门为面积 4100mm × 5122mm、厚度 30mm 的 45# 角钢，查设计资料知，也可以根据材料用量进行计算，共计 1189kg，所以防爆井盖单扇门的重 $G_{单}$ 为 1189kg。

（2）摩擦阻力。

单位面积的摩擦阻力由摩擦阻力系数和垂直摩擦面的受力决定，通过受力分析，垂直于摩擦面的合力为零，井盖上提时所受摩擦阻力为接触面之间的吸引力，因为吸引力很小，近似为零，在此忽略不计，即 $f_{合} = 0$。

（3）压力差 F_0。

压力差的大小与防爆井盖内外侧压力差、防爆井盖水平受力面积成正比，即

$$F_0 = P_{盖} S_{盖} \tag{8-14}$$

其中，F_0 为压力差，N；$P_{盖}$ 为井盖内外侧压力差，Pa；$S_{盖}$ 为井盖水平受力面积，m²。

井盖内外侧压力差通过实测获得，当主扇正常运转时，$P_{盖}$ 是相对稳定不变的，而主扇停止运行后，$P_{盖}$ 迅速变化，其测定方法是通过在井盖下部风井壁上打一小孔安装皮托管测定。经现场测定 $P_{盖}$ 的数据如表 8-3 所示。

表 8-3　井盖内外侧压力差测定数据

时间/min	0	1	2	3	4	5	6	7	8
$P_{盖}$/Pa	1029	490	3332	264.6	225.4	205.8	196	186.2	176.4

$P_{盖}$ 的取值时间是关系井盖能否及时被打开的关键，过早则计算配重过大，会造成关闭井盖困难，过晚则失去意义，也是安全生产所不允许的。经多次观察，当主扇停止后人工打开井盖需 5min，风门自动打开的时间必须在 5min 内才有实际意义，主扇停止运转后，井盖内外侧压力差迅速下降。在 3min 以后变化较小，$P_{盖}$ 的取值时间为 3min 最为合适，即

$$P_{盖} = 264.6Pa, \quad t = 3min$$

作用在单扇门的相应井口半圆面积 $S_{盖} = \pi R^2/2 = 3.14 \times 2.402^2/2 = 9.0583$（m²），因此，$F_0 = 264.6 \times 9.0583 = 2396.8$（N）。将以上数据代入式（8-7）计算得防爆门配重为 944kg。

2. 井盖开启过程运动分析

井盖开启向上运动是一个变速运动的过程，在开启时，依靠拉力获得一定的加

速度,在向上运动过程中压差力随着井盖内外两侧的静压变化而变化,拉力在垂直方向分力随拉力与水平面夹角的变化而变化。

因受力变化的影响,井盖的运动过程可分为两个阶段:第一阶段,在平衡点以下是加速度先增大后减小的运动;平衡点以上是加速度变化的减速运动,到达最高点后又回到平衡点。在计算中,只对平衡点以下进行研究,为简化计算(经验证明误差不大),平衡点以下的运动按初始角加速度为 α 的匀加速运动计算。单扇门转动受力分析如图 8-7 所示。

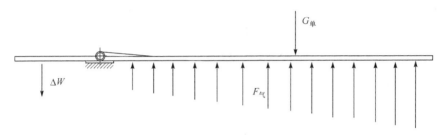

图 8-7　单扇门受力分析图

1) 力的平衡条件

防爆门在气流冲击力 $F_{气}$、单扇门自重 $G_{单}$、防爆门配重 ΔW 的作用下做匀加速转动,在运动的平衡点上其力的平衡条件应满足:

$$\Delta W \times 9.8 \times \frac{1057}{2} + F_{气} \times \frac{1 \times 4157}{3} = G_{单} \times 9.8 \times \frac{4157}{2} \tag{8-15}$$

其中,$F_{气}$ 随门扇的开启角度不同而变化。

2) 运动方程

经上述分析,单扇门的角加速度不变,即角加速度 a 为常量,这种转动称为匀加速转动。仿照点的匀变速运动公式,可得

$$\omega = \omega_0 + \alpha t \tag{8-16}$$

$$\varphi = \varphi_0 + \omega_0 t + \frac{1}{2} \alpha t^2 \tag{8-17}$$

其中,φ 为门扇转动角度;φ_0 为门扇初始位置角度;ω_0 为单扇门初始转动角速度;t 为运动时间;α 为角加速度。

转动刚体内任一点的切向加速度的大小,等于刚体的角加速度与该点的转动半径的乘积,方向与转动半径垂直,指向与刚体角加速度的转向一致,法向加速度的大小等于刚体角加速度的平方与该点的转动半径的乘积,方向沿转动半径指向转轴。因此有

$$v = \frac{\mathrm{d}s}{\mathrm{d}t} = R \frac{\mathrm{d}\varphi}{\mathrm{d}t} = R\omega \tag{8-18}$$

　　上述条件保证井盖开启时有一定的角加速度,以便在规定的时间内将井盖开启到位;同时保证主扇停止后井盖的打开时间小于规定时间,以保证井盖打开时的平衡点高于应打开的最小高度。

8.3.3　加强筋设计

　　考虑到防爆门的门盖受力比较复杂,尤其是矿井灾变时期受到的冲击力是随时间变化的,门盖上下压力差是随工况的不同而变化的,属于交变载荷,本次设计的防爆门门盖采用平板网格状的设计结构,也就是在矩形平板上另外增加 5 行 $45^\#$ 角钢立筋和 2 行 $8^\#$ 槽钢,以提高风井盖抗弯曲强度,改善受力状况,保证单扇门不因受力而变形。

1. 无加强筋时单扇门受力分析

　　防爆门的单扇门在没有设计加强筋时,是一个厚度(a)为 30mm 的矩形平板,其长(b)和宽分别是 4157mm 和 5122mm,如图 8-8 所示。

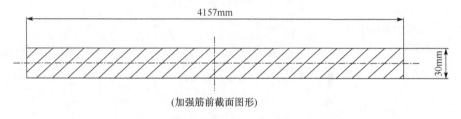

(加强筋前截面图形)

图 8-8　单扇门平板截面

　　如图 8-8 所示,在对其进行受力分析时可以认为矩形平面的受力具有对称性,这样可将其简化为一截面进行力学性能的分析。也就是说,将其受力等同于悬臂梁,梁的横截面为矩形,由单扇门受力情况可知,其受到的力主要是防爆门所受气流冲击力 $F_气$ 和单扇门自重 $G_单$,这两个力对单扇门来说都是剪切力,这两个力的特点是在单扇门的横截面上分布变化不大,如图 8-9 所示,因此,可做如下假设:

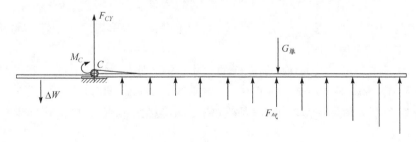

图 8-9　单扇门受力分析图

（1）横截面上任一点处的剪切力方向相同，属平行力系；

（2）剪应力沿截面宽度均匀分布。

1）支反力计算

设固定端 C 处的支反力与支反力偶矩分别为 F_{CY} 与 M_C，则由平衡方程 $\sum F_{CY} = 0$ 与 $\sum M_C = 0$ 得

$$F_{CY} = F_{气} - G_{单} \times 9.8 - \Delta W \times 9.8, \quad M_C = F_{气} \times \frac{b}{3} + \Delta W \times 9.8 \times \frac{1057}{2} - G_{单} \times 9.8 \times \frac{b}{2}$$

2）弯矩图

作用在单扇门上的气流冲击力 $F_{气}$ 实际上是分布不均匀的平行力系，门自重在密度均匀的条件下是均匀分布的，为了计算方便，将这两个力都认为是作用在同一点上的力，但由于两个力的分布规律不同，等效作用力的作用点是不同的，具体见图 8-10。

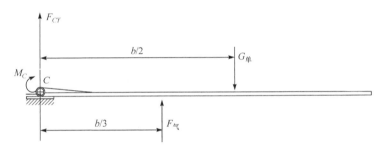

图 8-10　等效作用力图

3）由弯矩图判断危险截面

单扇门的弯矩图如图 8-11 所示。

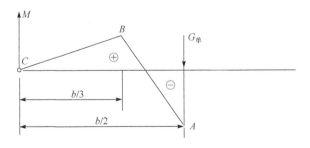

图 8-11　单扇门弯矩图

由图 8-11 可知，在 CA 段上，A 截面的弯矩最大：

$$M_A = G_{单} \times 9.8 \times \frac{b}{2} = 1189 \times 9.8 \times \frac{4.157}{2} = 24219.1 (\text{N} \cdot \text{m})$$

4) 截面抗弯模量计算

单扇门的横截面是矩形,可按矩形截面的性质计算其抗弯模量为

$$W_z = \frac{a^2 b}{6} = \frac{0.03^2 \times 4.157}{6} = 6.24 \times 10^{-4} (\mathrm{m}^3)$$

因此,A 截面的最大应力为

$$\sigma_{\mathrm{max}A} = \frac{M_A}{W_z} = \frac{24219.1}{6.24 \times 10^{-4}} = 38.8 \times 10^6 (\mathrm{Pa}) = 38.8 (\mathrm{MPa})$$

所选用材料的许用应力$[\sigma] = 50\mathrm{MPa}$,因为$[\sigma] > \sigma_{\mathrm{max}A}$,所以单扇门的强度符合要求。

2. 单扇门添加加强筋时的计算

单扇门在受力运动时除了满足强度要求之外,还需要满足刚度要求,这主要是因为,如果门的刚度不够,会造成门受力发生弯曲变形,使得门在再次关闭时出现问题,所以还必须想办法提高门的抗弯强度。提高门的抗弯强度的措施主要有以下几种。

(1) 减小单扇门的长度。单扇门的结构可以看成是一个悬臂梁,其长度对弯曲变形的影响最为明显,因为梁的挠度或转角与梁长度的二次方、三次方,甚至四次方成正比。因此,应尽可能地减小梁的长度。

(2) 增加约束。在门的长度不能缩短的情况下,可以采用增加约束的办法来提高单扇门的刚度。另外,使其约束接近于固定端,也能减小轴的变形,提高刚度。

(3) 改变加载方式和支座位置。由挠曲线微分方程可知,弯曲变形与弯矩有关,减小弯矩就会减小弯曲变形。因此,提高弯曲强度的措施同样有利于弯曲刚度的提高。

(4) 合理设计截面,增大惯性矩。在梁的截面面积不变的前提下,设计合理的截面形状,增大截面惯性矩的数值,也是提高弯曲刚度的有效措施。例如,超重机大梁一般采用工字形或箱形截面,机器的箱体采用加筋的办法提高箱壁的抗弯刚度,而不采取增加壁厚的办法。

(5) 改进结构设计。为了提高结构的刚度,可对结构进行改进设计。例如,皮带轮采用卸荷装置后,皮带拉力经滚动轴承传给箱体,从而消除了皮带拉力对传动轴弯曲变形的影响。又如,改变车床主轴上主动轮的排列方式,主动轮传给主轴的扭矩虽然没有改变,但径向啮合力的方向改变了,从而使主轴外伸端的挠度减小,明显提高了主轴的刚度。

从提高单扇门刚度的措施来看,增加门的长度将使备用门的尺寸减小,这将不能罩盖原有的风井,起不到防爆门应有的作用,因此,这种方法不可取;若增加门的约束,会造成门转动不灵活,在矿井发生二次灾变时将不能快速打开,这也不符合

要求,因此,也不予采用;对于改变加载方式这种方法,由于门受到的冲击力并非是人为的,而是灾变时期自然形成的,属于不可控载荷,因此,这种方法也不行;对于改进结构设计,单扇门若增加单独的卸荷装置,虽然提高了其刚度,但会使门的结构复杂,成本增加,也不是最好的办法;根据防爆门具体结构情况分析,采用改变门的截面形状,增大惯性矩的方法是这几种方法中最经济的,也是最简单的一种。

要改变门的截面形状,本设计采取在门板上增设加强筋的方法,从而改变其截面形状,主要做法是在门板上加焊 5 根 4.5$^\#$角钢和两根 10$^\#$槽钢,具体结构如图 8-12 所示。

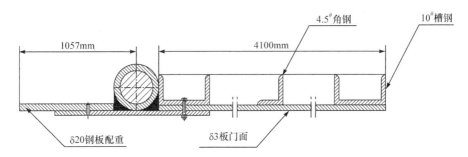

图 8-12 单扇门加筋结构

1) 截面惯性矩的计算

通过查《机械设计手册》,单根 4.5$^\#$角钢的惯性矩为
$$I_x = 9.33\,\text{cm}^4$$
设计时角钢焊接位置距转轴 1.45cm,角钢的截面面积为 3.0cm^2。

根据平行移轴定理,单根角钢对转轴的惯性矩为
$$I_C = I_x + y^2 A_1 = 9.33 + 1.45^2 \times 3.0 = 15.638\,(\text{cm}^4)$$
因为焊接 4.5$^\#$角钢的数量是 5 根,其对转轴的总惯性矩为
$$I_2 = 5I_C = 5 \times 15.638 = 78.19\,(\text{cm}^4)$$
通过查《机械设计手册》,单根 10$^\#$槽钢的惯性矩为
$$I_y = 16.6\,\text{cm}^4$$
设计时槽钢焊接位置距转轴 1.58cm,槽钢的截面面积为 10.2cm^2。

根据平行移轴定理,单根角钢对转轴的惯性矩为
$$I_C = I_y + x^2 A_2 = 16.6 + 1.58^2 \times 10.2 = 42.06\,(\text{cm}^4)$$
因为焊接 8$^\#$槽钢的数量是 2 根,其对转轴的总惯性矩为
$$I_3 = 2I_C = 2 \times 42.06 = 84.12\,(\text{cm}^4)$$
2) 添加加强筋后截面的抗弯模量

由于门板添加加强筋后属于组合截面,总的抗弯模量等于各个截面抗弯模量的和,因此计算式为

$$W_筋 = (I_1 + I_2/1.45 + I_3/1.58)/e$$

其中，I_1 为门平板截面惯性矩，$I_1 = a^3 b/12 = 0.9\text{cm}^4$；$I_2$ 为 5 根 $4.5^\#$ 角钢惯性矩；I_3 为 2 根 $8^\#$ 槽钢惯性矩。

所以 $W_筋 = 39.75\text{cm}^4$，即 $n = W_筋/W_1 = 6.39$。

从计算结果可以看出，添加加强筋后单扇门的抗弯强度约是没添加加强筋时的 6 倍，大大提高了门的刚度，有效防止了防爆门在二次灾变时期因受冲击而发生严重变形。

8.4　防爆门集成系统可靠性模拟分析

8.4.1　防爆门系统可靠性要求

（1）在矿井灾变时期原有矿井风井防爆门遭到破坏，此时备用防爆门应能够通过远程电动/手动控制方式将矿井风井盖严。

（2）当发生二次爆炸或多次爆炸时，为保证风井及时泄压和恢复通风，备用防爆门上的活动门应能够自动打开与复位。

（3）在爆炸压力波作用过程中，为保证备用防爆门复位后能够保持良好密封性及锁扣装置能正常发挥作用，活动门应不能发生明显塑性变形。

8.4.2　可靠性分析方法

第 2 章利用火焰-湍流耦合燃烧模型对瓦斯爆炸过程进行了计算流体力学模拟，将模拟获得的火焰结构、火焰锋面位置、火焰速度及超压等参数特征与实验进行比较，探索了瓦斯爆炸过程中火焰与超压、火焰与湍流之间的相互作用，验证了 CFD 模拟对瓦斯爆炸的适用性，为开展不同条件下瓦斯爆炸传播的数值模拟提供可靠的理论基础。因此，本节利用计算流体力学模拟理论按 1:1 尺度分析快速复位防爆门的可靠性，指导快速复位防爆门的参数选择，并为快速复位防爆门的中试试验提供依据。

针对 8.4.1 节可靠性要求第（1）条，详见本书 8.2 节。针对可靠性要求第（2）、（3）条，通过以下两个步骤进行可靠性模拟分析。

第一步：瓦斯爆炸压力场及活动门运动分析。首先利用 Fluent 对瓦斯爆炸流场进行数值模拟，得出瓦斯爆炸冲击波在不同时刻作用于活动门上的压力分布；然后利用牛顿第二运动定律，分别求出活动门被开启的最小压力、不同时刻的压力分布、不同时刻的转动角加速度及不同时刻的已开启角度，分析其运动规律。

第二步：活动门所受应力和变形分析。根据第一步得出的活动门在不同时刻所受压力情况，利用 ANSYS 对活动门进行应力分析。活动门所受压力随时间非线性变化,因此属于动态非线性应力分析。通过动态非线性应力分析,得到活动门最大变形情况,然后通过材料强度校核,分析其变形属于塑性变形还是弹性变形。

8.4.3　可靠性分析过程

1. 瓦斯爆炸压力场及活动门运动分析

采用 Fluent 对瓦斯爆炸压力场进行数值模拟,得出备用防爆门上活动门的压力分布及活动门运动情况。

风井盖总图如图 8-13(a)所示。其中井筒直径为 4.8m,方形密封池尺寸为 7.5m×7.5m×4.1m;单扇活动门尺寸为 2.735m×5.2m,厚度为 3mm,门框为 50# 角钢,单扇活动门质量为 480kg,配重质量为 775kg(为了井筒示意图和模拟结果简洁,配重在图 8-13(a)中未画出,但在活动门运动的计算过程中加以考虑)。

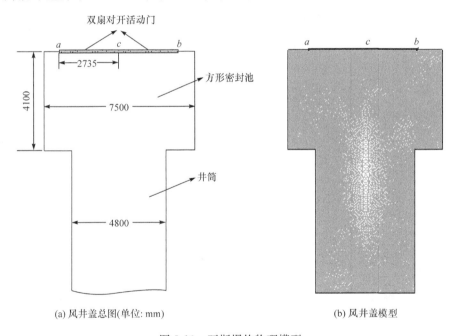

(a) 风井盖总图(单位: mm)　　　　　　　　(b) 风井盖模型

图 8-13　瓦斯爆炸物理模型

(1) 建立模型:根据图 8-13(a)建立 1∶1 计算模型,并划分计算网格。为提高计算精度,对靠近壁面处的计算网格进行局部加密,如图 8-13(b)所示,图中 ac 和 bc 为双扇对开活动门。

(2) 边界条件:活动门 ac 和 bc 分别为可绕 a 点和 b 点转动的刚体,其余均为固定壁面。活动门的转动角加速度根据牛顿第二运动定律确定,即与所受压力和重力(包括活动门重量和配重)的力矩代数和成正比,而与质量和成反比。

（3）初始条件：井筒和方形密封池充满 CH_4 和空气的混合气体，CH_4 质量分数为 5.5%（体积分数为 9.5%），O_2 质量分数为 22%。初始时刻，在井筒底部利用局部高温（2400℃）方法点火引爆。

（4）计算模型：流动为非稳态湍流流动，湍流模型采用 k-ε 湍流方程，壁面采用标准壁面函数，甲烷燃烧化学反应采用适用于湍流燃烧的涡扩散模型，并采用收敛较好的 PISO 算法进行迭代求解，迭代时间步长为 10^{-5}s。

（5）模拟结果：图 8-14～图 8-16 为不同时刻的流场分析结果，图中（a）表示瓦斯爆炸冲击波的压力场，（b）表示单扇活动门的压力分布。

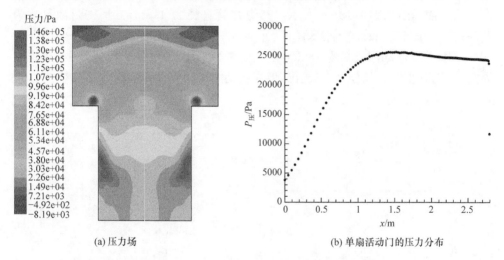

(a) 压力场

(b) 单扇活动门的压力分布

图 8-14　24ms 时刻，活动门开启角度为 0°时的压力情况

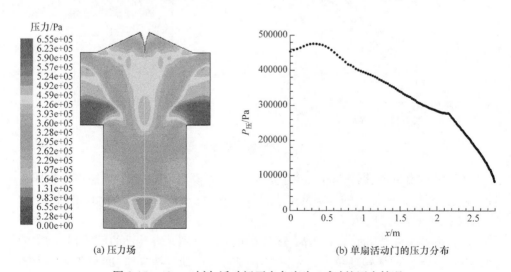

(a) 压力场

(b) 单扇活动门的压力分布

图 8-15　42ms 时刻，活动门开启角度为 25°时的压力情况

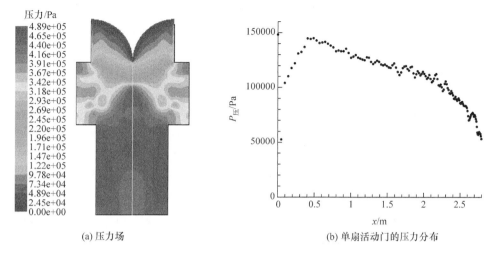

(a) 压力场　　　　　　　　　(b) 单扇活动门的压力分布

图 8-16　54ms 时刻,活动门开启角度为 90°时的压力情况

（6）模拟结果数据统计:表 8-4 为爆炸冲击波到达备用防爆门后（到达时间为第 24ms,与点火位置有关）活动门在不同时刻的受力及运动情况。

表 8-4　不同时刻单扇活动门受力及运动情况

时刻 /ms	已开启角度 /(°)	最高压力 /kPa	平均压力 /kPa	转矩 /(kN·m)	备注
24	0	26	23	94	活动门开启
42	25	475	278	1107	
54	90	148	104	317	活动门开启完毕

（7）结果验证:相关文献中的瓦斯爆炸波最高超压为 0.213MPa,实验数据取自 80mm×80mm×20000mm 的实验管道。文献中的瓦斯-煤尘混合爆炸最高压力为 0.82MPa,实验数据取自断面 7.2m²、长 400m 的水平巷道。煤炭科学研究总院重庆分院防突风门工业性试验的最高压力为 535kPa,最低压力为 52kPa,与本次模拟结果的最高压力 782kPa 和最低压力 26kPa 基本吻合。此外,有关文献指出在重庆实验巷道进行的 9.5% 浓度瓦斯爆炸的最高压力为 0.46MPa。

（8）压力场模拟结果分析如下。

① 爆炸冲击波到达活动门的初始压力较小,由于气流受阻而使压力升高。在点火后 24ms 时刻,活动门压力分布最高仅为 26kPa,作用在活动门的转矩为 94kN·m。根据式(8-19),可知作用在活动门的转矩大于活动门自身及配重的重力力矩,因此活动门在 24ms 时刻开始打开。式(8-19)为防爆门所受转矩表达式:

$$M_{总}=M_{压力}+M_{门重}-M_{平衡}>0 \tag{8-19}$$

其中

$$M_{门重}=m_{门}gL_{门}/2=480\times9.8\times2.735/2=6433(\text{N}\cdot\text{m})$$

$$M_{平衡}=m_{平衡}gL_{门}/2=775\times9.8\times1.003/2=3809(\text{N}\cdot\text{m})$$

② 活动门开启后初期，由于活动门开启角度小，气流积聚使得压力继续升高。从数据统计表中可看出，从 24ms 时刻至 42ms 时刻，活动门所受的最高压力由 26kPa 上升至 475kPa，活动门上平均压力由 23kPa 上升至 278kPa。42ms 时刻后，由于活动门开度超过 25°，所积聚的压力得到足够释放，压力开始逐渐下降。

③ 由于压力波对活动门的初始压力较小，活动门在刚开启时角加速度较小，开启速度较慢。之后由于压力升高，角加速度增大，开启速度增加较快。式(8-20)为防爆门角加速度表达式，其中 $d\omega$ 为角加速度，dt 为时间增量。由式(8-20)可以看出，在满足材料强度前提下，应尽可能减小活动门及配重的质量，从而提高防爆门开启速度，这样爆炸气流可以得到快速释放，防止压力过高。

$$d\omega=\frac{dt\times M_{总}}{m_{门}+m_{平衡}} \tag{8-20}$$

2. 活动门所受应力和变形分析

采用 ANSYS 结构分析软件，对单扇活动门在动态非线性压力作用下的应力及变形进行分析计算，并通过校核材料强度，判断变形类型属于弹性变形还是塑性变形，从而检验活动门的安全可靠性。

(1) 几何模型：单扇活动门尺寸为 2.735m×5.2m，门框为 50# 角钢，门框中间部分为米字型布置，门框与门板焊接连接，门板厚度为 3mm，如图 8-17 所示。

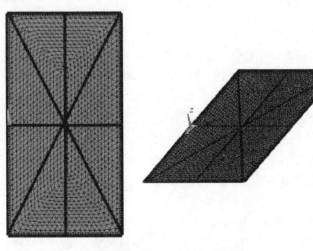

图 8-17　单扇活动门几何模型

（2）选取单元类型：门框选用 Beam188 梁结构，门板选用 Shell63 薄板结构。

（3）材料设置：定义活动门材料的弹性模量为 $2.06×10^{11}$ Pa，泊松比为 0.3，密度为 $7800kg/m^3$。单位统一采用国际单位。

（4）施加运动自由度约束：对图 8-17 中左门框（轴承附件）进行自由度约束，$U_x=U_y=U_z=R_x=R_z=0$，仅保留 y 方向的转动自由度。

（5）施加动态载荷：载荷包括压力载荷和重力载荷。其中，压力是随时间变化的非线性动态载荷，如表 8-4 所示。在应力计算中，将流场计算中的 24ms 时刻作为初始时刻，建立活动门上所受平均压力与时间的变化关系。相比于最高压力，平均压力更能反映对活动门整体的冲击作用。

（6）求解计算：选择大位移瞬态求解器进行迭代求解。求解控制时间与防爆门总开启时间，总时间为 30ms，时间步长为 1ms，每一时间步的动态压力载荷为表 8-4 中不同时刻单扇活动门所受的平均压力。

（7）模拟结果：图 8-18 为等效应力云图。由图可以看出，最大应力为 189MPa，小于钢的许用应力 245MPa。因此其属于弹性变形，未发生塑性变形，最大弹性变形为 32.2mm。

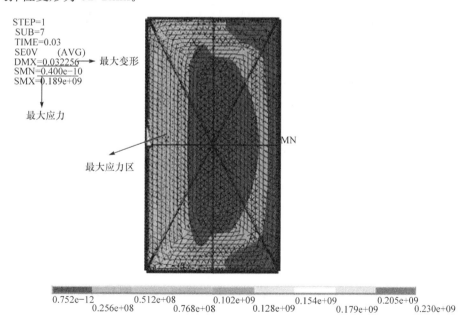

图 8-18　等效应力云图（单位：Pa）

8.4.4　模拟分析结果

利用 Fluent 对瓦斯爆炸流场进行数值模拟，得出瓦斯爆炸冲击波在不同时刻作用于活动门上的压力分布,并利用牛顿第二运动定律,分别求出活动门被开启的最小压力、不同时刻的压力分布、不同时刻的转动角加速度及不同时刻的已开启角度,分析活动门运动规律。然后利用 ANSYS 软件对活动门进行应力分析,得到活动门最大变形情况,通过材料强度校核,分析其变形属于塑性变形还是弹性变形。主要结论如下:

(1) 在 CH_4 体积分数为 9.5% 条件下点火后,爆炸冲击波压力为 26kPa 时活动门开始打开,当开度为 12° 时压力达到峰值 782kPa。

(2) 活动门所受最大应力为 189MPa,小于钢的许用应力 245MPa,最大弹性变形为 32.2mm,未发生塑性变形,说明活动门结构设计合理,备用防爆门整体可靠性符合要求。

8.5　防爆门整体系统中试试验

8.5.1　中试任务

(1) 中试试验系统设计、施工及安装:以 1:4 的比例制作中试试验系统。

(2) 快速复位及锁扣中试试验:采用电动/手动控制方式,对备用防爆门进行快速复位及锁扣中试试验,得出操控规律。

(3) 安全防护中试试验:基于中试试验平台,模拟煤矿井下发生瓦斯爆炸,测试新设计的防爆门系统的压力、应力等性能参数,检验新设计防爆门的安全防护性能是否符合要求。

8.5.2　中试系统研制、施工及安装

1. 研制原则

(1) 依据规程标准,煤矿风井(立井)备用防爆门系统应由风井盖及密封、拖动、传动、限位、底盘及支腿、罩棚等部分组成。

(2) 易损件、通用件应保证其互换性能。

(3) 采用的原材料、标准件、外协件应符合现行的有关标准。

(4) 风井盖部件应开闭自如,密封可靠。

(5) 拖动运行部分应运转平稳、灵活,限位可靠。

(6) 罩棚应稳固可靠,能起到避风遮雨的作用。

(7) 外观应美观大方。

2. 主要参数确定

（1）井口直径：模型按照风井直径 4.8m 的四分之一设计制作。

（2）井盖面积：以完全遮盖模拟井口为基准。模型井盖面积按 1.6m×1.6m 设计制作。

（3）底盘面积：以双倍井盖长度为原则。模型底盘面积按 2.25m×4.5m 设计制作。

（4）高度：以高出现场原有井盖再加上罩棚高度为准。模型高度按 1.8m 设计。

（5）拖动功率：$N = \eta F_f v$。经计算，模型的功率为 2×1.1kW，拖动速度为 18m/min。其中，F_f 为拖动底盘运行需要克服的摩擦阻力，N；v 为拖动底盘运行速度，m/min；η 为计算系数。

3. 部件设计

（1）备用风井盖：采用对开门转轴式结构。转轴由轴承及轴承座、转轴组成。模型轴承型号为 6304，轴颈 ϕ20mm。对开门由主门和配重组成。模型主门采用 δ3 钢板，配重采用 δ20 钢板。主门力矩大于 1.5 倍的配重力矩。

（2）行走驱动：采用电动机经减速器带动主动轮拖动的方式，模型采用 1.1kW-4 极电机，减速器传动比为 1：39。

（3）底盘：采用槽钢和导轨结构焊接而成，模型采用 80# 槽钢，焊接成 2m×2m。

（4）支腿：采用 H 型钢结构焊接，模型采用 50# 方管。

（5）罩棚：采用角钢骨架，彩瓦结构，模型采用 30# 角钢骨架和彩瓦固定。

（6）密封装置：采用阻燃橡胶板嵌槽密封，模型采用密封条进行密封。

4. 中试设计图纸

中试系统总图如图 8-19 所示。

8.5.3 安全防护中试试验

1. 试验方案

1）试验测试系统

防爆门安全防护中试试验测试系统如图 8-20 所示，其主要包括试验井筒及防爆门、爆炸气体气囊、压力测量系统、应变测量系统、数据采集分析系统、高速摄像机、点火装置等。

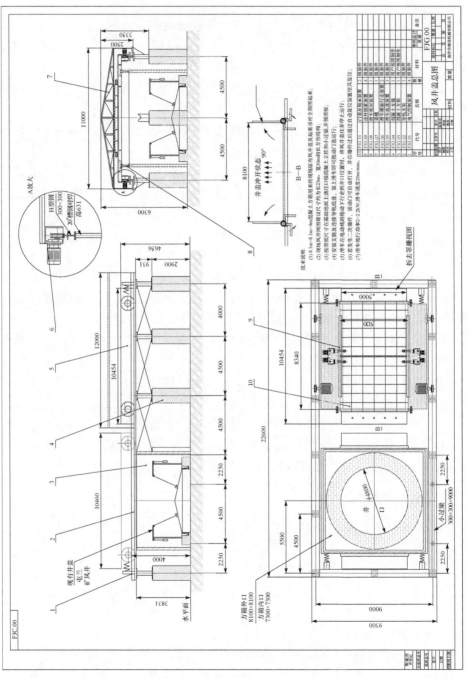

图 8-19　中试系统总图（单位：mm）

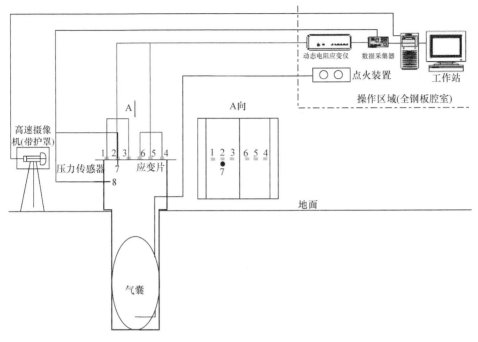

图 8-20 防爆门安全防护中试试验测试系统

（1）试验井筒及防爆门。该试验井筒及防爆门与现场尺寸比例为 1：4。试验台如图 8-21 所示。

图 8-21 中试试验台实景

（2）爆炸气体气囊。为提高有限体积爆炸气体的爆炸当量，气囊中的爆炸气体采用化学当量浓度的乙炔与纯氧的混合气体。

(3) 压力测量系统。系统共 5 个压力测点。在井筒高出地面部分的垂直方向上,均匀布置 2 个压力测点(7 和 8 测点),在单扇防爆门(图 8-20 中 1、2、3 测点的门)的水平方向上,再均匀布置 3 个压力测点(1、2、3 测点)。该系统采用 CYG1146 型高频压力传感器,量程为 0~10MPa,该传感器具有很高的响频,采集数据的速率可达微秒级。

(4) 应变测量系统。防爆门的左右侧各均匀布置 3 个应变片(105$^\#$,120Ω,单向),共 6 个应力测点(测点分布见图 8-20 中的 1~6 测点),应变片采用专用胶贴于防爆门上。应变片的电阻输出信号经应变电桥转换成电压信号送至动态电阻应变仪(型号为 DSG9803),电压信号经滤波、放大后输入至数据采集分析系统。

(5) 数据采集分析系统。选用 USB8516 型 8 通道同步采集器,采集器内集成了 8 片 100kS/s、16bit A/D 转换器和 8 个独立的高速精密运算放大器,可实现高速动态信号采集。

(6) 高速摄像机。高速摄像机型号为 High Speed Star 4G,采样率为 50~100000 帧/s,实验中采用 1000 帧/s。

(7) 点火装置。采用自制的简易操作型高压电火花点火。

2) 试验安全措施

(1) 试验测试人员的操作区域为全钢板制作的工作腔室,数据采集器、计算机等设备放置在工作腔室内。

(2) 试验时,其他试验人员须佩戴安全帽,与井筒的垂直距离大于 10m。

(3) 试验准备期间,关闭点火装置并切断电源。

(4) 高速摄像机与井筒距离大于 2m,并带有刚性护罩。

(5) 爆炸气体气囊放置时,要求轻拿轻放。

(6) 试验期间,任何人不得吸烟或使用打火机等明火。

3) 试验操作步骤

(1) 检查上述安全措施是否到位。

(2) 向气囊中先后充入乙炔和纯氧气体。

(3) 将点火枪插入气囊,密封完好,放置井筒底部,检查有无明显漏气。

(4) 检查数据采集系统、软件是否处于工作状态。

(5) 检查高速摄像机是否处于工作状态。

(6) 试验人员撤离爆炸区域到操作区。

(7) 检查点火控制装置是否处于关闭状态,送上点火控制装置电源。

(8) 一切准备完毕后,倒计时 5s,启动点火控制开关,开始引爆。

(9) 爆炸后,关闭点火控制装置开关及电源。

(10) 停止数据采集、关闭高速摄像机,保存试验数据。

(11) 现场爆炸 5min 后,检查现场防爆门的变形情况。

2. 爆炸当量

在矿井灾变时期,瓦斯或瓦斯与煤尘爆炸当量不可估计,因此中试试验选择爆炸当量较大的乙炔和纯氧混合气体作为爆炸气体,并且乙炔浓度为化学当量比浓度,以此验证新设计的防爆门整体安全性能。但出于安全考虑,中试爆炸试验的爆炸当量按由小到大的顺序逐步进行。

爆炸当量计算如式(8-21)所示:

$$W_{TNT} = 1.8\alpha W_f Q_f \times 10^3 / Q_{TNT} \tag{8-21}$$

其中,W_{TNT} 为 TNT 爆炸当量,g;α 为爆炸效率因子,取 0.04;W_f 为燃料的总质量,kg;Q_f 为燃料的燃烧热,kJ/kg,乙炔取 49.9×10^3 kJ/kg;Q_{TNT} 为 TNT 爆炸热,取 4520kJ/kg。

共进行的 4 次爆炸试验的混合气体体积为 5~45L,TNT 爆炸当量为 2.13~19.17g,如表 8-5 所示。

表 8-5 中试试验爆炸当量

试验次数	混合气体体积/L	爆炸当量/g
1	5	2.13
2	20	8.53
3	20	10.66
4	45	19.17

3. 试验测试

共进行 4 次爆炸试验。在试验过程中,为摸清爆炸规律,保护测试设备,第 1 和 2 次试验未进行数据测试。

1) 第 3 次试验应力、压力测试结果

第 3 次试验测试数据见图 8-22。图 8-22 中(a)~(f)表示第 1~6 测点应力值,

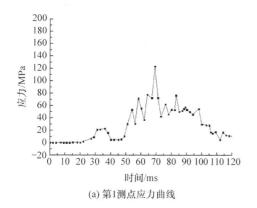

(a) 第1测点应力曲线

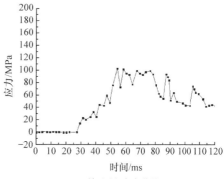

(b) 第2测点应力曲线

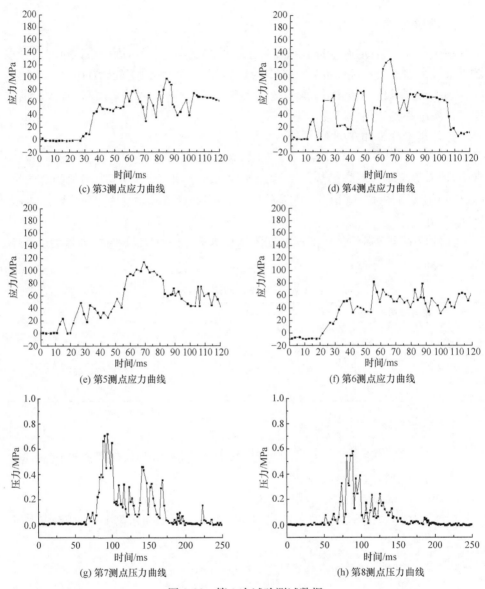

图 8-22　第 3 次试验测试数据

(g)、(h)表示第 7 和 8 测点压力值。测试的最高压力为 0.72MPa，最大应力为 128MPa，低于许用应力 245MPa。防爆门主体部分未发生明显变形。

　　2）第 4 次试验应力、压力测试结果

　　第 4 次试验测试数据见图 8-23。图 8-23（a）～（f）表示第 1～6 测点应力值，(g)、(h)表示第 7 和 8 测点压力值。测试的最高压力为 0.89MPa，最大应力为 168MPa，低于许用应力 245MPa。

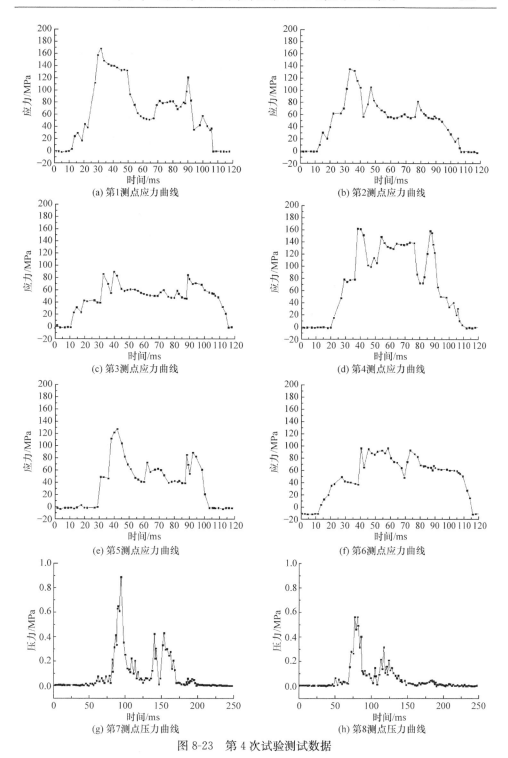

(a) 第1测点应力曲线

(b) 第2测点应力曲线

(c) 第3测点应力曲线

(d) 第4测点应力曲线

(e) 第5测点应力曲线

(f) 第6测点应力曲线

(g) 第7测点压力曲线

(h) 第8测点压力曲线

图 8-23　第 4 次试验测试数据

3）测试数据分析

（1）第 3 和 4 次试验数据测试中，爆炸当量从 10.66g 增大至 19.17g，最高压力从 0.34MPa 上升至 0.89MPa，最大应力由 89MPa 上升为 168MPa，呈现最高压力和最大应力均随爆炸当量增加而增大的趋势。

（2）由图 8-24(a)～(c)可以看出，左右活动门对应点(1、4,2、5,3、6)应力大小和发展趋势相似，说明左右活动门所受应力具有较好对称性。与其他位置相比，在靠近旋转轴附近的第 1、4 测点应力较大。

（3）由图 8-24(d)可看出，第 8 测点比第 7 测点的位置偏低，因此能够提前感受压力信号，但第 7 测点位于活动门上且面对爆炸气流，因此压力稍高。

（4）总体来说，在第 3 和 4 次试验数据测试中，应力水平均低于许用应力 245MPa，说明活动门部件强度符合设计要求，主体部分未发生明显变形。

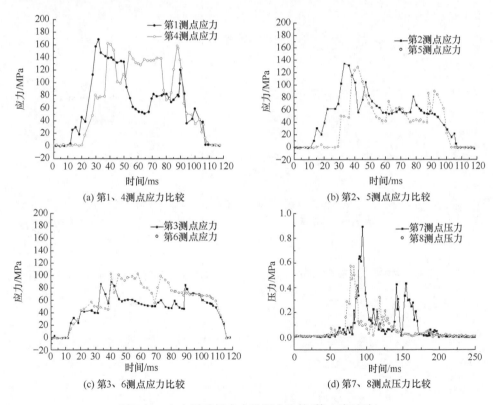

图 8-24　左右活动门应力及压力比较(第 4 次试验)

8.5.4　中试试验结论

（1）备用防爆门系统的风井盖部件开闭自如，密封良好，拖动运行部分应运转平稳、滚轮灵活、限位可靠。

（2）通过测试数据和高速摄像等手段可知，在爆炸试验过程中，活动门主体部分应力水平低于材料许用应力，没有发生塑性变形，说明防爆门整体设计合理，安全防护性能可靠。

中试试验结果表明，在所有爆炸试验过程中，活动门主体部分应力水平低于材料许用应力，没有发生塑性变形，说明防爆门整体设计合理，安全防护性能可靠。同时针对中试暴露出的活动门焊缝连接处焊接强度不够等问题，采取了相应的改进措施，并将改进措施运用于防爆门系统集成制造及现场工业试验中，以进一步完善、提高防爆门的安全防护性能。

8.6　现场工业性试验

8.6.1　备用防爆门现场基座设计

备用防爆门现场基座设计总体遵循以下原则：①根据防爆门的尺寸；②根据防爆门的重量；③根据现场实测实量数据；④尽可能不影响风机房整体环境；⑤不影响风机房的正常运行；⑥必须本着经济、美观、实用和耐久性的原则；⑦便于按国家有关规范标准进行施工；⑧便于后期防爆门的顺利安装。

依据上述设计原则，备用防爆门现场基座设计如图 8-25 所示。

8.6.3　调试与操作

防爆系统安装完毕，要进行如下调试与操作步骤检验各部分的情况：①电控调试；②方箱检查；③导轨检查；④支架检查；⑤底盘检查；⑥门盖检查；⑦密封部分检查；⑧横梁检查；⑨锁紧部分检查；⑩罩棚部分检查；⑪运行调试。

运行调试中：启动电机，防爆门应前后运转畅通无阻，若有不顺，应检查滚轮及导轨是否有杂物障碍。启动防爆系统的风井盖连杆机构应伸缩自如，启闭可靠；拖行中应运转平稳、滚轮灵活，不得有异常声音；到限位点应可靠停车；运行中减速机不得漏油，渗油点不得超过两处；减速机在额定载荷工况下连续运转 1h，减速机润滑油的温升不得超过 40℃，最高温度不得超过 75℃；各润滑点应有足够的润滑油或润滑脂，各润滑点应能方便地加注润滑油或润滑脂，轴端密封部位供油系统应通畅。启动电动推杆，应能将插销顺利插入锁紧孔内。

现场安装调试后的备用防爆门系统如图 8-26 所示。

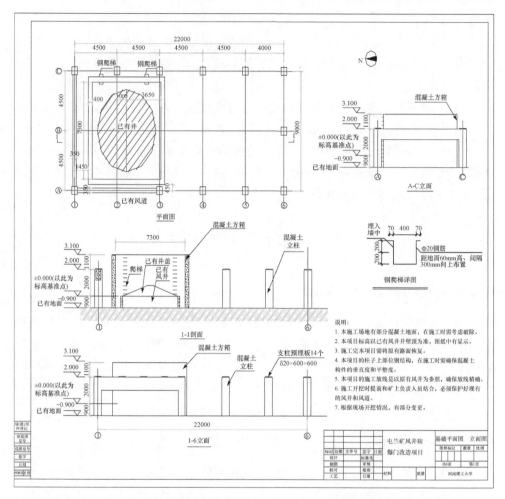

图 8-25　备用防爆门现场基座设计的平面图和侧面图(单位:mm)

图 8-26　备用防爆门现场安装图

8.6.4　备用防爆门现场试验总结

（1）防爆门整体结构设计合理。

整个备用防爆门系统的各个部分,包括门盖及门盖上的对开门、电控系统、手动装置、导轨等,在电动/手动条件下均能按要求动作,满足设计要求,说明防爆门整体结构设计合理。

（2）防爆门快速开启结构设计合理。

门盖及门盖上的对开门在封闭方框之后,均能快速正常开启,说明防爆门快速开启结构设计合理。

（3）防爆门密封结构设计合理。

门盖及门盖上的对开门在封闭方框之后,经测试,漏风率为 14.95%,完全能满足灾变时期矿井正常通风的要求,说明防爆门密封结构设计合理。

（4）防爆门能按规定的时间实现复位。

手动条件门盖及门盖上的对开门封闭方框的时间为 8min,电动条件门盖及门盖上的对开门封闭方框的时间为 8min,完全能满足灾变时期恢复矿井正常通风的要求,说明防爆门能按规定的时间实现复位。

（5）防爆门电控系统及执行机构运行可靠。

经现场 10 次试验,防爆门电控系统及执行机构运行过程中没有出现误动作或不受程序控制的情况,说明防爆门电控系统及执行机构运行可靠。

8.7　小　　结

本章提出了煤矿风井防爆门快速复位及锁扣技术,研究了瓦斯爆炸冲击波作用下防爆门的动态响应特性,揭示了防爆门上的压力分布、应力变化规律,分析了防爆门可能存在的破坏模式,设计开发了一套能在瓦斯爆炸灾变情况下快速复位的防爆门系统,以缩短通风系统恢复时间,减轻灾后救援困难。煤矿井下瓦斯爆炸防爆泄压减灾系统及装备与基于细水雾的工作面上隅角瓦斯抑爆技术及装备、基于超细复合干粉的瓦斯抽放管网抑爆减灾技术及装备一起形成煤矿瓦斯爆炸过程中的抑爆、控爆和减灾机制,构建多点-线-面一体化的瓦斯爆炸防控体系模式,实现矿井安全生产、绿色开采、节能环保的技术目标。主要结论如下:

（1）在综合分析基础上,对新型防爆门系统提出了三种可行的设计方案,经技术经济比较,最终选择了在备用防爆门的基础上增加活动门的设计方案,并对该方案从结构和功能两方面进行了整体的分析。

（2）根据整体功能要求,提出了三种防爆门快速复位系统设计方案,最终选定了"水平导轨牵引系统"设计方案。同时根据快速复位系统设计方案要求,对系统中的运行机构(导轨支架部分、车轮等)进行了设计计算和刚度及强度校核。

(3) 根据新型防爆门在发生瓦斯爆炸时能快速开启的设计要求,提出了快速开启结构的整体方案。对快速开启结构中的配重进行了计算,对井盖的开启过程进行了运动学和动力学的分析,验证了井盖开启时间能满足规程要求,同时为了提高井盖的刚度,在防爆门井盖上设计了加强筋,并对加强筋的强度和刚度进行了校核计算。对井盖的转轴进行了设计计算和刚度及强度校核。

(4) 设计了一套由横梁行走电机和电动推杆电机组成的防爆门的电控系统,根据防爆门所处的不同状态,设计了防爆门的工作过程、工作状态。

(5) 对备用防爆门与方形密封池之间的密封结构进行了详细的设计和计算。根据各部分具体结构的不同设计了具体的密封结构,选择了密封材料,提出了相应的施工要求。

(6) 利用 Fluent 对瓦斯爆炸流场进行数值模拟,得出瓦斯爆炸冲击波在不同时刻作用于活动门上的压力分布,获得了活动门被开启的最小压力、不同时刻的压力分布、不同时刻的转动角加速度及不同时刻的已开启角度,分析活动门运动规律。利用 ANSYS 软件对活动门进行应力分析,得到活动门最大变形情况,并通过材料强度校核,分析其变形属于塑性变形还是弹性变形。主要结论如下:①在 CH_4 体积分数为 9.5% 条件下点火后,爆炸冲击波压力为 26kPa 时活动门开始打开,当开度为 25° 时压力达到峰值 475kPa。②活动门所受最大应力为 189MPa,小于钢的许用应力 245MPa,最大弹性变形为 32.2mm,未发生塑性变形,说明活动门结构设计合理,备用防爆门整体可靠性符合要求。

(7) 设计了 1∶4 的中试试验系统,并按照爆炸当量由小到大顺序,在此试验平台上共进行了 4 次防爆门安全防护中试试验。通过试验,测试了新设计的防爆门系统的压力、应力等性能参数,检验新设计防爆门的安全防护性能。中试试验结果表明,在所有爆炸试验过程中,活动门主体部分应力水平低于材料许用应力,没有发生塑性变形,说明防爆门整体设计合理,安全防护性能可靠。

(8) 对防爆门整体系统进行了集成制造,包括电控部分、混凝土方箱部分、导轨及支架部分、滑车底盘部分、门盖部分、密封部分、横梁部分、锁紧部分和罩棚部分。

(9) 对制造的防爆门系统在山西屯兰煤矿的风井进行现场安装、调试,表明系统满足设计要求,能正常运行。

参 考 文 献

［1］陈鹏.中国煤炭性质、分类和利用［M］.北京:化学工业出版社,2001.

［2］周世宁,林柏泉.煤矿瓦斯动力灾害防治理论及控制技术［M］.北京:科学出版社,2007.

［3］林柏泉.煤矿瓦斯爆炸机理及防治技术［M］.徐州:中国矿业大学出版社,2012.

［4］国家安全监管总局办公厅.煤矿瓦斯灾害防治科技发展对策(2014)［R］.北京,2014.

［5］万俊华,郜治,夏允庆,等.燃烧理论基础［M］.哈尔滨:哈尔滨工程大学出版社,1992.

［6］Sun J H,Qu Z,Fan H Y,et al. Study on barrier door of gas explosion with foam ceramics as the main body［J］. Progress in Mine Safety Science and Engineering II,2014:439-444.

［7］Minkoff G J,Tipper C F H. Chemistry of Combustion Reactions［M］. London:Butterworths, 1962.

［8］Smoot L D,Hecker W C,Williams G A. Prediction of propagation methane-air flames［J］. Combustion and Flame,1976,26:323-342.

［9］Tsatasaronis G. Prediction of propagation laminar flames in methane,oxygen,nitrogen mixtures［J］. Combustion and Flame,1978,33:217-239.

［10］阎小俊.预混层流火焰的计算模型和实验研究［D］.西安:西安交通大学,1999.

［11］Coffee T P. Kinetic mechanisms for premixed,lamina,steady state methane-air flames［J］. Combustion and Flame,1984,55(2):161-170.

［12］王从银.瓦斯爆炸传播火焰高内聚力特性与火焰传播机理研究［D］.徐州:中国矿业大学,2001.

［13］Fairweather M,Hargrave G K,Ibrahim S S,et al. Studies of premixed flame propagation in explosion tubes［J］. Combustion and Flame,1999,116(4):504-518.

［14］Ibrahim S S,Masri A R. The effects of obstructions on overpressure resulting from premixed flame deflagration［J］. Journal of Loss Prevention in the Process Industries,2001, 14(3):213-221.

［15］Masri A R,Ibrahim S S,Nehzat N,et al. Experimental study of premixed flame propagation over various solid obstructions［J］. Experimental Thermal and Fluid Science,2000,21(1-3): 109-116.

［16］Oh K H,Kim H,Kim J B,et al. A study on the obstacle-induced variation of the gas explosion characteristics ［J］. Journal of Loss Prevention in the Process Industries,2001,14(6): 597-602.

［17］Park D J,Green A R,Lee Y S,et al. Experimental studies on interactions between a freely propagating flame and single obstacles in a rectangular confinement［J］. Combustion and Flame,2007,150(1-2):27-39.

［18］Hall R,Masri A R,Yaroshchyk P,et al. Effects of position and frequency of obstacles on turbulent premixed propagating flames ［J］. Combustion and Flame,2009,156(2):439-446.

［19］林柏泉,张仁贵,吕恒宏.瓦斯爆炸过程中火焰传播规律及其加速机理的研究［J］.煤炭学报,1999,24(1):56-59.

[20] 林柏泉,周世宁,张仁贵.障碍物对瓦斯爆炸过程中火焰和爆炸波的影响[J].中国矿业大学学报,1999,28(2):104-107.

[21] 丁以斌,郭子如,汪泉,等.立体结构障碍物对甲烷预混火焰传播影响的研究[J].中国安全科学学报,2011,20(12):52-56.

[22] 王海宾,尉存娟,谭迎新.水平管道内障碍物对气体爆炸压力影响的研究[J].广州化工,2011,39(24):43-46.

[23] 李润之,司荣军.瓦斯浓度对爆炸压力及压力上升速率影响[J].西安科技大学学报,2010,30(1):29-33.

[24] 仇锐来,张延松,张兰,等.点火能量对瓦斯爆炸传播压力的影响实验研究[J].煤矿安全,2011,42(7):8-11.

[25] 孙金华,陈栋梁.不同浓度甲烷/空气预混火焰结构特征[C]//中国职业安全健康协会,2009年学术年会论文集.北京:煤炭工业出版社,2009:329-336.

[26] 贾智伟,刘彦伟,景国勋.瓦斯爆炸冲击波在管道拐弯情况下的传播特性[J].煤炭学报,2011,36(1):97-100.

[27] 聂百胜,何学秋,张金锋,等.泡沫陶瓷对瓦斯爆炸火焰传播的影响[J].北京理工大学学报,2008,28(7):573-576.

[28] Bielert U,Sichel M. Numerical simulation of premixed combustion process in closed tubes[J]. Combustion and Flame,1998,114(3-4):397-419.

[29] Kobiera A,Kindracki J,Zydak P. A new phenomenological model of gas explosion based on characteristics of flame surface[J]. Journal of Loss Prevention in the Process Industries,2007,20(3):271-280.

[30] Fureby C,Löfström C. Large-eddy simulations of bluff body stabilized flames[C]. Symposium (International)on Combusion,1994,25(1):1257-1264.

[31] Catlin C A,Fairweather M,Ibrahim S S. Predictions of turbulent premixed flame propagation in explosion tubes [J]. Combustion and Flame,1995,102(1-2):115-128.

[32] Naamansen P,Baraldi D,Hjertager B,et al. Solution adaptive CFD simulation of premixed flame propagation over various solid obstructions[J]. Journal of Loss Prevention in the Process Industries,2002,15(13):189-197.

[33] Park N,Kobatashi T,Taniguchi N. Application of flame-wrinkling LES combustion models to a turbulent premixed combustion around bluff body[C]. Proceedings of International Symposium on Turbulence,Heat and Mass Transfer,2000:847-854.

[34] 林柏泉,桂晓宏.瓦斯爆炸过程中火焰厚度测定及其温度场数值模拟分析[J].实验力学,2002,17(2):227-233.

[35] 林柏泉,桂晓宏.瓦斯爆炸过程中火焰传播规律的模拟研究[J].中国矿业大学学报,2002,31(1):6-9.

[36] 汪泉.管道中甲烷-空气预混气爆炸火焰传播的研究[D].淮南:安徽理工大学,2006.

[37] 高尔新,白春华,薛玉,等.巷道瓦斯爆炸的计算机模拟研究[J].爆破,2003,20(增):1-3.

[38] 朱建华.管道内可燃气体爆炸过程研究机危险性评价[D].北京:北京理工大学,2003.

［39］陈志华,范宝春,李鸿志.管内均相湍流燃烧加速的数值模拟［J］.爆炸与冲击,2003,23(4)：337-342.

［40］杨宏伟,范宝春,李鸿志.障碍物和管壁导致火焰加速的三维数值模拟［J］.爆炸与冲击,2001,21(4):259-264.

［41］姚海霞,范宝春,李鸿志.障碍物诱导的湍流加速火焰湍流的数值模拟［J］.南京理工大学学报,1999,23(2):109-112.

［42］范宝春,姜孝海,谢波.障碍物导致甲烷-氧气爆炸的三维数值模拟［J］.煤炭学报,2002,27(4):271-273.

［43］Liu Q M,Hu Y L,Bai C H. Methane/coal dust/air explosions and their suppression by solid particle suppressing agents in a large-scale experimental tube［J］. Journal of Loss Prevention in the Process Industries,2013,26(2):310-316.

［44］Krasnyansky M. Prevention and suppression of explosions in gas-air and dust-air mixtures using powder aerosol-inhibitor［J］. Journal of Loss Prevention in the Process Industries, 2006,19(6):729-735.

［45］Chen Z H,Fan B C,Jiang X H. Suppression effects of powder suppressants on the explosions of oxyhydrogen gas［J］. Journal of Loss Prevention in the Process Industries,2006, 19(6):648-655.

［46］文虎,曹玮,王开阔,等. ABC 干粉抑制瓦斯爆炸的实验研究［J］.中国安全生产科学技术, 2011,7(6):9-12.

［47］程方明,邓军,罗振敏,等.硅藻土粉体抑制瓦斯爆炸的实验研究［J］.采矿与安全工程学报, 2010,27(4):604-607.

［48］余明高,王天政,游浩.粉体材料热特性对瓦斯抑爆效果影响的研究［J］.煤炭学报,2012, 37(5):830-835.

［49］Laffitte P,Bouchet R. Suppression of explosion waves in gaseous mixtures by means of fine powders［J］. Symposium(International)on Combustion,1958,7(1):504-508.

［50］Cybulski K. The tests on triggered barriers in cross-roads of mining galleries［J］. Fuel & Energy Abstracts,1995,36(5):376.

［51］蔡周全,张引合.干粉灭火剂粒度对抑爆性能的影响［J］.矿业安全与环保,2001,28(4): 14-16.

［52］程方明.超细粉体对瓦斯控爆效能的实验研究［D］.西安:西安科技大学,2007.

［53］胡耀元,钟依均,应桃开,等. H_2,CO,CH_4 多元爆炸性混合物气体支链爆炸阻尼效应［J］.化学学报,2004,62(10):956-962.

［54］Bundy M,Haminsa A,Lee K Y. Suppression limits of low strain rate non-premixed methane flames［J］. Combustion and Flame,2003,133(3):299-310.

［55］王华,葛玲梅,邓军.惰性气体抑制矿井瓦斯爆炸的实验研究［J］.矿业安全与环保,2008, 35(1):4-7.

［56］吴志远.多元爆炸性混合气体爆炸压力及其抑爆技术研究［D］.太原:华北工学院,2004.

［57］谢波,范宝春,夏自柱,等.大型通道中主动式水雾抑爆现象的实验研究［J］.爆炸与冲击,

2003,23(2):151-156.

[58] 陆守香,何杰,于春红,等. 水抑制瓦斯爆炸的机理研究[J]. 煤炭学报,1998,23(4):
417-421.

[59] Shimizu H,Tsuzuki M,Yamazaki Y,et al. Experiments and numerical simulation on meth-
ane flame quenching by water mist[J]. Journal of Loss Prevention in the Process Indus-
tries,2001,14(6):603-608.

[60] 余明高,安安,游浩,等. 细水雾抑制管道瓦斯爆炸的实验研究[J]. 煤炭学报,2011,36(3):
417-422.

[61] 余明高,安安,赵万里,等. 含添加剂细水雾抑制瓦斯爆炸有效性试验研究[J]. 安全环境学
报,2011,11(4):149-153.

[62] Radulescu M I,Lee J H S. The failure mechanism of gaseous detonations:experiments in
porous wall pipes[J]. Combustion and Flame,2002,131(1-2):29-46.

[63] Dupré G. Propagation of detonation waves in an acoustic absorbing walled tube[J]. AIAA,
1988,114:248-263.

[64] 叶青,林柏泉. 多孔金属材料对瓦斯爆炸传播抑制技术[C]//2007 中国(淮南)煤矿瓦斯治
理技术国际会议论文集. 徐州:中国矿业大学出版社,2007:413-419.

[65] 聂百胜,何学秋,张金锋,等. 泡沫陶瓷对瓦斯爆炸过程影响的实验及机理[J]. 煤炭学报,
2008,33(8):903-907.

[66] Yu M G,Wang T Z,You H. Study on the effect of thermal property of powder on the gas
explosion suppression[J]. Procedia Engineering,2011,26(4):1035-1042.

[67] 陶学佳,陶宁,鄢小华. 斜风井防爆门防漏风的改进措施[J]. 煤矿机电,2004(2):32-63.

[68] 曹宏伟,刘荣第. 一种用于立井防爆门的电(液)动反风装置[J]. 煤矿安全,2003,34(8):
37-39.